“十三五”国家重点出版物出版规划项目

海洋机器人科学与技术丛书

封锡盛　李　硕　主编

海洋机器人运动控制技术

周焕银　刘开周　封锡盛　著

科学出版社
龍門書局
北　京

内 容 简 介

本书针对自主水下机器人系统运动的特点介绍PID控制法、状态反馈控制法、滑模控制法、多模型控制法等设计过程，并针对两种类型的UMV（AUV与USV）系统设计对应的控制策略，解决这两类系统在湖泊试验与海洋试验过程中出现的控制品质差、耦合项间相互干扰等问题。

本书可供控制理论与控制工程、系统工程、模式识别与智能系统、船舶与海洋工程、机器人技术等专业的研究人员、研究生及高年级本科生参考。

图书在版编目（CIP）数据

海洋机器人运动控制技术 / 周焕银，刘开周，封锡盛著. —北京：龙门书局，2019.9

（海洋机器人科学与技术丛书/封锡盛，李硕主编）

"十三五"国家重点出版物出版规划项目　国家出版基金项目

ISBN 978-7-5088-5614-8

Ⅰ. ①海…　Ⅱ. ①周…　②刘…　③封…　Ⅲ. ①海洋机器人－运动控制　Ⅳ. ①TP242.3

中国版本图书馆CIP数据核字（2019）第144707号

责任编辑：杨慎欣　梁晶晶　张　震 / 责任校对：王　瑞
责任印制：吴兆东 / 封面设计：无极书装

科学出版社
龍門書局　出版

北京东黄城根北街16号
邮政编码：100717
http://www.sciencep.com

北京虎彩文化传播有限公司 印刷

科学出版社发行　各地新华书店经销

*

2019年9月第　一　版　开本：720×1000　1/16
2021年1月第三次印刷　印张：14 1/2　插页：4
字数：300 000

定价：116.00元

（如有印装质量问题，我社负责调换）

“海洋机器人科学与技术丛书”
编辑委员会

丛书前言一

浩瀚的海洋蕴藏着人类社会发展所需的各种资源，向海洋拓展是我们的必然选择。海洋作为地球上最大的生态系统不仅调节着全球气候变化，而且为人类提供蛋白质、水和能源等生产资料支撑全球的经济发展。我们曾经认为海洋在维持地球生态系统平衡方面具备无限的潜力，能够修复人类发展对环境造成的伤害。但是，近年来的研究表明，人类社会的生产和生活会造成海洋健康状况的退化。因此，我们需要更多地了解和认识海洋，评估海洋的健康状况，避免对海洋的再生能力造成破坏性影响。

我国既是幅员辽阔的陆地国家，也是广袤的海洋国家，大陆海岸线约 1.8 万千米，内海和边海水域面积约 470 万平方千米。深邃宽阔的海域内潜含着的丰富资源为中华民族的生存和发展提供了必要的物质基础。我国的洪涝、干旱、台风等灾害天气的发生与海洋密切相关，海洋与我国的生存和发展密不可分。党的十八大报告明确提出："提高海洋资源开发能力，发展海洋经济，保护海洋生态环境，坚决维护国家海洋权益，建设海洋强国。"[①]党的十九大报告明确提出："坚持陆海统筹，加快建设海洋强国。"[②]认识海洋、开发海洋需要包括海洋机器人在内的各种高新技术和装备，海洋机器人一直为世界各海洋强国所关注。

关于机器人，蒋新松院士有一段精彩的诠释：机器人不是人，是机器，它能代替人完成很多需要人类完成的工作。机器人是拟人的机械电子装置，具有机器和拟人的双重属性。海洋机器人是机器人的分支，它还多了一重海洋属性，是人类进入海洋空间的替身。

海洋机器人可定义为在水面和水下移动，具有视觉等感知系统，通过遥控或自主操作方式，使用机械手或其他工具，代替或辅助人去完成某些水面和水下作业的装置。海洋机器人分为水面和水下两大类，在机器人学领域属于服务机器人中的特种机器人类别。根据作业载体上有无操作人员可分为载人和无人两大类，其中无人类又包含遥控、自主和混合三种作业模式，对应的水下机器人分别称为无人遥控水下机器人、无人自主水下机器人和无人混合水下机器人。

无人水下机器人也称无人潜水器，相应有无人遥控潜水器、无人自主潜水器

---

① 胡锦涛在中国共产党第十八次全国代表大会上的报告. 人民网，http://cpc.people.com.cn/n/2012/1118/c64094-19612151.html

② 习近平在中国共产党第十九次全国代表大会上的报告. 人民网，http://cpc.people.com.cn/n1/2017/1028/c64094-29613660.html

和无人混合潜水器。通常在不产生混淆的情况下省略“无人”二字，如无人遥控潜水器可以称为遥控水下机器人或遥控潜水器等。

世界海洋机器人发展的历史大约有 70 年，经历了从载人到无人，从直接操作、遥控、自主到混合的主要阶段。加拿大国际潜艇工程公司创始人麦克法兰，将水下机器人的发展历史总结为四次革命：第一次革命出现在 20 世纪 60 年代，以潜水员潜水和载人潜水器的应用为主要标志；第二次革命出现在 70 年代，以遥控水下机器人迅速发展成为一个产业为标志；第三次革命发生在 90 年代，以自主水下机器人走向成熟为标志；第四次革命发生在 21 世纪，进入了各种类型水下机器人混合的发展阶段。

我国海洋机器人发展的历程也大致如此，但是我国的科研人员走过上述历程只用了一半多一点的时间。20 世纪 70 年代，中国船舶重工集团公司第七〇一研究所研制了用于打捞水下沉物的“鱼鹰”号载人潜水器，这是我国载人潜水器的开端。1986 年，中国科学院沈阳自动化研究所和上海交通大学合作，研制成功我国第一台遥控水下机器人“海人一号”。90 年代我国开始研制自主水下机器人，“探索者”、CR-01、CR-02、“智水”系列等先后完成研制任务。目前，上海交通大学研制的“海马”号遥控水下机器人工作水深已经达到 4500 米，中国科学院沈阳自动化研究所联合中国科学院海洋研究所共同研制的深海科考型 ROV 系统最大下潜深度达到 5611 米。近年来，我国海洋机器人更是经历了跨越式的发展。其中，“海翼”号深海滑翔机完成深海观测；有标志意义的“蛟龙”号载人潜水器将进入业务化运行；“海斗”号混合型水下机器人已经多次成功到达万米水深；“十三五”国家重点研发计划中全海深载人潜水器及全海深无人潜水器已陆续立项研制。海洋机器人的蓬勃发展正推动中国海洋研究进入“万米时代”。

水下机器人的作业模式各有长短。遥控模式需要操作者与水下载体之间存在脐带电缆，电缆可以源源不断地提供能源动力，但也限制了遥控水下机器人的活动范围；由计算机操作的自主水下机器人代替人工操作的遥控水下机器人虽然解决了作业范围受限的缺陷，但是计算机的自主感知和决策能力还无法与人相比。在这种情形下，综合了遥控和自主两种作业模式的混合型水下机器人应运而生。另外，水面机器人的引入还促成了水面与水下混合作业的新模式，水面机器人成为沟通水下机器人与空中、地面机器人的通信中继，操作者可以在更远的地方对水下机器人实施监控。

与水下机器人和潜水器对应的英文分别为 underwater robot 和 underwater vehicle，前者强调仿人行为，后者意在水下运载或潜水，分别视为“人”和“器”，海洋机器人是在海洋环境中运载功能与仿人功能的结合体。应用需求的多样性使得运载与仿人功能的体现程度不尽相同，由此产生了各种功能型的海洋机器人，如观察型、作业型、巡航型和海底型等。如今，在海洋机器人领域 robot 和 vehicle 两词的内涵逐渐趋同。

信息技术、人工智能技术特别是其分支机器智能技术的快速发展，正在推动海洋机器人以新技术革命的形式进入“智能海洋机器人”时代。严格地说，前述自主水下机器人的“自主”行为已具备某种智能的基本内涵。但是，其“自主”行为泛化能力非常低，属弱智能；新一代人工智能相关技术，如互联网、物联网、云计算、大数据、深度学习、迁移学习、边缘计算、自主计算和水下传感网等技术将大幅度提升海洋机器人的智能化水平。而且，新理念、新材料、新部件、新动力源、新工艺、新型仪器仪表和传感器还会使智能海洋机器人以各种形态呈现，如海陆空一体化、全海深、超长航程、超高速度、核动力、跨介质、集群作业等。

海洋机器人的理念正在使大型有人平台向大型无人平台转化，推动少人化和无人化的浪潮滚滚向前，无人商船、无人游艇、无人渔船、无人潜艇、无人战舰以及与此关联的无人码头、无人港口、无人商船队的出现已不是遥远的神话，有些已经成为现实。无人化的势头将冲破现有行业、领域和部门的界限，其影响深远。需要说明的是，这里“无人”的含义是人干预的程度、时机和方式与有人模式不同。无人系统绝非无人监管、独立自由运行的系统，仍是有人监管或操控的系统。

研发海洋机器人装备属于工程科学范畴。由于技术体系的复杂性、海洋环境的不确定性和用户需求的多样性，目前海洋机器人装备尚未被打造成大规模的产业和产业链，也还没有形成规范的通用设计程序。科研人员在海洋机器人相关研究开发中主要采用先验模型法和试错法，通过多次试验和改进才能达到预期设计目标。因此，研究经验就显得尤为重要。总结经验、利于来者是本丛书作者的共同愿望，他们都是在海洋机器人领域拥有长时间研究工作经历的专家，他们奉献的知识和经验成为本丛书的一个特色。

海洋机器人涉及的学科领域很宽，内容十分丰富，我国学者和工程师已经撰写了大量的著作，但是仍不能覆盖全部领域。“海洋机器人科学与技术丛书”集合了我国海洋机器人领域的有关研究团队，阐述我国在海洋机器人基础理论、工程技术和应用技术方面取得的最新研究成果，是对现有著作的系统补充。

“海洋机器人科学与技术丛书”内容主要涵盖基础理论研究、工程设计、产品开发和应用等，囊括多种类型的海洋机器人，如水面、水下、浮游以及用于深水、极地等特殊环境的各类机器人，涉及机械、液压、控制、导航、电气、动力、能源、流体动力学、声学工程、材料和部件等多学科，对于正在发展的新技术以及有关海洋机器人的伦理道德社会属性等内容也有专门阐述。

海洋是生命的摇篮、资源的宝库、风雨的温床、贸易的通道以及国防的屏障，海洋机器人是摇篮中的新生命、资源开发者、新领域开拓者、奥秘探索者和国门守卫者。为它“著书立传”，让它为我们实现海洋强国梦的夙愿服务，意义重大。

本丛书全体作者奉献了他们的学识和经验，编委会成员为本丛书出版做了组织和审校工作，在此一并表示深深的谢意。

本丛书的作者承担着多项重大的科研任务和繁重的教学任务，精力和学识所限，书中难免会存在疏漏之处，敬请广大读者批评指正。

中国工程院院士 封锡盛

2018年6月28日

丛书前言二

改革开放以来，我国海洋机器人事业发展迅速，在国家有关部门的支持下，一批标志性的平台诞生，取得了一系列具有世界级水平的科研成果，海洋机器人已经在海洋经济、海洋资源开发和利用、海洋科学研究和国家安全等方面发挥重要作用。众多科研机构和高等院校从不同层面及角度共同参与该领域，其研究成果推动了海洋机器人的健康、可持续发展。我们注意到一批相关企业正迅速成长，这意味着我国的海洋机器人产业正在形成，与此同时一批记载这些研究成果的中文著作诞生，呈现了一派繁荣景象。

在此背景下“海洋机器人科学与技术丛书”出版，共有数十分册，是目前本领域中规模最大的一套丛书。这套丛书是对现有海洋机器人著作的补充，基本覆盖海洋机器人科学、技术与应用工程的各个领域。

“海洋机器人科学与技术丛书”内容包括海洋机器人的科学原理、研究方法、系统技术、工程实践和应用技术，涵盖水面、水下、遥控、自主和混合等类型海洋机器人及由它们构成的复杂系统，反映了本领域的最新技术成果。中国科学院沈阳自动化研究所、哈尔滨工程大学、中国科学院声学研究所、中国科学院深海科学与工程研究所、浙江大学、华侨大学、东华理工大学等十余家科研机构和高等院校的教学与科研人员参加了丛书的撰写，他们理论水平高且科研经验丰富，还有一批有影响力的学者组成了编辑委员会负责书稿审校。相信丛书出版后将对本领域的教师、科研人员、工程师、管理人员、学生和爱好者有所裨益，为海洋机器人知识的传播和传承贡献一份力量。

本丛书得到 2018 年度国家出版基金的资助，丛书编辑委员会和全体作者对此表示衷心的感谢。

“海洋机器人科学与技术丛书”编辑委员会

2018 年 6 月 27 日

前　言

随着人类对海洋领域开发步伐的不断加快，作为海洋探测的重要工具——海洋机器人得到迅猛发展，人们根据不同需要发展出了多种新概念水下机器人系统。海洋机器人系统运动具有强耦合性、强非线性、复杂多变等特点，传统的运动控制技术很难达到期望的控制品质要求。运动控制技术是水下机器人底层控制的核心部分，其相当于驱使系统运行的大脑，一套鲁棒性强、自适应能力良好的控制策略是其高效率完成任务的关键。随着人类对水底世界探知的渴望越来越高，对水下任务的要求也越来越精细，为了提高水下机器人系统的控制品质，控制领域内众多专家学者将一些先进的控制技术应用于海洋机器人，近年来，国际上出现了许多智能控制技术在水下机器人中应用的实例与研究性探讨论文。

本书以提高海洋机器人系统运动控制品质为目标，根据所研究系统运动控制的特点，介绍此类系统运动控制模型的构建、控制技术的设计等。本书主要研究外场试验过程中的常见问题：各运动状态间的相互耦合影响问题，如纵向速度对航向、深度的影响等；外界环境对海洋机器人运动的干扰问题；深度控制过程中纵倾角过大与控制执行机构长期处于饱和状态等。

本书主要研究内容如下：首先，对海洋机器人运动模型进行分析研究；然后，针对自主水下机器人系统运动特点进行控制策略的数字仿真、半物理仿真验证；最后，针对两种类型海洋机器人系统（水面机器人与自主水下机器人）设计了自适应 PID 控制与多模型切换控制策略、多模型控制方法、状态反馈与滑模控制策略相结合等改进控制策略。

本书主要解决问题如下：针对海洋机器人耦合状态项间的互干扰问题提出动态反馈控制法、动态滑模变结构控制法等；针对海洋机器人受外界环境干扰大的问题提出自优化 PID 控制、状态反馈的滑模控制等技术；针对海洋机器人任务执行期间多任务要求造成运动模型发生较大变化的问题提出多模型切换策略，并根据系统运动特点对此控制策略进行优化；最后，给出相关智能控制技术在自主水下机器人、水面机器人式近水面航行体在湖泊试验与海洋试验中的应用实例分析。

本书第一作者自 2008 年在中国科学院沈阳自动化研究所读博至今，以水下机器人为研究对象，对相关先进控制技术，特别是多模型控制技术进行研究。研究过程中，她深感有必要结合相关领域的新成果、新进展与新发展趋势撰写一本学术著作，对一些先进控制技术（如多模型切换控制技术）在海洋机器人外场试验中的控制优势进行系统的分析与介绍。希望本书对海洋机器人运动控制领域的理论与外场试验研究起到抛砖引玉的作用。

本书得到江西省自然科学基金项目（20181BAB202019）、国家自然科学基金项目（51409047）、国家重点实验室基金项目（2016-O05）、留学基金管理委员会项目（留金发〔2017〕（3059）号）、东华理工大学省级一流学科（电子科学与技术）建设的支持。

由于作者实践经验与知识水平有限，书中难免存在不妥之处，恳请广大读者批评指正。

作　者

2018 年 7 月 28 日

目　录

1 绪论

1.1 引言

随着陆地资源的不断耗竭，人们将目光投向浩瀚的海洋、湖泊等水域。为了适应海洋科学研究工作和海洋资源开发不断发展的需求，人们研制开发了各种海洋机器人并将其应用于水下科学考察和海底资源探测与开发[1-3]。自20世纪90年代中期以来，无人海洋机器人（unmanned maritime vehicle，UMV）就在海洋调查、勘探以及军事等领域中有着广泛应用[4-6]。UMV系统的广泛应用和水下机器人技术的不断进步，促成了其海底作业范围和作业任务的不断更新，其任务要求也逐渐多样化，用户对其运动控制品质的要求越来越高[7]。UMV系统能否高效率地完成任务要求在很大程度上取决于其位姿控制的精确程度。然而UMV系统自身的复杂性、所处外界环境的复杂多变性以及任务需求的多样化，给UMV系统运动控制策略的设计带来了一定的难度。

根据水下作业任务的不同，出现了多种类型的水下机器人系统[8-10]，如自主水下机器人（autonomous underwater vehicle，AUV）系统、水面机器人（unmanned surface vehicle，USV）系统以及携机械手的遥控水下机器人系统（remotely operated vehicle with manipulator system，ROVMS）等。AUV是一种能够自主完成水下作业任务的载体，其在水下搜救、海洋勘探、水下资源开发、军事等领域发挥着非常重要的作用[11, 12]。在海洋探测或弱通信条件下，USV与AUV系统通信等具有重要意义，此类系统根据任务要求既可在水面运行又可半潜于水下一定深度运行，其最大下潜深度有着严格的阈值要求，否则会危及系统安全[13-15]。ROVMS（图1.1）因其经济性好、水下出水灵活、作业效率高、适应环境能力强等优点，同时，使用者可通过陆上平台随时观测ROVMS水下作业状况，通过和所携带的机械手或其他探测设备等协作完成指定任务而备受关注。然而，由于其受脐带缆的约束，作业范围比较小，同时ROVMS在水下作业过程中，水流干扰、机械手伸缩或抓取样品会导致系统不稳定，许多高精度控制要求的水下作业无法高效率完成，

ROVMS 控制策略设计过程中需同时考虑遥控水下机器人（remotely operated vehicle，ROV）载体与机械手的各自由度间相互耦合、相互干扰[16, 17]。

(a) ROVMS水面航行

(b) ROVMS水下抓取样品

图 1.1　ROVMS（见书后彩图）

良好的操纵控制技术是海洋机器人完成水下作业的关键。海洋机器人精确的定深、定高、悬停定位、航向等位姿控制性能以及较强的抗干扰能力，是保证其高效完成水下作业任务的前提条件。但由于海洋机器人所受外界环境干扰很难精确描述、系统运动为六自由度的三维空间运动，且各自由度间具有强耦合性，海洋机器人操纵控制技术很难达到预期的控制精度要求，从而造成许多较高精度的水下作业，如水底抓取样品、水底焊接等，仍然是具有挑战性的难题[18, 19]。海洋机器人的控制品质主要受以下因素影响：①海洋机器人自身是一种强耦合的非线性系统；②外界环境干扰复杂多变，难以预测；③任务过程中，系统自身形体、重浮力等的变化。由于模型的复杂多变性，系统运动控制策略难以确定，系统运动控制品质难以改善。

通过控制策略的设计克服诸多因素对海洋机器人运动的影响，提高 UMV 系统运动控制精度。UMV 系统硬件部分构建完成后，如果试航过程中海洋机器人运动控制品质无法达到预期目标，那么首先考虑的解决方案应该是改进其软件部分而非硬件部分。而运动控制品质问题则需要系统的运动控制策略来解决。随着 UMV 相关技术的逐渐成熟，其运动控制理论也逐步完善，众多控制领域的学者根据任务要求或任务中出现的运动控制问题提出了多种智能化的控制策略，以优化 UMV 系统的运动控制性能[20-22]。然而，许多控制策略是建立于某些约束条件之上的，在某些运动条件下，系统的控制性能可能会变差，甚至导致系统不稳定。设计一套能够克服诸多约束条件的控制策略来提高 UMV 系统在复杂多变环境中的控制性能与自适应能力是必要的。

本书主要以两种新型 UMV 系统作为被控对象，即 AUV 系统（图 1.2）与 USV 系统（图 1.3），进行 UMV 运动控制技术的研究。其中，本书所研究 AUV 系统是一种新型水下机器人系统，其根据任务需求具有两种类型的控制模式。而 USV 系统是一种半潜式的水面机器人，根据任务需要，既可在水面运行又可下潜到一定深度运行，故其受外界环境的影响较大，其控制模型根据环境变化而不断变化。本书将根据此两类 UMV 系统外场试验（主要是湖泊试验与海洋试验）中出现的运动控制问题，分析控制策略的设计过程以及注意事项。主要研究问题如下：①系统模型复杂多变，UMV 系统运动是六个自由度的空间运动；②由于速度、航向与深度间具有较强的耦合性，UMV 系统定深控制过程中受纵向速度、航向变化的影响较大；③UMV 系统受流、浪、涌等外界干扰的影响较大，使得 UMV 航向与深度控制品质变差。

图 1.2　AUV 系统（见书后彩图）

图 1.3　USV 系统（见书后彩图）

随着 UMV 系统的广泛应用，其模块化技术逐渐成熟，多模式新型 UMV 系统成为一种发展趋势。图 1.4 为中国科学院沈阳自动化研究所研发的一种混合型 UMV，它集 AUV 与 ROV 技术于一体，是一种开放式、模块化、可重构的体系结构，既可以 AUV 模式进行大范围水下探测，又可以 ROV 模式完成作业任务。多模式 UMV 系统可通过 AUV 载体自身变化完成多种任务要求，如某些海洋机器人系统能够根据任务需求改变自身形体，以完成特定任务要求。图 1.5 为 2000 年中国科学院沈阳自动化研究所研发的“CR-02”6000m AUV 系统。

图 1.4 新型 AUV 与 ROV 一体系统（见书后彩图）

图 1.5 CR-02（见书后彩图）

1.1.1 UMV 运动模型的特点

UMV 运动控制技术是 UMV 完成作业任务的关键技术之一，也是衡量 UMV 先进程度的主要标志[1, 2]。随着 UMV 系统智能化要求越来越高，控制性能要求也越来越高，UMV 系统的运动控制不再局限于系统的稳定性上，对其动态性能的要求也随之提高。系统模型是控制策略设计的重要依据。充分了解被控对象是构建系统控制技术的前提条件。

UMV 自身强非线性、强耦合性的特点和复杂多变的外界环境干扰，使得 UMV 系统难以控制[23-25]。UMV 运动是一种具有六个自由度的非线性三维空间运动，且各自由度间存在强耦合性，以水平转向为例，不但有偏航、前进和横移，而且伴随横倾、纵倾和潜浮等现象；航向或速度的变化同时会造成 UMV 系统深度的变化，这种强耦合现象增加了 UMV 系统定深控制的难度[26-28]。

另外，UMV 系统模型随作业任务的不同而发生变化[29, 30]，水质的密度对系统水动力参数影响较大，由于系统模型与水动力参数有着密切关系，而水动力参数受水质密度的影响较大，故 UMV 系统模型随着外界环境变化而变化，此即在某水域内系统稳定，而在另一水域内系统不稳定或控制性能变差的主要原因。随着水下任务的多样化，UMV 系统在执行任务期间可通过改变自身控制模式完成作业，如携带机械手作业的水下机器人，在折叠与展开机械手过程中系统控制模型不同[31]。本书所研究的 USV 系统在运行过程中，油量的变化会引起静力矩的变化，造成系统上浮和下潜运动不稳定，这导致系统运动严重偏离预设轨迹，使 USV 系统无法完成预设任务。

UMV 系统所受外界干扰力的影响无法预测。UMV 系统需要根据任务要求运行在不同的深度，例如，对于远长程，UMV 系统需要定期浮出水面接收全球定位系统（global positioning system，GPS）等定位信号以确定自身位置与航向。在近水面 USV 系统所受扰动力和运动特性相对于静水中或大潜深运动中的系统有很大的不同，如受到风、浪、流、涌等复杂环境干扰，系统的控制性能发生变化，如果海况恶劣还有可能导致系统航向控制与深度控制不稳定[32-34]。

针对 UMV 系统出现的各种运动控制问题，控制领域的相关专家提出了多种控制方案，以解决某一或某些特定问题，但各控制策略在具有其特有的控制优势的同时，具有一定的局限性：H_∞ 控制虽然鲁棒性能好，但它无法应对复杂的非线性系统，且所构建的控制器计算量大[35]；神经网络控制是一种基于学习的控制算法，当系统所在环境发生剧烈变化时，其学习速度会出现明显的滞后现象，甚至会出现发散问题，导致系统不稳定[36]；模糊控制是一种无须控制模型的控制技术，但其却极大地依赖于模糊规则设计的多少，模糊规则过多则系统运行缓慢，模糊规则过少则不足以应对不同程度系统模型变化的影响[37]；结构滑模控制（sliding mode control，SMC）技术是当前解决非线性系统控制问题的主流控制策略，但其滑模面的抖动却是此算法的缺点[38]；多模型控制算法针对多种控制模型构建多种控制策略，根据任务需求与外界干扰状况调节控制参数或控制策略，然而如何实现多模型间的稳定切换却是其有待解决的关键问题[39]。

1.1.2　UMV 运动控制技术研究现状

为了提高 UMV 系统的控制性能，UMV 运动控制策略的研究包含控制理论的多个方面，如线性控制、非线性控制与智能控制。在 UMV 运动控制技术中，应用最广泛、历史最悠久的控制算法是比例积分微分（proportional plus integral plus derivative，PID）控制算法，此方法调节简单，各参数有着明确的物理意义和作用，适用于对控制品质要求不高的水下任务。1994 年 Jalving 等在“NDRE-AUV”成功采用 PID 控制算法，实现了 4h 的恒速运动的海洋试验[40, 41]；针对纵向控制面耦合性强、难以控制等特点，Fossen[42]、Hansen 等[43]采用 PID 控制技术实现了 AUV 深度控制。

为了解决复杂的动态环境干扰问题，人们提出了多种智能控制方法与策略。2002 年 Kim 等将滑模控制应用到 AUV-SNUUV I 运动控制中并通过了水池试验，但并未考虑运行过程中的抖振现象，从而引起轨迹的不平稳[44]。李晔等通过渐消记忆指数加权法自适应卡尔曼滤波器，消除了系统噪声和量测噪声统计特性估计海流干扰的不准确性带来的问题，并通过海上试验验证了算法的实用性[45]。Liu 等[46]采用非线性状态反馈法进行 UMV 系统近水面的悬停定位，并通过仿真验证了算法在近水面的抗干扰能力。

国内外学者提出了多种控制技术以解决系统建模误差问题。Santhakumar 等[47]提出采用非线性状态反馈法与 Lyapunov 函数法减小系统的建模误差，以提高系统作业效率。2008 年俞建成等[48]采用径向基神经网络逼近 UMV 的逆动力学模型，并通过半物理仿真平台进行轨迹跟踪验证。2009 年华克强等[49]通过对 UMV 姿态角的研究设计了相应的鲁棒控制算法，并通过仿真验证了算法的理论可行性。Cavalletti

等[50]根据 ROV 模型的特点将系统分为两个非线性部分，通过两类神经网络对系统这两个部分进行控制，通过加权法实现了模型间的平稳转换，通过 Lyapunov 函数法证明了系统的稳定性，通过仿真实现了系统对复杂路径的跟踪。Aguiar 等[51]通过多模型控制技术的多个模型与控制器间的平滑切换，保证了系统全局稳定性，实现了欠驱动 AUV 定深、定向、回转等运动控制和路径跟踪[52]。哈尔滨工程大学的任洪亮[53]通过将 AUV 系统分解为水平面模型集、垂直面模型集和基于倒车操纵性的模型集，构建了由 PID 控制器、不基于模型的模糊控制、滑模控制等方法组成的控制库并通过仿真验证了多模型控制器具有响应速度快、鲁棒性强、抗干扰能力好等特点。

由于 UMV 系统模型难以确定，而实际运动控制分析中所需要的模型参数并不多，在系统水动力参数未知的情况下，可通过系统辨识法对系统运动模型的相关参数进行估计。自 UMV 诞生以来，国内外众多学者针对 UMV 运动模型进行了大量的辨识分析。1999 年 Sayyaadi 等[54]采用神经网络辨识法较精确地辨识了 Twin Burger 2 模型。2003 年 Naeem 等[55]对自主水下机器人 QinetiQ AUV 采用具有外来输入的自回归（auto-regressive with exogenous input，ARX）模型获取了系统的航向预测控制模型。2010 年袁伟杰等[56]采用遗传算法辨识出了 AUV 系统 19 个水平面的水动力参数，此方法不受预设初值的影响，具有全局寻优特性。Giacomo 等[57]采用扩展卡尔曼滤波器（extended Kalman filter，EKF）对具有干涉任务半自主水下航行器（semi-autonomous underwater vehicle for intervention missions，SAUVIM）系统重心到质心的距离进行辨识，以采用相应策略保证系统纵倾角与横滚角在悬停拦截目标时垂直面上的稳定性。Petrich 等[58]采用误差模型辨识法对系统垂直面二阶与三阶的动力学模型进行参数辨识，以保证系统在垂直面具有精确的控制模型。

近水面航行体由于受外界环境干扰影响比较大且系统控制模型难以确定等问题，多采用模型辨识法。学者针对 USV 系统运动控制多围绕其所受外界干扰力的辨识问题进行研究，文献[59]和[60]根据所受外界干扰力的辨识问题对相关控制技术进行构建，以保证系统在当前环境下具有良好的动态性能。由于 USV 系统模型辨识通过仿真获取系统的控制模型参数[61-63]，这些试验多是在系统外界干扰模型确定或可忽略的前提下进行的仿真式研究及验证，而对于受外界环境影响较大的 USV 系统而言，在外场试验中外界环境的干扰是不可忽略的。文献[64]和[65]采用有关在线辨识的控制算法如聚类的在线辨识以提高控制算法对系统不确定性的鲁棒性，并通过仿真进行了验证；张铭钧等采用一种稳态自适应技术的在线动力学辨识法，通过水池试验验证了算法的有效性[66]。UMV 系统模型参数辨识法能够从外场试验数据中辨识出相关水动力参数，相对于通过理论推导的水动力参数更具有实际应用价值[67]。基于系统模型辨识的控制算法在一定程度上能够提高 UMV 系统运动控制的精度与鲁棒性。

如何在复杂多变的外界干扰下提高 AUV 系统各自由度的控制精度成为当今

水下机器人运动控制的重要课题[68]，国内外控制专家根据 AUV 系统运动控制的特点提出了多模型控制策略。Aguiar 等针对 AUV 系统强非线性与强耦合性等特点，采用多模型控制提高了 AUV 系统定深、定向、回转等在欠驱动下的运动控制性能[51, 52]。文献[69]通过仿真验证了基于频段模型切换的多控制器法在 4 种不同海况下良好的控制性能。文献[70]延拓了多模型控制法中的相关理论，提出在线选取最佳控制策略的控制库法，采用基于能量函数的直接切换法实现了控制策略的稳定转换，数字仿真验证了控制库在复杂环境下的控制优势。文献[71]通过对船舶航向模型的研究设置了多个航向控制子模型，根据这些模型设置了 PID 控制器集，采用基于系统纵向速度、外界环境的直接切换法选取控制策略，提高了船舶航向控制的抗干扰能力，但由于采用的是直接切换法，从系统输出曲线可以看出系统在切换瞬间运动状态有较大的抖动。文献[72]针对 AUV 系统深度运动控制的特点将系统深度控制模型分解为深度控制模型与纵倾角控制模型，提高了系统深度运动控制品质，解决了耦合项间的相互干扰问题。文献[73]针对 AUV 系统的强非线性，采用两种控制策略分别对 AUV 系统的深度与航向进行控制，仿真结果表明此混杂控制法具有良好的控制性能。

水下作业任务的要求越来越高，对 UMV 运动控制性能指标的要求也越来越高，人们希望控制系统拥有知识学习、储备和决策的能力，UMV 系统运动控制具有主动地适应被控制对象和周围外界环境的多变性等智能化控制性能[74, 75]。针对 UMV 系统的非线性、强耦合性以及受海洋环境干扰影响大等问题，UMV 领域的学者提出了众多运动控制方法，如状态观测器与滤波器辨识参数[76]、基于 Backstepping 的滑模变结构控制法[77, 78]、神经网络控制法[79]、自适应控制法[80, 81]等，以提高 UMV 系统在复杂外界环境中的自适应能力，但各种算法有自身的优缺点，在不同的任务环境中表现出不同的控制性能。多模型控制算法是根据模型集中的子模型设计多种控制器的一种控制算法，能够综合多种控制算法的优势来提高系统在复杂环境中运动控制的鲁棒性与自适应能力[82-84]。

多模型控制策略具有综合多控制策略优势的能力。多模型控制根据被控对象的不确定范围，设置不同模型集来逼近被控对象的全局动态特性，根据各子模型特点设计相应控制策略，建立控制器集，通过模型间的稳定切换达到快速响应外界控制需求的目的。学者通过多控制策略的相互结合，综合各控制策略在不同条件下的控制优势，提高 UMV 系统的运动控制精度与自适应能力。

1.2 多模型控制及其在 UMV 中的应用

多模型控制虽然在理论上得到广泛认可，并在实际中开始得到推广应用，但由于多模型控制仍处于起始阶段，在实际系统中充分发挥其控制优势仍需要一段不断演变与优化的发展历程。UMV 系统是一种复杂系统，其复杂性不仅表现在系统自身模型的构建上，而且 UMV 在水下运行过程中所受的压力、浮力以及其他干扰力对 UMV 系统运动控制的影响复杂多变。UMV 系统的运动为六自由度空间运动，其数学表达形式是由运动学方程与动力学方程组成的，两种表达式含有非线性方程 12 个、状态量 12 个、水动力参数上百个，各状态量间相互耦合，且 UMV 系统所受外界干扰复杂多变。多模型控制方法将复杂多变环境下的 UMV 运动控制问题简化为多个子问题进行处理，采用多个控制算法分而治之，提高系统运动控制的鲁棒性、抗干扰能力和自适应能力，其结构图如图 1.6 所示。文献[85]根据系统环境变化状况和任务需求进行模型切换，根据模型所处的环境特点和任务要求切换到相应的控制策略，削弱外界干扰对 UMV 系统运动的影响程度，克服系统的时变性和强耦合性，实现系统多任务要求。

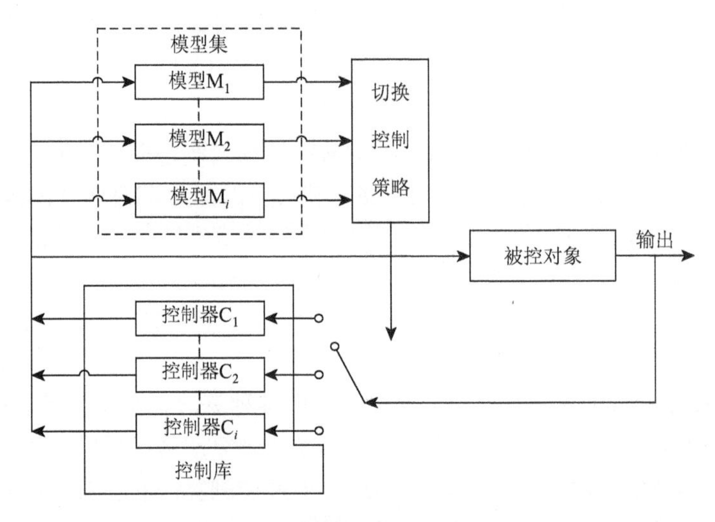

图 1.6　多模型切换控制结构图

当前，大部分切换理论集中于对系统各子模型参数变化、维数不变等条件下的研究，关于模型维数发生变化的研究比较少[86]。由于系统在工况发生变化或任务切换瞬间不仅是模型参数的变化，还可能涉及系统状态空间维数的变化。本书提出非完全同态多模型控制的概念，各子模型状态空间结构是多变的，针对此类问题，多数专家将子系统统一规划为最高维状态空间表述形式，再根据已有的切换理论进行切换策略的研究。Wang 等[87]提出了状态空间缩放（dilation and contraction）法，将子系统统一到最高维数空间下，对非同维线性多模型切换系统的稳定问题进行研究。文献[88]通过构架可变控制库（moving-bank）的方式解决此类问题，文献[70]采用多种类型的子模型构建不同控制器，通过控制器间的直接转换实现系统的切换，但这两种方法均未考虑切换过程中系统的稳定性。

尽管多模型控制器集具有综合多种控制策略控制优势的能力，但传统多模型应用于 AUV 系统存在如下不足：①传统多模型切换多针对状态模型一致、模型参数变化的系统进行研究，而对状态空间不一致的多模型切换问题研究较少。关于此类型的切换问题，多将各子模型状态空间统一到最高维数空间下分析切换过程的稳定性。②传统多模型控制器集固定不变，即所含控制策略固定不变。由于 AUV 系统模型的复杂性，一些控制策略未预测且控制器集所含控制策略无法达到预期控制性能要求，这时需要控制器集具有在线自优化能力，提高系统在未知控制模式下的控制性能。

改善多模型控制策略，使其控制优势在 AUV 系统实际应用中得到充分发挥，有助于在保持良好控制性能的前提下提高 AUV 系统在复杂多变环境中的自适应能力。多模型控制通过设置模型集与控制器集将复杂的非线性难控问题分解为多个子问题进行解决，这在一定程度上降低了控制策略设计的难度。多模型控制根据 AUV 系统不同的运动控制要求，设置精炼的运动控制子模型，有利于为各子模型构建强鲁棒性控制策略，发挥其控制优势，达到改善 AUV 系统运动控制性能与提升 AUV 系统在复杂多变环境中自适应能力的目的。

1.3　本书内容安排

本书旨在通过对相关控制技术的研究，改善 UMV 系统航向、深度运动控制的动态性能与系统对复杂外界环境的抗干扰能力。本书根据 UMV 系统的运动特点以及外场试验中出现的运动控制问题，选择并优化相应控制策略，以实现 UMV 系统的自适应能力。本书所提出的 UMV 系统自适应能力是指 UMV 系统底层设计能够根据外界环境特点与任务要求，选择最佳控制策略。

为了使所构建运动控制策略具有较强的实际应用价值，本书内容安排遵循如下步骤：理论基础分析—仿真验证—半物理仿真验证—外场试验验证。理论基础分析：根据 UMV 系统运动模型的特点，或系统在运动过程中出现的运动问题，如耦合状态变量间的相互干扰、超调量过大等问题，从众多控制策略中分析并选择出基本控制器（PID 控制器、状态反馈控制器、滑模控制器等）为研究内容，根据外场试验中出现的问题，分析各控制策略控制参数的调整方案。仿真验证：通过 MATLAB 数字仿真分析本书所提控制算法的稳定性与鲁棒性，并分析选用控制策略的控制优势及不足。半物理仿真验证：用于分析数字仿真过程中所设计控制策略的应用价值，在半物理仿真平台设置不同海况或外界干扰力等，检验所设计控制策略的鲁棒性与自适应能力，并根据仿真过程中出现的问题，对运动控制策略作进一步改进或优化。外场试验验证：将半物理仿真所验证的控制策略嵌入实际载体中，进行外场试验验证，根据试验数据，分析控制策略的控制优势与局限性。

本书共8章：第1章主要对UMV系统控制技术发展状况进行介绍，分析UMV系统运动控制的特点以及国内外专家解决UMV系统运动控制问题的方法与方案；第2章借鉴海洋机器人相关权威文献，对海洋机器人的深度控制模型、航向控制模型与纵向速度控制模型等进行总结与说明；第3章对本书在UMV系统外场试验过程中所用的基本控制策略——PID控制策略、状态反馈控制策略、滑模控制策略进行基本理论介绍，分析各控制策略在UMV系统运动控制中控制参数的作用与意义及调整策略；第4章对多模型切换控制策略进行介绍，并根据UMV系统运动模型的特点推导出相关理论，通过理论推导与数字仿真验证这些切换策略的可行性；第5章主要对本书所提控制策略如动态状态反馈控制的优化、神经网络补偿器的研究、滑模变结构控制算法等在UMV系统的数字仿真平台与半物理仿真平台上进行验证，分析这些控制策略的控制优势以及实际应用价值；第6章主要介绍USV系统在湖泊试验与海洋试验中相关运动控制策略的设计过程，及采用这些控制策略的原因；第7章对AUV系统湖泊试验过程中出现的运动控制问题——AUV系统根据任务要求需改变自身形体、各耦合状态间相互影响等进行改进；第8章对外场试验进行总结，指出各控制策略的控制优势，并对UMV系统的发展趋势进行展望。

参 考 文 献

[1] 徐玉如，苏玉民. 关于发展智能水下机器人技术的思考[J]. 舰船科学技术，2008，30（4）：17-21.

[2] 国家海洋局. 海洋机器人：高科技创造无限可能[N]. 中国海洋报，2012-09-21（A3）.

[3] 葛晖，徐德民，项庆睿. 自主式水下航行器控制技术新进展[J]. 鱼雷技术，2007，15（3）：1-7.

[4] Joochim C，Phadungthin R，Srikitsuwan S. Design and development of a remotely operated underwater vehicle[C]. 16th International Conference on Research and Education in Mechatronics（REM），Bochum，2016：148-153.

[5] Cadena A. Development of a low cost autonomous underwater vehicle for antarctic exploration[C]. 2011 IEEE International Conference on Technologies for Practical Robot Applications（TePRA），Piscataway，2011：76-81.

[6] Mao Y F，Pang Y J，Wang Z L. Underwater vehicle's long voyage path planning in complex sea condition[C]. 2009 IEEE International Conference on Intelligent Computing and Intelligent Systems（ICIS 2009），Shanghai，2009：661-665.

[7] 封锡盛，李一平，徐红丽. 下一代海洋机器人——写在人类创造下潜深度世界记录10912米50周年之际[J]. 机器人，2011，33（1）：113-118.

[8] Fossen T I. Handbook of Marine Craft Hydrodynamics and Motion Control[M]. New York：John Wiley & Sons Ltd，2011.

[9] 蒋新松，封锡盛，王棣堂. 水下机器人[M]. 沈阳：辽宁科学技术出版社，2000.

[10] 张铭钧. 水下机器人[M]. 北京：海洋出版社，2000.

[11] 马伟峰，胡震. AUV的研究现状与发展趋势[J]. 火力与指挥控制，2008，33（6）：10-13.

[12] Chen T, Wang Y Z, Xu D, et al. Mission and motion control of AUV for terrain survey mission using discrete event system theory[C]. 2016 IEEE International Conference on Mechatronics and Automation，Harbin，2016：1012-1017.

[13] 周焕银，刘亚平，胡志强，等. 基于辨识模型集的无人半潜水下机器人系统深度动态滑模控制切换策略研究[J]. 兵工学报，2017，38（11）：2198-2206.

[14] Wang S W, Xie L, Ma F, et al. Research of obstacle recognition method for USV based on laser radar[C]. 2017 4th International Conference on Transportation Information and Safety（ICTIS），Banff，2017：343-348.

[15] Sarda E I，Bertaska I R，Qu A，et al. Development of a USV station-keeping controller[C]. OCEANS 2015，Piscataway，2015：1-10.

[16] Soylu S，Buckham B J，Podhorodeski R P. Exploiting redundancy in underwater vehicle-manipulator systems[J]. International Journal of Offshore and Polar Engineering，2009，19（2）：115-123.

[17] 刘鑫，魏延辉，高延滨. ROV运动控制技术综述[J]. 重庆理工大学学报（自然科学），2014，28（7）：80-85.

[18] Raine G A，Lugg M C. ROV inspection of welds-a reality[J]. Insight：Non-Destructive Testing and Condition Monitoring，1996，38（5）：346-350.

[19] Ratnayake R M C，Ytterhaug H O，Bogwald P，et al. Underwater friction stud welding optimal parameter estimation：Engineering robust design based approach[J]. Journal of Offshore Mechanics and Arctic Engineering，2015，137（1）：1-6.

[20] Ghani M F，Abdullah S S. Depth level control system using peripheral interface controller for underwater vehicle[J]. IAES International Journal of Robotics and Automation，2013，2（2）：69-72.

[21] Petrich J，Stilwell D J. Robust control for an autonomous underwater vehicle that suppresses pitch and yaw coupling[J]. Ocean Engineering，2011，38（1）：197-204.

[22] Fossen T I，Blanke M. Nonlinear output feedback control of underwater vehicle propellers using feedback form estimated axial flow velocity[J]. IEEE Journal of Oceanic Engineering，2000，25（2）：241-255.

[23] Piegat A，Plucinski M. Fuzzy internal model control of an underwater vehicle[C]. Proceedings of the Fifth International Symposium on Methods and Models in Automation and Robotics，Miedzyzdroje，1998：691-695.

[24] Lebedev A V，Filaretov V F. Self-adjusting system with a reference model for control of underwater vehicle motion[J]. Optoelectronics，Instrumentation and Data Processing，2015，51（5）：462-470.

[25] Santhakumar M. A nonregressor nonlinear disturbance observer based adaptive control scheme for an underwater manipulator[J]. Advanced Robotics，2013，27：1273-1283.

[26] Tanakitkorn K，Wilson P A，Turnock S R，et al. Depth control for an over-actuated，hover-capable autonomous underwater vehicle with experimental verification[J]. Mechatronics，2017，41：67-81.

[27] Ruiz-Duarte J E，Loukianov A G. Higher order sliding mode control for autonomous underwater vehicles in the diving plane[J]. IFAC-PapersOnLine，2015，48（16）：49-54.

[28] Qiao L，Ruan S T，Zhang G Q，et al. Robust H_2 optimal depth control of an autonomous underwater vehicle with output disturbances and time delay[J]. Ocean Engineering，2018，165（1）：399-409.

[29] Shafiei M H，Binazadeh T. Movement control of a variable mass underwater vehicle based on multiple-modeling approach[J]. Systems Science and Control Engineering，2014，2（1）：335-341.

[30] Kim J，Kim K，Choi H S，et al. Depth and heading control for autonomous underwater vehicle using estimated hydrodynamic coefficients[C]. MTS/IEEE Oceans 2001，Washington，2001：429-435.

[31] Farivarnejad H, Moosavian S, Ali A. Multiple impedance control for object manipulation by a dual arm underwater vehicle-manipulator system[J]. Ocean Engineering，2014，89（10）：82-98.

[32] Lapierre L. Robust diving control of an AUV[J]. Ocean Engineering，2009，36（1）：92-104.

[33] Zhou H Y，Li Y P，Hu Z Q，et al. Identification state feedback control for the depth control of the studied underwater semi-submersible vehicle[C]. The 5th Annual IEEE International Conference on Cyber Technology in Automation，Control and Intelligent systems，Shenyang，2015：875-880.

[34] Li J，Zhao X Y，Chen Y. An active disturbance rejection controller for depth-pitch control of an underwater vehicle[J]. International Journal of Innovative Computing，Information and Control，2017，13（3）：727-739.

[35] 刘强. SWATH 船的稳定鳍优化与鲁棒控制[M]. 上海：上海交通大学出版社，2013.

[36] 何玉彬，李新忠. 神经网络控制技术及其应用[M]. 北京：科学出版社，2000.

[37] 张乐. 基于 T-S 模糊模型的几类模糊系统的稳定性分析与鲁棒可靠控制[M]. 沈阳：东北大学出版社，2014.

[38] 刘金琨. 滑模变结构控制 MATLAB 仿真[M]. 北京：清华大学出版社，2005.

[39] 付主木，费树岷，高爱云. 切换系统的 H_∞控制[M]. 北京：科学出版社，2009.

[40] Jalving B. The NDRE-AUV flight control system[J]. IEEE Journal of Oceanic Engineering，1994，19（4）：497-501.

[41] Jalving B，Storkersen N. The control system of an autonomous underwater vehicle[C]. Proceedings of the Third IEEE Conference on Control Applications（Cat. No. 94CH3420-7），1994：851-856.

[42] Fossen T I. Guidance and Control of Ocean Vehicles [M]. London：John Wiley & Sons Ltd，1994.

[43] Hansen J F，Adnanes A K，Fossen T I. Mathematical modelling of diesel-electric propulsion systems for marine vessels[J]. Mathematical and Computer Modelling of Dynamical Systems，2001，7（3）：323-355.

[44] Kim K，Kim J，Choi H S，et al. The sliding mode controller for a test bed AUV-SNUUV I[C]. Proceedings of ISOPE Pacific/Asia Offshore Mechanics Symposium，Daejeon，2002：116-122.

[45] 李晔，苏玉民，万磊，等. 自适应卡尔曼滤波技术在 AUV 运动控制中的应用[J]. 中国造船，2006，47（4）：83-87.

[46] Liu S Y，Wang D W，Engkee P. Output feedback control design for station keeping of AUVs under shallow water wave disturbances[J]. International Journal of Robust and Nonlinear Control，2009，19（13）：1447-1470.

[47] Santhakumar M，Asokan T. Coupled，non-linear control system design for autonomous underwater vehicle（AUV）[C]. 10th International Conference on Control，Automation，Robotics and Vision，Hanoi，2008：2309-2313.

[48] 俞建成，李强，张艾群，等. 水下机器人的神经网络自适应控制[J]. 控制理论与应用，2008，25（1）：9-13.

[49] 华克强，王秀娟. 水下机器人姿态保性能鲁棒控制物理仿真研究[J]. 船海工程，2009，38（3）：32-35.

[50] Cavalletti M，Ippoliti G，Longhi S. Lyapunov-based switching control using neural networks for a remotely operated vehicle[J]. International Journal of Control，2007，80（7）：1077-1091.

[51] Aguiar A P，Pascoal A M. Regulation of a nonholonomic autonomous underwater vehicle with parametric modeling uncertainty using Lyapunov functions[C]. Proceedings of the 40th IEEE Conference on Decision and Control，Orlando，2001：4178-4183.

[52] Aguiar A P，Pascoal A M. Global stabilization of an underactuated autonomous underwater vehicle via logic-based switching[J]. Proceedings of the IEEE Conference on Decision and Control，Las Vegas，2002：3267-3272.

[53] 任洪亮. 多模型控制理论在 AUV 运动控制中的应用研究[D]. 哈尔滨：哈尔滨工程大学，2004.

[54] Sayyaadi H，Ura T. Multi input-multi output system identification of AUV systems by neural network[C]. MTS/IEEE Conference on Riding the Crest Into the 21st Century（OCEANS 99），Piscataway & Washington，1999：201-208.

[55] Naeem W，Sutton R，Chudley J. System identification，modeling and control of an autonomous underwater

vehicle[C]. Proceedings of MCMC 2003 Conference，Girona，2003：37-42.

[56] 袁伟杰，刘贵杰，朱绍锋. 基于遗传算法的自治水下机器人水动力参数辨识方法[J]. 机械工程学报，2010，46（11），96-100.

[57] Giacomo M，Choi S K，Yuh J. Real-time center of buoyancy identification for optimal hovering in autonomous underwater intervention[J]. Intelligent Service Robotics，2010，3（3）：175-182.

[58] Petrich J，Stilwell D J. Model simplification for AUV pitch-axis control design[J]. Ocean Engineering，2010，37（7）：638-651.

[59] 李晔，刘建成，徐玉如，等. 带翼水下机器人运动控制的动力学建模[J]. 机器人，2005，27（2）：128-131.

[60] 金鸿章，高妍南，周生彬. 基于能量优化的海洋机器人航向与横摇自适应终端滑模综合控制[J]. 机械工程学报，2011，47（15）：37-43.

[61] Marco D B，Martins A，Healey A J. Surge motion parameter identification for NPS Phoenix AUV[C]. IARP'98，Lafayette，1998.

[62] de Barros E A，Pascoal A，de Sa E. Investigation of a method for predicting AUV derivatives[J]. Ocean Engineering，2008，35（16）：1627-1636.

[63] Peng Y，Han J D. Tracking control of unmanned trimaran surface vehicle：Using adaptive unscented Kalman filter to estimate the uncertain parameters[C]. 2008 IEEE International Conference on Robotics，Automation and Mechatronics，Chengdu，2008：901-906.

[64] 潘天红，薛振框，李少远. 基于减法聚类的多模型在线辨识算法[J]. 自动化学报，2009，35（2）：220-224.

[65] 段朝阳，张艳，邵雷，等. 基于多模型在线辨识的滑模变结构控制[J]. 上海交通大学学报，2011，45（3）：403-407.

[66] 张铭钧，胡明茂，徐建安. 基于稳态自适应技术的水下机器人系统在线辨识[J]. 系统仿真学报，2008，20（18）：5006-5014.

[67] 周焕银，封锡盛，胡志强，等. 基于多辨识模型优化切换的 USV 系统航向动态反馈控制[J]. 机器人，2013，35（5）：552-558.

[68] Prestero T. Development of a six-degree of freedom simulation model for the REMUS autonomous underwater vehicle[C]. Oceans Conference Record（IEEE），Honolulu，2001：450-455.

[69] 林孝工，谢业海，赵大威，等. 基于海况分级的船舶动力定位切换控制[J]. 中国造船，2012，53（3）：165-174.

[70] Zhou H Y，Liu K Z，Feng X S. Selected optimal control from controller database according to diverse AUV motions[C]. 2011 World Congress on Intelligent Control and Automation（WCICA 2011），Taipei，2011：425-430.

[71] Saari H，Djemai M. Ship motion control using multi-controller structure[J]. Ocean Engineering，2012，55（4）：184-190.

[72] Zhou H Y，Liu K Z，Li Y P，et al. Dynamic sliding mode control based on multiple for the depth control of autonomous underwater vehicles[J]. International Journal of Advanced Robotic Systems，2015，12（7）：1-10.

[73] Elnashar G A. Performance and stability analysis of an autonomous underwater vehicle guidance and control[C]. 2013 Proceedings of International Conference on Modelling，Identification & Control（ICMIC），Cairo，2013：67-73.

[74] Fossen T I，Pettersen K Y，Nijmeijer H. Sensing and Control for Autonomous Vehicle [M]. Basel：Springer International Publishing，2017.

[75] 王璐. 自治水下机器人的非线性控制方法研究[D]. 哈尔滨：哈尔滨工程大学，2013.

[76] Arrichiello F，Antonelli G，Aguiar A P，et al. An observability metric for underwater vehicle localization using range measurements[J]. Sensors，2013，13（12）：16191-16215.

[77] 王宏健，陈子印，贾鹤鸣，等. 基于反馈增益反步法欠驱动无人水下航行器三维路径跟踪控制[J]. 控制理论

与应用，2014，31（1）：66-77.

[78] Cervantes J，Wen Y，Salazar S，et al. Output based backstepping control for trajectory tracking of an autonomous underwater vehicle[C]. 2016 American Control Conference（ACC），Boston，2016：6423-6428.

[79] 周焕银，刘开周，封锡盛. 基于神经网络补偿的滑模控制在 AUV 运动中的应用[J]. 计算机应用研究，2011，28（9）：3384-3386，3389.

[80] Qiao L，Zhang W D. Adaptive non-singular integral terminal sliding mode tracking control for autonomous underwater vehicles[J]. IET Control Theory & Applications，2017，11（8）：1293-306.

[81] Li J H，Lee P M. Design of an adaptive nonlinear controller for depth control of an autonomous underwater vehicle[J]. Ocean Engineering，2005，32（17-18）：2165-2181.

[82] Motter M A，Principe J C. Predictive multiple model switching control with the self-organizing map[J]. International Journal of Robust and Nonlinear Control，2002，12（11）：1029-1051.

[83] Wang F Y，Bahri P，Lee P L，et al. A multiple model，state feedback strategy for robust control of non-linear processes[J]. Computers and Chemical Engineering，2007，31（5-6）：410-418.

[84] Mozelli L A，Palhares R M，Avellar G S C. A systematic approach to improve multiple Lyapunov function stability and stabilization conditions for fuzzy systems[J]. Information Sciences，2009，179（8）：1149-1162.

[85] Liberzon D. Switching in Systems and Control[M]. Boston：Birkhauser，2003.

[86] Liberzon D，Morse A S. Basic problems in stability and design of switched systems[J]. IEEE Control Systems Magazine，1999，19（5）：59-70.

[87] Wang P K C，Hadaegh F Y. Stability analysis of switched dynamical systems with state-space dilation and contraction[J]. Journal of Guidance，Control，and Dynamics，2008，31（2）：395-401.

[88] Gustafson J A，Maybeck P S. Flexible space structure control via moving-bank multiple model algorithms[J]. IEEE Transactions on Aerospace and Electronic Systems，1994，30（3）：750-757.

2 UMV 运动模型

本书所采用的 UMV 运动模型为国际船模试验池会议推荐和美国造船工程师协会术语公报的体系结构[1]，所描述的 UMV 系统动力学模型与运动学模型以及各章所采用的 UMV 系统运动模型的研究与探讨主要参考文献[2]～[5]。

2.1 UMV 运动控制模型特点

运动模型是研究运动控制技术的前提与基础，然而，海洋机器人自身的强非线性、强耦合性以及自身所受外界干扰力复杂多变性等问题，导致系统运动控制模型难以确定，从而造成系统运动控制策略难以设计，无法保证系统的运动控制品质。UMV 系统运动模型的特点与运动控制策略间的关系如下。

（1）模型复杂导致许多控制策略无法精确地控制系统运动。UMV 系统为强非线性、强耦合性系统，其模型一般由 6 个运动学方程与 6 个动力学方程组成，共有 12 个状态方程，包含 12 个状态变量、上百个模型参数，且各自由度（状态量）间存在强耦合关系。为了简化控制策略设计过程，需对载体的运行模式进行简化，否则会导致所设计的控制策略复杂，控制目标不明确，无法达到预期的控制效果，不利于系统控制品质的提高。UMV 系统所受外界浪涌力的影响复杂多变，难以用精确的数学模型描述，王科俊等在《海洋运动体控制原理》[1]一书中对系统所受海洋力的数学表述形式进行了详细介绍，将系统所受海洋力等的影响视为系统外界干扰力，本书不再描述。

（2）解耦系统运动控制模型，将其分解为多个运动控制模型，根据不同控制模式设置不同运动控制策略[6, 7]。由于不同控制模式下或任务要求下，系统所关注的运动状态不完全相同，如垂直面运动控制模式主要针对深度、纵倾角、垂向速度等状态进行控制，而水平面运动控制模式主要针对航向、航向角速度、侧向速度等状态进行研究，各控制模式有着不同的数学表述形式与不同的控制要求，若采用不同控制模式设置不同控制策略，更有利于控制系统提高系统控制品质。

（3）系统控制策略的控制效果依赖于系统自身结构的稳定性。对于自身稳定的被控对象，控制策略的主要作用是提高系统运动控制品质与抗干扰能力；而对于不稳定的系统，控制策略所起的作用是削弱系统自身的不稳定性以及外界对这种不稳定所造成的影响。

（4）海洋机器人系统运动控制模型的构建需考虑运动控制执行机构与系统的运动模式。由于系统运动控制执行机构直接作用于被控对象，影响系统的运动控制品质，控制策略设计过程中应充分考虑这些机构的物理特性，发挥其在控制中的作用与意义[8-10]。

（5）运动控制策略具有自适应于系统运动模型的变化。对于一些新型海洋机器人系统，根据任务需要，系统的结构与形体会发生很大变化，对应的系统控制模型也会发生较大变化，例如，对于运载 UMV 系统，需根据使命要求而卸载相应的负荷，从而造成系统重心、浮心的变化，静力矩的变化对系统深度控制的影响较大，从而影响系统的运动控制模型[11]；UMV 系统根据任务需要，在近水面的结构与深潜后的结构会发生较大变化[12]。若系统运动模型参数变化范围超出某一阈值，系统的控制技术将无法达到预期控制指标要求，在此情况下需考虑改变控制策略或控制技术，以保证系统稳定。

系统模型是控制策略设计的重要依据，控制策略服务于系统模型。熟悉所研究被控对象，掌握其运动模式，构建其运动模型是快捷地构建具有较强鲁棒性控制技术的必经之路，即使对于不需要模型的控制技术如模糊控制技术，若对系统运动性能不了解，所构建的控制技术也很难在实际应用中达到其应有的控制效果。总之，系统模型与系统控制技术是一种相辅相成关系，模型是控制的依据，控制依赖于模型，具有高控制品质的控制技术是系统高效率完成任务的保证。

2.2 UMV 运动控制模型的设置

海洋机器人运动控制模型复杂多变，其运动控制模型的数学表达式复杂，包含运动学模型与动力学模型，所含模型参数有上百个，且各运动间相互耦合。

2.2.1 UMV 运动学模型

本书所采用的系统地面坐标系 $E\text{-}\xi\eta\zeta$ 和运动坐标系 $O\text{-}xyz$ 如图 2.1 所示，两坐标系所涉及的状态变量描述如图 2.2 所示，其中箭头方向为正。

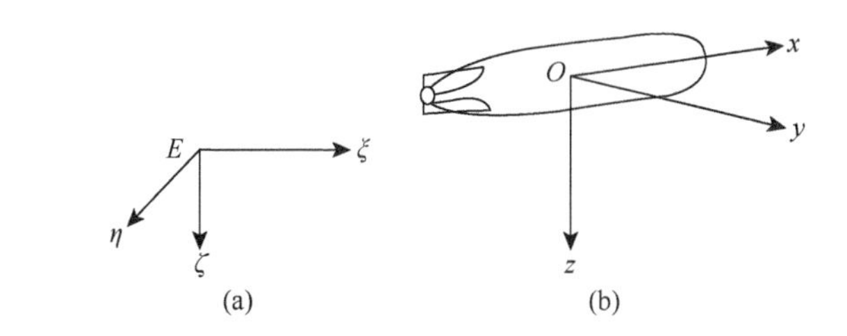

图 2.1　UMV 系统坐标系描述

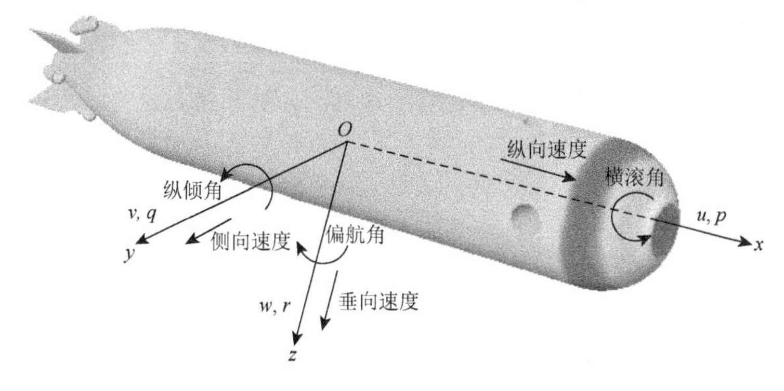

图 2.2　两坐标系所涉及的状态变量描述（见书后彩图）

UMV 系统的运动学方程为[2, 3, 5]

$$\dot{\boldsymbol{\eta}} = \boldsymbol{J}(\boldsymbol{\eta})\boldsymbol{\upsilon} \tag{2.1}$$

式中，$\boldsymbol{\upsilon}$ 为运动坐标系下 UMV 的线速度及角速度向量，$\boldsymbol{\upsilon} \in \mathbf{R}^{6\times1}$。

$$\boldsymbol{J}(\boldsymbol{\eta}) = \begin{bmatrix} \boldsymbol{J}_1(\boldsymbol{\eta}_1) & \mathbf{0}_{3\times3} \\ \mathbf{0}_{3\times3} & \boldsymbol{J}_2(\boldsymbol{\eta}_2) \end{bmatrix} \tag{2.2}$$

式中，$\boldsymbol{\eta}$ 为固定坐标系下 UMV 的位置及姿态向量，$\boldsymbol{\eta} \in \mathbf{R}^{6\times1}$；$\boldsymbol{J}(\boldsymbol{\eta})$ 为载体坐标系到地面坐标系的转换矩阵，且为可逆矩阵。$\boldsymbol{\eta} = [\boldsymbol{\eta}_1, \boldsymbol{\eta}_2]^{\mathrm{T}}$，$\boldsymbol{\upsilon} = [\boldsymbol{v}_1, \boldsymbol{v}_2]^{\mathrm{T}}$，$\boldsymbol{\eta}_1^{\mathrm{T}} = [x, y, z]$，$\boldsymbol{\eta}_2^{\mathrm{T}} = [\phi, \theta, \psi]$，$\boldsymbol{v}_1^{\mathrm{T}} = [u, v, w]$，$\boldsymbol{v}_2^{\mathrm{T}} = [p, q, r]$。$\boldsymbol{\eta} = [x, y, z, \phi, \theta, \psi]$ 为 UMV 在地面坐标系下的位姿向量，即在三个坐标轴上的位移与以三个坐标轴为基准按右手定则获取的角速度，x 为系统纵向轴位移，y 为横向轴位移，z 为垂向轴位移，ϕ 为横滚角，θ 为纵倾角，ψ 为航向角；$\boldsymbol{\upsilon} = [u, v, w, p, q, r]^{\mathrm{T}}$ 为 UMV 在载体坐标系下 6 个自由度上的运动速度和角速度向量，其在海洋机器人运动中的相应术语为：u 为纵向速度、v 为侧向速度（横向速度）、w 为垂向速度、p 为航向角速度、q 为纵倾角速度、r 为横滚角速度。

对于线速度，由运动坐标系到地面坐标系的转换矩阵 $\boldsymbol{J}_1(\boldsymbol{\eta}_1)$ 为

$$\boldsymbol{J}_1(\boldsymbol{\eta}_1)=\begin{bmatrix}\cos\psi\cos\theta & -\sin\psi\cos\phi+\cos\psi\sin\theta\sin\phi & \sin\psi\sin\phi+\cos\psi\cos\phi\sin\theta \\ \sin\psi\cos\theta & \cos\psi\cos\phi+\sin\phi\sin\theta\sin\psi & -\cos\psi\sin\phi+\sin\theta\sin\psi\cos\phi \\ -\sin\theta & \cos\theta\sin\phi & \cos\theta\cos\phi\end{bmatrix} \tag{2.3}$$

对于角速度，由运动坐标系到地面坐标系的转换矩阵 $\boldsymbol{J}_2(\boldsymbol{\eta}_2)$ 为

$$\boldsymbol{J}_2(\boldsymbol{\eta}_2)=\begin{bmatrix}1 & \sin\phi\tan\theta & \cos\phi\tan\theta \\ 0 & \cos\phi & -\sin\phi \\ 0 & \sin\phi/\cos\theta & \cos\phi/\cos\theta\end{bmatrix} \tag{2.4}$$

对于线速度，由地面坐标系到运动坐标系的转换矩阵为 $\boldsymbol{J}_1^{-1}(\boldsymbol{\eta}_1)$，由于 $\boldsymbol{J}_1(\boldsymbol{\eta}_1)$ 为正交矩阵，可得

$$\boldsymbol{J}_1^{-1}(\boldsymbol{\eta}_2)=\boldsymbol{J}_1^{\mathrm{T}}(\boldsymbol{\eta}_1) \tag{2.5}$$

对于角速度，由地面坐标系到运动坐标系的转换矩阵 $\boldsymbol{J}_2^{-1}(\boldsymbol{\eta}_2)$ 为

$$\boldsymbol{J}_2^{-1}(\boldsymbol{\eta}_2)=\begin{bmatrix}1 & 0 & -\sin\theta \\ 0 & \cos\phi & \sin\phi\cos\theta \\ 0 & -\sin\phi & \cos\phi\cos\theta\end{bmatrix} \tag{2.6}$$

当纵倾角 $\theta=\pm 90°$ 时，转换矩阵 $\boldsymbol{J}_2^{-1}(\boldsymbol{\eta}_2)$ 不存在，一般情况下，为了设备安全，大部分 UMV 运动的欧拉角速度具有一定的约束条件，例如，横滚角 ϕ:$-\pi/6<\phi<\pi/6$；纵倾角 θ:$-\pi/6<\theta<\pi/6$。

综上所述，由运动坐标系到地面坐标系，UMV 运动学模型为

$$\begin{bmatrix}\dot{\boldsymbol{\eta}}_1 \\ \dot{\boldsymbol{\eta}}_2\end{bmatrix}=\begin{bmatrix}\boldsymbol{J}_1(\boldsymbol{\eta}_1) & \boldsymbol{0}_{3\times3} \\ \boldsymbol{0}_{3\times3} & \boldsymbol{J}_2(\boldsymbol{\eta}_2)\end{bmatrix}\begin{bmatrix}\boldsymbol{v}_1 \\ \boldsymbol{v}_2\end{bmatrix} \tag{2.7}$$

由地面坐标系到运动坐标系转换为

$$\begin{bmatrix}\boldsymbol{v}_1 \\ \boldsymbol{v}_2\end{bmatrix}=\begin{bmatrix}\boldsymbol{J}_1^{\mathrm{T}}(\boldsymbol{\eta}_1) & \boldsymbol{0}_{3\times3} \\ \boldsymbol{0}_{3\times3} & \boldsymbol{J}_2^{-1}(\boldsymbol{\eta}_2)\end{bmatrix}\begin{bmatrix}\dot{\boldsymbol{\eta}}_1 \\ \dot{\boldsymbol{\eta}}_2\end{bmatrix} \tag{2.8}$$

在研究 UMV 系统运动控制策略设计过程中，多以式（2.7）作为控制模型，即控制模型中的状态变量以地面坐标系为准分析控制策略的设计。

2.2.2 UMV 动力学模型

1979 年美国泰勒海军舰船研究和发展中心发表了修正的标准运动方程，通过 6 个自由度上的受力分析而得到 UMV 的 6 个动力学模型。文献[2]～[4]通过对水下机器人系统 6 个自由度的受力分析构成了各自由度上的动力学方程。所涉及的水动力参数详细介绍请参考文献[2]，具体动力学方程描述参见附录。

在载体坐标系下，UMV 六自由度动力学方程可以描述为

$$\boldsymbol{M}\dot{\boldsymbol{v}} + \boldsymbol{C}(\boldsymbol{v})\boldsymbol{v} + \boldsymbol{D}(\boldsymbol{v})\boldsymbol{v} + \boldsymbol{g}(\boldsymbol{\eta}) = \boldsymbol{\tau} \tag{2.9}$$

式中，$\boldsymbol{M}$ 为包括附加质量的 UMV 惯性矩阵，$\boldsymbol{M} \in \mathbf{R}^{6\times6}$；$\boldsymbol{C}(\boldsymbol{v})$ 为 UMV 科氏及向心力矩阵，$\boldsymbol{C}(\boldsymbol{v}) \in \mathbf{R}^{6\times6}$；$\boldsymbol{D}(\boldsymbol{v})$ 为 UMV 流体阻力矩阵，$\boldsymbol{D}(\boldsymbol{v}) \in \mathbf{R}^{6\times6}$；$\boldsymbol{g}(\boldsymbol{\eta})$ 为由重力和浮力产生的回复力（力矩）向量，$\boldsymbol{g}(\boldsymbol{\eta}) \in \mathbf{R}^{6\times1}$；$\boldsymbol{\tau}$ 为控制输入即执行机构所产生的与 6 个自由度对应的力或力矩向量，$\boldsymbol{\tau} \in \mathbf{R}^{6\times1}$。

根据文献[2]和[3]可知，UMV 系统的非线性方程（2.9）具有如下特性：①惯性矩阵 $\boldsymbol{M}$ 为正定阵；② $\boldsymbol{C}(\boldsymbol{v}) = -\boldsymbol{C}^{\mathrm{T}}(\boldsymbol{v})$ 为斜对称阵；③ $\boldsymbol{D}(\boldsymbol{v})$ 为正定阵。

惯性矩阵 $\boldsymbol{M}$ 包括刚体质量与惯性矩阵 $\boldsymbol{M}_{\mathrm{RB}}$ 及水动力附加质量矩阵 $\boldsymbol{M}_A$，即

$$\boldsymbol{M} = \boldsymbol{M}_{\mathrm{RB}} + \boldsymbol{M}_A \tag{2.10}$$

若将运动坐标系的原点设置于 UMV 的重心，$\boldsymbol{M}_{\mathrm{RB}}$ 可以描述为

$$\boldsymbol{M}_{\mathrm{RB}} = \begin{bmatrix} m & 0 & 0 & 0 & 0 & 0 \\ 0 & m & 0 & 0 & 0 & 0 \\ 0 & 0 & m & 0 & 0 & 0 \\ 0 & 0 & 0 & I_x & -I_{xy} & -I_{xz} \\ 0 & 0 & 0 & -I_{xy} & I_y & -I_{yz} \\ 0 & 0 & 0 & -I_{xz} & -I_{yz} & I_z \end{bmatrix} \tag{2.11}$$

式中，m 为 UMV 的质量；I 为 UMV 绕三轴的转动惯量项。水动力附加质量矩阵 $\boldsymbol{M}_A$ 为

$$\boldsymbol{M}_A = \begin{bmatrix} X_{\dot{u}} & X_{\dot{v}} & X_{\dot{w}} & X_{\dot{p}} & X_{\dot{q}} & X_{\dot{r}} \\ Y_{\dot{u}} & Y_{\dot{v}} & Y_{\dot{w}} & Y_{\dot{p}} & Y_{\dot{q}} & Y_{\dot{r}} \\ Z_{\dot{u}} & Z_{\dot{v}} & Z_{\dot{w}} & Z_{\dot{p}} & Z_{\dot{q}} & Z_{\dot{r}} \\ K_{\dot{u}} & K_{\dot{v}} & K_{\dot{w}} & K_{\dot{p}} & K_{\dot{q}} & K_{\dot{r}} \\ M_{\dot{u}} & M_{\dot{v}} & M_{\dot{w}} & M_{\dot{p}} & M_{\dot{q}} & M_{\dot{r}} \\ N_{\dot{u}} & N_{\dot{v}} & N_{\dot{w}} & N_{\dot{p}} & N_{\dot{q}} & N_{\dot{r}} \end{bmatrix} \tag{2.12}$$

水动力附加质量矩阵里的水动力参数随着 UMV 形状的改变而改变，且与载体所处环境中水的密度密切相关。式（2.12）中 $X_{\dot{*}}$、$Y_{\dot{*}}$、$Z_{\dot{*}}$、$K_{\dot{*}}$、$M_{\dot{*}}$、$N_{\dot{*}}$ 为加速度水动力参数，这些参数与 L^3（L 为艇体长度）（$\boldsymbol{M}_A$ 对角线上的参数）成正比，其他参数则与 L^4 成正比，且与水的密度成正比。

科氏及向心力矩阵 $\boldsymbol{C}(\boldsymbol{v})$ 包括刚体向心力矩阵 $\boldsymbol{C}_{\mathrm{RB}}(\boldsymbol{v})$ 和由附加质量惯性矩阵 $\boldsymbol{M}_A$ 引起的科氏力矩阵 $\boldsymbol{C}_A(\boldsymbol{v})$，即

$$\boldsymbol{C}(\boldsymbol{v}) = \boldsymbol{C}_{\mathrm{RB}}(\boldsymbol{v}) + \boldsymbol{C}_A(\boldsymbol{v}) \tag{2.13}$$

如果运动坐标系的原点位于 UMV 的重心，向心力矩阵 $\boldsymbol{C}_{\mathrm{RB}}(\boldsymbol{v})$ 可以描述为

$$C_{\mathrm{RB}}(\boldsymbol{v})=\begin{bmatrix} 0 & 0 & 0 & 0 & mw & -mv \\ 0 & 0 & 0 & -mw & 0 & mu \\ 0 & 0 & 0 & mv & -mu & 0 \\ 0 & -mw & mv & 0 & -I_{yz}q-I_{xz}p+I_z r & I_{yz}r+I_{xy}p-I_y q \\ mw & 0 & -mu & I_{yz}q+I_{xz}p-I_z r & 0 & -I_{xz}r-I_{xy}q+I_x p \\ -mv & mu & 0 & -I_{yz}r-I_{xz}p+I_y q & I_{xz}r+I_{yz}q-I_x p & 0 \end{bmatrix} \tag{2.14}$$

科氏力矩阵 $C_A(\boldsymbol{v})$ 可以描述为

$$C_A(\boldsymbol{v})=\begin{bmatrix} 0 & 0 & 0 & 0 & -Z_{\dot{w}}w & Y_{\dot{v}}v \\ 0 & 0 & 0 & Z_{\dot{w}}w & 0 & -X_{\dot{u}}u \\ 0 & 0 & 0 & -Y_{\dot{v}}v & X_{\dot{u}}u & 0 \\ 0 & -Z_{\dot{w}}w & Y_{\dot{v}}v & 0 & -N_{\dot{r}}r & M_{\dot{q}}q \\ Z_{\dot{w}}w & 0 & -X_{\dot{u}}u & N_{\dot{r}}r & 0 & -K_{\dot{p}}p \\ -Y_{\dot{v}}v & X_{\dot{u}}u & 0 & -M_{\dot{q}}q & K_{\dot{p}}p & 0 \end{bmatrix} \tag{2.15}$$

流体阻力矩阵 $D(\boldsymbol{v})$ 可以理解为水对移动的 UMV 的拖曳力 D_L 和升力 D_Q。对于低速运行的 UMV 系统，流体对 UMV 的升力相对于拖曳力要小得多，通常情况下可以忽略。拖曳力保留到二次项，故流体阻力矩阵 $D(\boldsymbol{v})$ 可描述为

$$D(\boldsymbol{v})=\mathrm{diag}\{D_L+D_Q\,|\boldsymbol{v}|\} \tag{2.16}$$

式中，流体阻力矩阵为

$$D(\boldsymbol{v})=\begin{bmatrix} X_u+X_{u|u|}|u| & 0 & 0 & 0 & 0 & 0 \\ 0 & Y_v+Y_{v|v|}|v| & 0 & 0 & 0 & 0 \\ 0 & 0 & Z_w+Z_{w|w|}|w| & 0 & 0 & 0 \\ 0 & 0 & 0 & K_p+K_{p|p|}|p| & 0 & 0 \\ 0 & 0 & 0 & 0 & M_q+M_{q|q|}|q| & 0 \\ 0 & 0 & 0 & 0 & 0 & N_r+N_{r|r|}|r| \end{bmatrix} \tag{2.17}$$

拖曳力 D_L：

$$D_L=\mathrm{diag}\{X_u \quad Y_v \quad Z_w \quad K_p \quad M_q \quad N_r\} \tag{2.18}$$

升力 D_Q：

$$D_Q=\mathrm{diag}\{X_{u|u|} \quad Y_{v|v|} \quad Z_{w|w|} \quad K_{p|p|} \quad M_{q|q|} \quad N_{r|r|}\} \tag{2.19}$$

式中，$X_{u|u|}$、$Y_{v|v|}$、$Z_{w|w|}$、$K_{p|p|}$、$M_{q|q|}$、$N_{r|r|}$ 为系统的水动力系数。

重力和浮力产生的回复力向量 $g(\boldsymbol{\eta})$ 定义为

$$g(\boldsymbol{\eta})=\begin{bmatrix} f_B+f_G \\ r_B\times f_B+r_G\times f_G \end{bmatrix} \tag{2.20}$$

浮力向量 $\boldsymbol{f}_B = [x_B \quad y_B \quad z_B]^{\mathrm{T}}$ 定义为

$$\boldsymbol{f}_B = \boldsymbol{J}_1^{-1}(\boldsymbol{\eta}_2)[0 \quad 0 \quad -B]^{\mathrm{T}} \tag{2.21}$$

重力向量 $\boldsymbol{f}_G$ 定义为

$$\boldsymbol{f}_G = \boldsymbol{J}_1^{-1}(\boldsymbol{\eta}_2)[0 \quad 0 \quad W]^{\mathrm{T}} \tag{2.22}$$

$\boldsymbol{r}_B$ 和 $\boldsymbol{r}_G$ 分别为浮心和重心在运动坐标系中的坐标，运动坐标系的原点定义在UMV的重心，因此 $\boldsymbol{r}_G = [0 \quad 0 \quad 0]^{\mathrm{T}}$，同时重力及浮力所产生的回复力向量 $\boldsymbol{g}(\boldsymbol{\eta})$ 可简化：

$$\boldsymbol{g}(\boldsymbol{\eta}) = \begin{bmatrix} \boldsymbol{f}_B + \boldsymbol{f}_G \\ \boldsymbol{r}_B \times \boldsymbol{f}_G \end{bmatrix} \tag{2.23}$$

将式（2.23）展开为

$$\boldsymbol{g}(\boldsymbol{\eta}) = \begin{bmatrix} (W-B)\sin\theta \\ -(W-B)\sin\phi\cos\theta \\ -(W-B)\cos\phi\cos\theta \\ B\cos\theta(z_B\sin\phi - y_B\cos\phi) \\ B(x_B\cos\phi\cos\theta + z_B\sin\theta) \\ -B(x_B\sin\phi\cos\theta + y_B\sin\theta) \end{bmatrix} \tag{2.24}$$

式中，W 为UMV系统自身的质量；B 为系统在水中所受浮力。

UMV所用的螺旋桨推进器是一个非线性、时变的动态系统，为提高UMV的控制性能，对推进器的动态性能进行分析，建立推进器的动力学模型是必要的。

UMV系统纵向速度一般由系统尾部的推进器控制，本书采用文献[5]所提出的推进器模型[13, 14]：

$$T = C_t n|n| - C_s|n|v_a \tag{2.25}$$

式中，T 为推进器产生的推力；n 为推进器的转速；C_t、C_s 为常数；v_a 为流过推进器叶片的水流速度；$C_s|n|v_a$ 称为饱和项。在水流速度很高的情况下，饱和项对于推进器的性能影响非常大，但在水流速度较低的情况下，例如，对低速运行的UMV来说，饱和项可以忽略，即 $T = C_t n|n|$。考虑到推进器所用电机的转速与电机驱动器的控制电压基本呈线性关系，建立控制电压 V 与推进器输出推力的推进器动态模型为 $T = C_t V|V|$。

2.3 海洋机器人运动控制模型的简化

UMV系统运动控制模型如此复杂，导致控制策略很难设计，且无法保证系统运动控制品质，故需对UMV系统运动模型进行简化。系统运动控制的执行者是系统运动执行机构，如系统垂向运动控制的执行机构为 UMV 系统的水平舵或/和垂向螺旋桨等，控制算法或控制器通过控制电机或其他动力设备间接控制运动执行机构，故本书根据 UMV 系统运动执行机构在系统运动中的布置情况及其作用，将系统的动力学模型与运动学模型分解为三种类型[5]：纵向速度运动模型、航向运动模型与深度控制模型。由于纵向速度强耦合于航向运动模型[15, 16]与深度运动模型[17, 18]，本书将纵向速度作为另外两类运动模型参数来分析控制策略的设计。纵向速度通过自身的控制执行机构进行控制分析。

本节所用水动力参数与状态量的术语同 2.2.1 节与 2.2.2 节的相关术语。下面对所分解的三类模型进行分析。

2.3.1 纵向速度运动模型

UMV 系统的纵向速度运动模型由轴向力方程解耦而来，其控制执行机构为尾部螺旋桨、推进器力分量或尾部推进系统等[13, 14]。如果载体在运动过程中重心变化较大，且纵倾角 θ 与垂向速度 w 均不能忽略，那么在纵向速度控制中采用运动模型（2.26a），此模型适用于尾部具有推进器的 UMV 系统。

$$(m-X_{\dot{u}})\dot{u}=X_{|u|u}|u|u+(X_{wq}-m)wq-(W-B)\sin\theta+T \tag{2.26a}$$

将式（2.26a）转化为状态方程为

$$\dot{u}=\frac{X_{|u|u}}{m-X_{\dot{u}}}|u|u+\frac{X_{wq}-m}{m-X_{\dot{u}}}wq-\frac{W-B}{m-X_{\dot{u}}}\sin\theta+\frac{1}{m-X_{\dot{u}}}T \tag{2.26b}$$

如果系统运行过程中的重心、纵倾角、垂向速度等变化比较小，则采用纵向速度运动模型（2.26c），通过相应的控制执行机构对纵向速度进行控制[6]。

$$(m-X_{\dot{u}})\dot{u}=X_{|u|u}|u|u+T \tag{2.26c}$$

将式（2.26c）转化为状态方程表述形式为[13]

$$\dot{u}=\frac{X_{|u|u}}{m-X_{\dot{u}}}|u|u+\frac{1}{m-X_{\dot{u}}}T \tag{2.26d}$$

式中，T 为式（2.25）中的螺旋桨推进器产生的推力，而对于尾部无推进器的系统则需通过力的分解，分析推力 T 的大小。

2.3.2 航向运动模型

UMV 系统航向运动模型的执行机构多种多样，如 AUV 系统航向控制的执行机构多为垂直舵，船舶多为舵控制系统，ROV 系统航向控制执行机构为布置于系统左右两侧的推进器，而本书所研究的 USV 系统则是通过尾部喷嘴角的扭动改变航向的。总之，UMV 系统航向控制执行机构的种类有多种，但航向控制的主要状态变量为系统航向角、航向角速度和偏航速度等[19, 20]。

本书通过对航向相关状态量（如侧向速度v、横滚角速度r、航向角ψ）的研究，分析如何实现航向的稳定性与良好的动态性能。良好的航向控制性能是其他相关状态量（侧向速度v、横滚角速度r）良好控制品质的表现，即此三状态变量间有着内在的关联关系，其中一种状态不稳定，其他状态均不稳定。

本书所采用航向控制模型由横滚角速度运动学模型以及附录中的侧向力方程、偏航力矩方程组成。由于各状态间存在强耦合关系，本书将一些对系统航向影响较小的状态量近似为零[21-23]，各方程的简化形式如下。

侧向力方程：

$$m\dot{v}+mur=Y_r ur+Y_v uv+Y_{r|r|}r|r|+Y_{v|v|}v|v|+Y_{\dot{v}}\dot{v}+Y_{\delta r}u^2\delta_r \tag{2.27a}$$

偏航力矩方程：

$$I_z\dot{r}=N_v uv+N_{v|v|}v|v|+N_r ur+N_{r|r|}r|r|+N_{\delta_r}u^2\delta_r+N_{\dot{v}}\dot{v}+N_{\dot{r}}\dot{r} \tag{2.27b}$$

由式（2.2）与式（2.7）可知系统横滚角速度从载体坐标系到地面坐标系的转换方程为

$$\dot{\psi}=\frac{\sin\phi}{\cos\theta}q+\frac{\cos\varphi}{\cos\theta}r \tag{2.27c}$$

对无特殊要求的 UMV 系统而言，其中$-\pi/6<$横滚角$\phi<\pi/6$，$-\pi/6<$纵倾角$\theta<\pi/6$，两角度要求都比较小，纵倾角速度q应控制在比较小的范围内。文献[1]和[5]将式（2.27c）简化为

$$\dot{\psi}=r \tag{2.27d}$$

将方程（2.27a）～方程（2.27d）转换为状态空间表达式为

$$\begin{bmatrix} m-Y_{\dot{v}_r} & -Y_{\dot{r}} & 0 \\ -N_{\dot{v}_r} & I_{zz}-N_{\dot{r}} & 0 \\ 0 & 0 & 1 \end{bmatrix}\begin{bmatrix} \dot{v} \\ \dot{r} \\ \dot{\psi} \end{bmatrix}=\begin{bmatrix} Y_{uv}u & (Y_r-m)u & 0 \\ N_{uv}u & N_r u & 0 \\ 0 & 1 & 0 \end{bmatrix}\begin{bmatrix} v \\ r \\ \psi \end{bmatrix}+\begin{bmatrix} Y_\delta u^2 \\ N_\delta u^2 \\ 0 \end{bmatrix}\delta_r(t) + \begin{bmatrix} Y_{r|r|}r|r|+Y_{v|v|}v|v| \\ N_{r|r|}r|r|+N_{|v|r}|v|r+N_{|v|v}|v|v \\ 0 \end{bmatrix} \tag{2.28a}$$

设$\boldsymbol{A}_\psi=\begin{bmatrix} m-Y_{\dot{v}_r} & -Y_{\dot{r}} & 0 \\ -N_{\dot{v}_r} & I_{zz}-N_{\dot{r}} & 0 \\ 0 & 0 & 1 \end{bmatrix}^{-1}$，则式（2.28a）对应的状态方程为

$$\begin{bmatrix}\dot{v}\\ \dot{r}\\ \dot{\psi}\end{bmatrix}=\boldsymbol{A}_{\psi}\begin{bmatrix}Y_{uv}u & (Y_r-m)u & 0\\ N_{uv}u & N_r u & 0\\ 0 & 1 & 0\end{bmatrix}\begin{bmatrix}v\\ r\\ \psi\end{bmatrix}+\boldsymbol{A}_{\psi}\begin{bmatrix}Y_{\delta}u^2\\ N_{\delta}u^2\\ 0\end{bmatrix}\delta_r(t)+\boldsymbol{A}_{\psi}\begin{bmatrix}Y_{r|r|}r|r|+Y_{v|v|}v|v|\\ N_{r|r|}r|r|+N_{|v|r}|v|r+N_{v|v|}|v|v\\ 0\end{bmatrix} \tag{2.28b}$$

若系统偏航速度 v 较小或无偏航速度，则可将方程（2.28a）进一步简化为[6]

$$\begin{bmatrix}I_{zz}-N_{\dot{r}} & 0\\ 0 & 1\end{bmatrix}\begin{bmatrix}\dot{r}\\ \dot{\psi}\end{bmatrix}=\begin{bmatrix}N_r u & 0\\ 1 & 0\end{bmatrix}\begin{bmatrix}r\\ \psi\end{bmatrix}+\begin{bmatrix}N_{\delta}u^2\\ 0\end{bmatrix}\delta_r(t)+\begin{bmatrix}N_{r|r|}r|r|+N_{|v|r}|v|r+N_{|v|v}|v|v\\ 0\end{bmatrix} \tag{2.28c}$$

将其转化为状态方程：

$$\begin{bmatrix}\dot{\psi}\\ \dot{r}\end{bmatrix}=\begin{bmatrix}0 & 1\\ 0 & \dfrac{N_r u}{I_{zz}-N_{\dot{r}}}\end{bmatrix}\begin{bmatrix}r\\ \psi\end{bmatrix}+\begin{bmatrix}0\\ \dfrac{N_{\delta}u^2}{I_{zz}-N_{\dot{r}}}\end{bmatrix}\delta_r(t)+\begin{bmatrix}0\\ \dfrac{N_{r|r|}r|r|+N_{|v|r}|v|r+N_{|v|v}|v|v}{I_{zz}-N_{\dot{r}}}\end{bmatrix} \tag{2.28d}$$

航向控制过程中，当系统侧向速度需要控制或者比较大时采用控制模型（2.28b）以减少 UMV 系统的偏航位移。侧向速度比较小且在忽略范围之内，则采用模型（2.28d）进行航向控制，以减少控制算法构建的繁杂性。

2.3.3 深度控制模型

UMV 系统深度控制执行机构一般由水平舵或螺旋桨等机构组成。深度控制模型由附录中的垂向力方程、纵倾力矩方程以及从运动坐标系到固定坐标系间的转换方程组成[3-5]。根据本书所研究海洋机器人系统特点，将其进行简化。

垂向力方程：

$$m(\dot{w}-uq)=(W-B)\cos\theta+Z_w uw+Z_q uq+Z_{\delta_b}\delta_b+Z_{\delta_s}\delta_s+Z_{\dot{w}}\dot{w}+Z_{\dot{q}}\dot{q} \tag{2.29a}$$

纵倾力矩方程：

$$I_y\dot{q}=M_w uw+M_{\dot{w}}\dot{w}+M_q uq+hG\sin\theta+M_{\dot{q}}\dot{q}+M_{\delta_s}u^2\delta_s+M_{\delta_b}u^2\delta_b \tag{2.29b}$$

深度运动从运动坐标系到惯性坐标系的转换方程：

$$\dot{z}=-u\sin\theta+w\cos\theta \tag{2.29c}$$

纵倾角由运动坐标系到地面坐标系为

$$\dot{\theta}=q \tag{2.29d}$$

由于系统深度控制模型复杂，各状态变量间相互耦合，为了简化系统模型将水平面的相关状态量忽略，纵向速度作为系统的模型参数进行处理，对系统模型进行解耦，获得系统垂直面运动控制模型。深度控制模型按照如下四条假设进行简化[23, 24]。

假设 1：纵向速度 u 是稳定的或变化平缓。

假设 2：纵倾角范围为 $\theta \in \left(-\frac{\pi}{6}, \frac{\pi}{6}\right)$。

假设 3：航向角变化缓慢且无剧烈变化。

假设 4：垂向速度 w 很小或可忽略不计。

根据 UMV 系统的运动特点，本书总结了以上四条假设，以简化系统运动模型。若假设 1 成立，可将纵向速度近似为深度控制模型的模型参数；假设 2 中纵倾角范围的设定是为了满足 $\sin\theta \approx \theta$，而 $\cos\theta \approx 1$；假设 3 航向角变化缓慢且无剧烈变化是为了避免耦合项间的相互干扰；对于假设 4 则主要是由于有些 UMV 系统无控制垂向速度的控制执行机构，主要靠纵倾角来实现深度的控制，可将式（2.29c）中的垂向速度近似为 0，即 $w \approx 0$。

根据 UMV 系统运动控制的特点，分析满足哪些假设条件来设计 UMV 系统的深度控制模型。例如，在本书所研究的 UMV 系统中，纵倾角 θ 的变化范围一般被约束于 $\left(-\frac{\pi}{9}, \frac{\pi}{9}\right)$ 内。

（1）若所有假设条件都得不到满足，则深度控制模型为[25-27]

$$
\begin{bmatrix} m - Z_{\dot{w}} & -Z_{\dot{q}} & 0 & 0 \\ -M_{\dot{w}} & I_y - M_{\dot{q}} & 0 & 0 \\ 0 & 0 & 1 & 0 \\ 0 & 0 & 0 & 1 \end{bmatrix} \begin{bmatrix} \dot{w} \\ \dot{q} \\ \dot{\theta} \\ \dot{z} \end{bmatrix} = \begin{bmatrix} Z_w u & Z_q u & 0 & 0 \\ M_w u & M_q u & hG & 0 \\ 0 & 1 & 0 & 0 \\ 1 & -u & 0 & 0 \end{bmatrix} \begin{bmatrix} w \\ q \\ \theta \\ z \end{bmatrix} + \begin{bmatrix} Z_{\delta_s} \\ M_{\delta_s} u^2 \\ 0 \\ 0 \end{bmatrix} \delta_s + \begin{bmatrix} (W - B)\cos\theta \\ -\dfrac{hG\theta^3}{6} \\ 0 \\ \dfrac{u\theta^3}{6} - w\dfrac{1}{2}\theta^2 \end{bmatrix} \tag{2.30a}
$$

设 $\boldsymbol{A}_z = \begin{bmatrix} m - Z_{\dot{w}} & -Z_{\dot{q}} & 0 & 0 \\ -M_{\dot{w}} & I_y - M_{\dot{q}} & 0 & 0 \\ 0 & 0 & 1 & 0 \\ 0 & 0 & 0 & 1 \end{bmatrix}$，将式（2.30a）转换为状态方程形式：

$$\begin{bmatrix}\dot{w}\\ \dot{q}\\ \dot{\theta}\\ \dot{z}\end{bmatrix}=\boldsymbol{A}_z^{-1}\begin{bmatrix}Z_w u & Z_q u & 0 & 0\\ M_w u & M_q u & hG & 0\\ 0 & 1 & 0 & 0\\ 1 & -u & 0 & 0\end{bmatrix}\begin{bmatrix}w\\ q\\ \theta\\ z\end{bmatrix}+\boldsymbol{A}_z^{-1}\begin{bmatrix}Z_{\delta_s}\\ M_{\delta_s}u^2\\ 0\\ 0\end{bmatrix}\delta_s+\boldsymbol{A}_z^{-1}\begin{bmatrix}(W-B)\cos\theta\\ -\dfrac{hG\theta^3}{6}\\ 0\\ \dfrac{u\theta^3}{6}-w\dfrac{1}{2}\theta^2\end{bmatrix} \tag{2.30b}$$

（2）若深度控制满足假设 1 与假设 2，则系统具有垂向速度且有控制执行机构可以控制垂向速度时，UMV 系统的深度控制模型为

$$\begin{cases}m(\dot{w}-uq)=(W-B)\cos(\theta)+Z_w uw+Z_q uq+Z_{\delta_b}\delta_b+Z_{\delta_s}\delta_s+Z_{\dot{w}}\dot{w}+Z_{\dot{q}}\dot{q}\\ \dot{z}=-u\theta+w\cos(\theta)\\ I_y\dot{q}=M_w uw+M_{\dot{w}}\dot{w}+M_q uq+hG\theta+M_{\dot{q}}\dot{q}+M_{\delta_s}u^2\delta_s+M_{\delta_b}u^2\delta_b\\ \dot{\theta}=q\end{cases} \tag{2.30c}$$

（3）若满足假设 1 与假设 3，UMV 系统的艏部与艉部均有垂向控制执行机构，则深度控制模型为[28-31]

$$\begin{cases}\dot{z}=-u\sin\theta+w\cos\theta\\ \dot{\theta}=q\\ (I_y-M_{\dot{q}})\dot{q}=M_q uq-(z_G W-z_B B)\sin\theta+M_{\delta_s}u^2\delta_s+M_{\delta_b}u^2\delta_b\end{cases} \tag{2.30d}$$

（4）若假设 1～3 都满足，则深度控制模型为

$$\begin{cases}\dot{z}=-u\theta\\ \dot{\theta}=q\\ (I_y-M_{\dot{q}})\dot{q}=M_q uq+hG\theta+M_{\delta_s}u^2\delta_s\end{cases} \tag{2.30e}$$

式中，h 为载体的稳心高；G 为载体自身的质量；$hG\approx z_G W-z_B B$ 为系统入水后所受的静力矩。

在 UMV 系统定深控制过程中，攻角即纵倾角不宜过大以避免 UMV 系统发生翻车等危险。为了将系统纵倾角约束于某一范围内，所采用的模型[32-36]为

$$\begin{cases}\dot{\theta}=q\\ (I_y-M_{\dot{q}})\dot{q}=M_q uq-(z_G W-z_B B)\sin\theta+M_{\delta}u^2\delta_s\end{cases} \tag{2.30f}$$

式（2.30a）～式（2.30e）是在三种假设条件下对深度控制模型进行探讨分析，未考虑航向控制对系统的影响。若考虑航向对系统的影响可以通过联合控制法对航向与深度同时控制，但这种方法所见文献较少，且不易实现。系统的运动模型选用哪一组或另外构建，都需在了解 UMV 系统本身特点或任务要求下获取。如果控制 UMV 系统的执行机构水平舵既有艏舵又有艉舵，则舵角 δ_b 与 δ_s 需同时存在，否则根据舵的位置选择其一。

2.4 本章小结

本书通过介绍 UMV 系统水动力模型与运动模型的特点，总结相关参考文献构建模型的特点，为了明确需要控制的主要运动状态，本书将系统运动模型分解为三类控制模式，即纵向速度运动模型、航向运动模型、深度控制模型。

纵向速度运动模型控制的执行机构一般为布置在 UMV 系统艉部的推进器或螺旋桨，故本书只用 T 来描述推力，推力与纵向速度的关系为一定的非线性关系且易控制，如果纵向速度的控制执行机构不是相关推进器系统，则此处的推力需要分解为纵向速度方向上的力。航向运动模型控制执行机构对模型的输入为垂直舵转动的舵角 $\delta_r(t)$，用弧度表示，如果其只有艏舵或艉舵，那么用 2.3.2 节所提供的式（2.28a）和式（2.28b）。若系统既有艏舵又有艉舵，舵角 $\delta_r(t)$ 所对应的系数 Y_δ 与 N_δ 需综合考虑艏舵与艉舵联合控制对系统相关状态量的影响而确定。深度控制模型根据垂向速度有无控制执行机构而确定模型是四阶还是三阶，根据所控制的状态是深度控制还是纵倾角控制而选择三阶模型（2.30e）与方程组（2.30f）。本书主要研究系统艉部为水平舵的 UMV 系统。

参 考 文 献

[1] 王科俊，姚绪梁，金鸿章. 海洋运动体控制原理[M]. 哈尔滨：哈尔滨工程大学出版社，2007.

[2] Fossen T I. Handbook of Marine Craft Hydrodynamics and Motion Control[M]. New York：John Wiley & Sons Ltd，2011.

[3] 蒋新松，封锡盛，王棣堂. 水下机器人[M]. 沈阳：辽宁科学技术出版社，2000.

[4] 张铭钧. 水下机器人[M]. 北京：海洋出版社，2000.

[5] Fossen T I. Guidance and Control of Ocean Vehicles [M]. London：John Wiley & Sons Ltd，1994.

[6] Khodayari M H，Balochian S. Modeling and control of autonomous underwater vehicle（AUV）in heading and depth attitude via self-adaptive fuzzy PID controller[J]. Journal of Marine Science and Technology，2015，20（3）：559-578.

[7] Kim J，Kim K，Choi H S，et al. Depth and heading control for autonomous underwater vehicle using estimated hydrodynamic coefficients[C]. Oceans 2001，MTS/IEEE Conference and Exhibition，Washington，2001：429-435.

[8] 亚斯特列鲍夫 B. C.，依格纳季耶夫 M. Б.，库拉科夫 Ф. M.，等. 水下机器人[M]. 关佶，译. 北京：海洋出版社，1984.

[9] Fossen T I，Pettersen K Y，Nijmeijer H. Sensing and Control for Autonomous Vehicles：Applications to Land，Water and Air Vehicles[M]. Cham：Springer，2017.

[10] Bryne T H，Fossen T I，Johansen T A. Design of inertial navigation systems for marine vessels with adaptive wave filtering aided by triple-redundant senor packages[J]. International Journal of Adptive Control and Signal Processing，2017，31（4）：522-544.

[11] Shafiei M H，Binazadeh T. Movement control of a variable mass underwater vehicle based on multiple-modeling approach[J]. Systems Science and Control Engineering，2014，2（1）：335-341.

[12] Farivarnejad H，Moosavian S A A. Multiple impedance control for object manipulation by a dual arm underwater vehicle-manipulator system[J]. Ocean Engineering，2014，89（10）：82-98.

[13] Fossen T I，Blanke M. Nonlinear output feedback control of underwater vehicle propellers using feedback form estimated axial flow velocity[J]. IEEE Journal of Oceanic Engineering，2000，25（2）：241-255.

[14] Joochim C，Phadungthin R，Srikitsuwan S. Design and development of a remotely operated underwater vehicle[C]. 16th International Conference on Research and Education in Mechatronics，Bochum，2016：148-153.

[15] Dong Z P，Wan L，Li Y M，et al. Heading control of USV by expert-fuzzy technology[J]. International Journal of Control and Automation，2015，8（12）：155-166.

[16] 刘文江. 欠驱动水面船舶航向、航迹非线性鲁棒控制研究[D]. 济南：山东大学，2012.

[17] Silvesre C，Pascaol A. Depth control of the INFANTE AUV using gain-scheduled reduced order output feedback[J]. Control Engineering Practice，2007，15（7）：883-895.

[18] Ji H L，Pan M L，Bong H J. Application of a robust adaptive controller to autonomous diving control of AUV[C]. The 30th Annual Conference of the IEEE Industrial Electronics Society，Busan，2004：419-424.

[19] 周焕银，封锡盛，胡志强，等. 基于多辨识模型优化切换的 USV 系统航向动态反馈控制[J]. 机器人，2013，35（5）：552-558.

[20] 胡志强，周焕银，林扬，等. 基于在线自优化 PID 算法的 USV 系统航向控制[J]. 机器人，2013，35（3）：263-269，275.

[21] Tanakitkorn K，Wilson P A，Turnock S R，et al. Sliding mode heading control of an over actuated，hover-capable autonomous underwater vehicle with experimental verification[J]. Journal of Field Robotics，2018，35（3）：396-415.

[22] Cheng X Q，Yan Z P，Bian X Q，et al. Application of linearization via state feedback to heading control for autonomous underwater vehicle[C]. 2008 IEEE International Conference on Mechatronics and Automation，Takamatsu，2008：477-482.

[23] 周焕银，李一平，刘开周，等. 基于 AUV 垂直面运动控制的状态增减多模型切换[J]. 哈尔滨工程大学学报，2017，38（8）：1309-1315.

[24] Tanakitkorn K，Wilson P A，Turnock S R，et al. Depth control for an over-actuated，hover-capable autonomous underwater vehicle with experimental verification[J]. Mechatronics，2017，41：67-81.

[25] Bhopale P S，Bajaria P K，Kazi F S，et al. LMI based depth control for autonomous underwater vehicle[C]. 2016 International Conference on Control，Instrumentation，Communication and Computational Technologies（ICCICCT），Piscataway，2016：477-481.

[26] Ruiz-Duarte J E，Loukianov A G. Higher order sliding mode control for autonomous underwater vehicles in the diving plane[J]. IFAC-PapersOnLine，2015，48（16）：49-54.

[27] Londhe P S，Patre B M，Waghmare L M，et al. Robust proportional derivative（PD）-like fuzzy control designs for diving and steering planes control of an autonomous underwater vehicle[J]. Journal of intelligent & fuzzy systems，2017，32（3）：2509-2522.

[28] Jun B H，Park J Y，Lee F Y，et al. Development of the AUV ‘ISiMI’ and a free running test in an ocean engineering basin[J]. Ocean Engineering，2009，36（1）：2-14.

[29] 周焕银，刘亚平，胡志强，等. 基于辨识模型集的无人半潜水下机器人系统深度动态滑模控制切换策略研究[J]. 兵工学报，2017，38（11）：2198-2206.

[30] Lapierre L. Robust diving control of an AUV[J]. Ocean Engineering，2009，36（1）：92-104.

[31] Zhou H Y，Li Y P，Hu Z Q，et al. Identification state feedback control for the depth control of the studied underwater semi-submersible vehicle[C]. The 5th Annual IEEE International Conference on Cyber Technology in Automation，Control and Intelligent systems，Shenyang，2015：875-880.

[32] Zhou H Y，Liu K Z，Li Y P，et al. Dynamic sliding mode control based on multiple for the depth control of autonomous underwater vehicles[J]. International Journal of Advanced Robotic Systems，2015，12（7）：1-10.

[33] Petrich J，Stiwell D J. Model simplification for AUV pitch-axis control design[J]. Ocean Engineering，2010，37（7）：638-651.

[34] Li J，Zhao X Y，Chen Y. An active disturbance rejection controller for depth-pitch control of an underwater vehicle[J]. International Journal of Innovative Computing，Information and Control，2017，13（3）：727-739.

[35] Petrich J，Stilwell D J. Robust control for an autonomous underwater vehicle that suppresses pitch and yaw coupling[J]. Ocean Engineering，2011，38（1）：197-204.

[36] Li Q M，Xie S R，Jun L，et al. Pitch reduction system design and control for an underwater vehicle[C]. 2014 IEEE International Conference on Mechatronics and Automation，Piscataway，2014：168-173.

3 UMV 基本运动控制策略简介

本章主要对 PID 控制策略、状态反馈控制策略、滑模控制策略等基本控制策略的基础知识进行介绍。通过对这些基础知识的介绍，引出如何根据 UMV 系统运动控制的动态性能指标调整系统控制参数。

3.1 PID 控制策略简介

PID 控制器是一种非常经典的控制算法，已有 70 多年的历史，在不同领域得到了广泛应用[1, 2]。PID 控制器以其结构简单实用，控制参数物理意义明确、易于调整，且使用中不需要精确的系统模型等优点而受到许多控制工程师的青睐。

本节内容主要包括相关自动控制原理、PID 控制器设计系列书籍[3-9]基本内容的总结以及作者在参与 UMV 外场试验调试过程中所获得的经验。主要介绍如何根据系统输出曲线分析 PID 控制参数的调整；如何根据系统的动态性能，了解 PID 控制参数的作用和意义；如何根据 UMV 系统运动控制品质分析控制参数的设置。

3.1.1 PID 控制器概述

PID 控制器由比例（P）控制器、积分（I）控制器和微分（D）控制器三部分组成，其结构原理框图如图 3.1 所示。对于单位反馈系统，PID 控制器对系统输入量 $r(t)$ 和输出信号 $c(t)$ 的差值 $e(t)$（即误差信号）进行比例、积分和微分处理，再将其加权和作为控制信号 $u(t)$ 来控制受控对象，从而实现对被控对象的控制。

图 3.1 分解为三部分：①控制器的输入量 $e(t)$ 为 $e(t)=r(t)-\alpha c(t)$，其中 $r(t)$ 为期望值，$c(t)$ 为 PID 所控制的被控对象的实际输出值，α 为传感器将输出量 $c(t)$ 放大或缩减后传输给减法器的量；②被控对象的输入量即控制器的输出量，PID 控

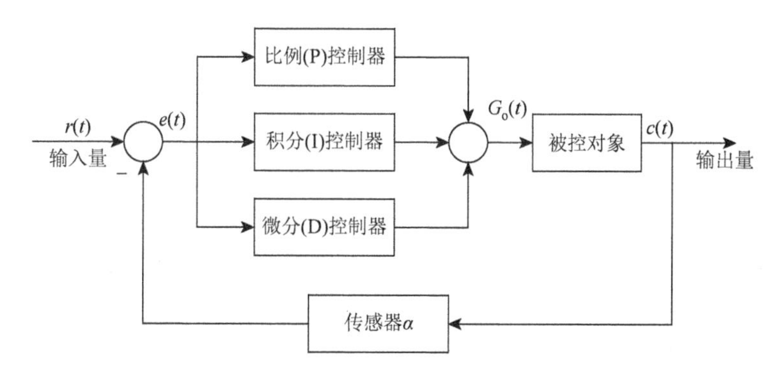

图 3.1 PID 控制器结构原理图

制器通过将误差比例放大或缩小、积分、微分后进行叠加输出，此输出量作为被控对象的激励信号控制被控对象；③被控对象的输出量，此输出量需通过传感器处理后反馈给叠加器，如果输出量直接传递给叠加器则为单位反馈。

经典 PID 控制器的表达式为[3, 4]

$$G_c = K_P\left(1+\frac{1}{T_I s}+T_D s\right) \tag{3.1}$$

式中，K_P、T_I、T_D 分别为比例、积分和微分参数；s 为 Laplace 算子；T_I、T_D 分别为积分和微分时间常数。

PID 控制器的另一种表述形式为

$$G_c = K_P + K_I\frac{1}{s}+K_D s \tag{3.2}$$

PID 控制器主要针对 K_P、K_I 和 K_D 三个控制参数进行设计，或者针对 K_P、T_I、T_D 三个参数进行调整。实际应用中，根据系统运动控制品质确定选用哪些控制器，没必要将三个控制器全用于控制系统，通常用的控制器为比例（P）控制器、比例积分（PI）控制器、比例微分（PD）控制器、比例积分微分（PID）控制器四种。

1. 比例控制器

比例控制器是较简单的控制器之一。比例控制器的输出与输入误差信号呈比例关系，其传递函数如式（3.3）所示。

$$G_P(s) = K_P \tag{3.3}$$

式中，K_P 为比例控制器参数（增益），其值可正可负。比例控制只改变系统增益，不影响相位。仅采用比例控制时系统输出存在稳态误差。增大其控制参数 K_P 可以提高系统开环增益，减小系统稳态误差，但是会降低系统稳定性，甚至可能造成闭环系统的不稳定。

比例控制器输出量 $C_P(t)$ 为

$$C_P(t) = K_P e(t) \tag{3.4}$$

式中，t 为时间常数。

比例控制器调整注意事项：比例控制器参数适可而止，过犹不及，即若通过调整比例控制器参数保证系统稳定后，不要因为考虑系统的稳态误差而增大比例控制器参数，以免导致系统运行变差，甚至不稳定。比例控制器参数不宜过大，如果比例控制器参数过大，那么比例控制器的输出量 $C_P(t)$也会成比例增加，而控制器的输出间接地作用于系统控制执行机构，从而导致系统控制执行结构长期处于饱和状态。

2. 积分控制器

积分控制器的传递函数如式（3.5）所示。

$$G_I = \frac{K_P}{T_I s} \tag{3.5}$$

式中，T_I 为积分时间常数。

积分控制器输出量 $C_I(t)$ 为

$$C_I(t) = \frac{K_P}{T_I} \int_0^t e(\tau) \mathrm{d}\tau \tag{3.6}$$

积分控制在离散系统中的表达形式为

$$C_I(k) = \frac{K_P}{T_I} \sum_{k=0}^{N} e(k) \tag{3.7}$$

式中，k 为第 k 次采样。

积分控制器的主要作用是消除系统的稳态误差。但是，积分单元的引入会带来相位的滞后，为系统的稳定性带来不良影响，设置积分控制器可能造成系统不稳定。因此，积分控制单元一般不单独作为控制器使用，而是结合比例单元 P 和微分单元 D 组成 PI 或 PID 控制器使用。

积分控制器调整注意事项：①积分系数 T_I 不宜过小，加入积分项实际是提高系统阶次，增加了系统不稳定性，因积分系数过小即增大了积分参数，从而导致系统不稳定性加大；②设置积分饱和项，即设置积分饱和系数作为积分饱和阈值，积分项输出值 $\left|\frac{K_P}{T_I} \sum_{k=0}^{N} e(k)\right| \leqslant \kappa$，因为积分项多为累加的过程，积分控制器的输出值增加速度比较快，会导致 PI 或 PID 控制器变成积分控制器，系统控制机构处于饱和状态或不停地在正负饱和状态下切换。

3. 微分控制器

在微分控制中，控制器的输出与输入偏差信号的微分（即偏差的变化率）呈正比关系，其传递函数为

$$G_{\mathrm{D}}(s)=T_{\mathrm{D}}s \tag{3.8}$$

式中，T_{D} 为微分时间常数。

微分控制器的输出量 $C_{\mathrm{D}}(t)$ 为

$$C_{\mathrm{D}}(t)=T_{\mathrm{D}}\frac{\partial}{\partial t}e(t) \tag{3.9}$$

微分控制器的离散表达式 $C_{\mathrm{D}}(k)$ 为

$$C_{\mathrm{D}}(k)=T_{\mathrm{D}}\frac{e(k)-e(k-1)}{T} \tag{3.10}$$

式中，T 为采样时间。

微分控制反映偏差的变化率，只有当偏差随时间变化时，微分控制才会对系统起作用，而对无变化或缓慢变化的对象不起作用，因此微分控制器在任何情况下不能单独与被控制对象串联使用。

另外，微分控制器具有预测误差发展趋势的作用，在偏差信号变化前，在系统中引入一个有效的早期修正信号，从而微分控制器可减少最大超调量、加快系统的动态响应速度、缩短调节时间。

微分控制参数调整注意事项：①微分控制参数的增大有利于减少超调量，加快系统动态性能；②微分控制参数不宜过大，因微分控制器对系统误差求微分，当误差发生较大变化时，控制器输出会发生较大变化，从而导致所控制的控制执行机构发生抖动，在控制器设计中应采取措施避免此现象发生。

4. 比例积分控制器

比例积分（PI）控制器由比例单元和积分单元两部分叠加而成，其传递函数如式（3.11）所示。

$$G_{\mathrm{PI}}=K_{\mathrm{P}}\left(1+\frac{1}{T_{\mathrm{I}}s}\right) \tag{3.11}$$

PI 控制器兼具比例控制器和积分控制器的优点，因此，工程中常用来改善系统稳态性能，减小或消除稳态误差。

5. 比例微分控制器

加入了比例单元和微分单元后的控制器称为比例微分控制器，即 PD 控制器，其传递函数如式（3.12）所示。

$$G_{\mathrm{PD}}(s)=K_{\mathrm{P}}(1+T_{\mathrm{D}}s) \tag{3.12}$$

微分单元可以对系统误差的变化进行超前的预测，从而避免被控系统的超调量过大，同时缩短系统的响应时间。微分单元可以反映误差的变化率，只有误差随时间变化时，微分控制才会起作用，而处理无变化或者变化缓慢的对象时不起作用。因此微分单元 D 不能与被控系统单独串联使用，而是结合比例单元 P 组成 PD 或 PID 控制器。

6. 比例积分微分控制器

兼具比例单元、积分单元和微分单元的控制器称为比例积分微分（PID）控制器，其传递函数如式（3.1）所示。由于 PID 控制器是比例、积分、微分控制器三个单元的并联，该控制器兼具 PI 控制器和 PD 控制器的优点，既可以减小系统稳态误差，加快响应速度，又可以减小超调量，故 PID 控制器在实际工程中得到较为广泛的应用。由于各控制器并联，各控制参数可以单独调整，但 PID 控制器三个控制参数具有一定的调整阈值，超出相关阈值，在某些特定环境下系统控制品质可能变差或不稳定，需要在特定环境下再次调整。

3.1.2 PID 控制器控制特点总结

比例单元 P：相当于引入一个增益来放大误差信号的幅值，从而加快控制系统的响应速度。增益值越大，系统的响应速度越快，但是系统的超调量也随之增加，系统到达稳定状态的调节时间延长，甚至可能导致系统的不稳定。

积分单元 I：可以消除系统稳态误差，同时引入相位滞后。但是积分单元的引入相当于在系统中加入极点，会对瞬时响应造成不良影响，甚至导致系统不稳定。

微分单元 D：起到对误差变化进行预见性控制的作用。能够预测误差信号的变化趋势，在误差到达零之前，提前使抑制误差的控制作用为零，从而避免被控量严重超调，加快系统响应，缩短调节时间。微分单元对惯性较大或滞后的系统控制效果较好，但是由于其“超前”的控制特点，对纯滞后系统不能完成控制，而且容易引入高频信号噪声。

表 3.1 为 PID 控制器各控制单元对系统控制性能分析表。

表 3.1　PID 控制器各控制单元对系统控制性能分析表

动态品质	比例环节	积分环节	微分环节
峰值	增大	增大	减小
振荡次数	增加	增加	减少
调节时间	增加，较少	增加	加快
稳态误差	减少，无法消除	消除	影响不大
稳定性	降低	降低	增强
约束条件	阈值约束	积分饱和	无误差变化，无效果

3.1.3 系统控制品质与 PID 控制参数调整

采用控制器控制系统的目的是实现系统在控制过程中达到稳、快、准的运动控制品质要求。稳是指系统稳定性，快是指系统的动态性能，准是指系统的静态特性即稳态误差。系统运动控制品质是由系统动态性能指标与静态性能指标两部分组成的，不稳定系统不具有静态性能指标。动态性能指标表征系统受到激励后所表现的一系列的动态响应，包括延迟时间、上升时间、调节时间、峰值时间、超调量、振荡次数等，其中时间参数反映系统的响应速度，其他则反映系统的稳定性能。静态性能指标表征系统稳定后的输出情况，其主要由稳态误差（静态误差）决定，关于这些指标的详细定义见文献[1]和[2]。

实际工程应用中，一般将系统简化为一阶系统与二阶系统。一阶系统为惯性系统，其阶跃响应曲线及其动、静态控制品质如图 3.2 所示，系统控制动态性能指标主要由延迟时间、上升时间、调节时间与稳态误差组成。若系统在阶跃信号激励下的响应含有振荡环节且稳定，一般将此系统简化为二阶系统处理，二阶系统阶跃响应曲线及其动、静态控制品质如图 3.3 所示。关于如何根据系统响应曲线确定系统模型参数详见文献[8]和[9]，此处不再赘述。

下面通过对二阶系统 $\phi(s)=\dfrac{1}{s^2+s+1}$ 进行 PID 控制器设计并分析各控制参数对系统运动控制品质的影响，分析顺序为比例控制器参数调整（图 3.4）、积分参数调整（图 3.5）、微分参数调整（图 3.6）。

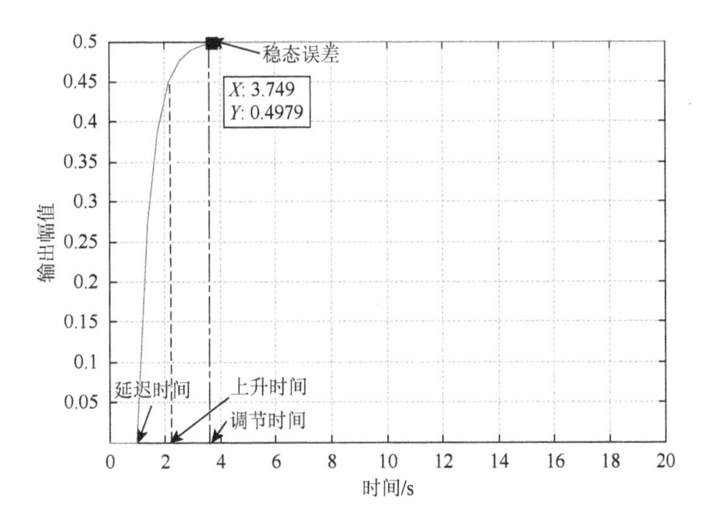

图 3.2　惯性系统阶跃响应曲线及其动、静态控制品质

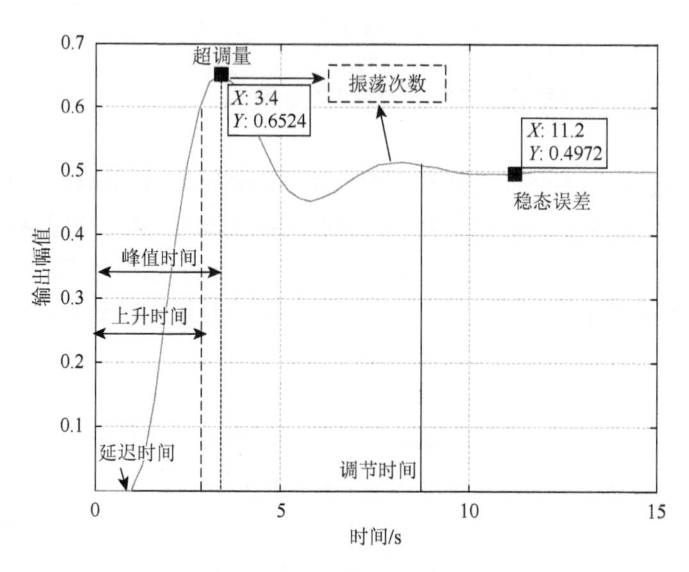

图 3.3　二阶系统阶跃响应曲线及其动、静态控制品质

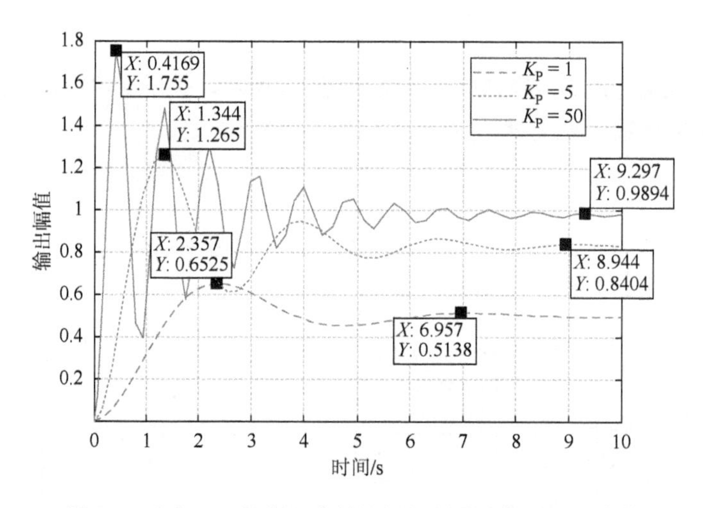

图 3.4　改变 PID 控制器中的比例控制器参数的输出曲线

增加比例控制器参数可以减少系统稳态误差，但以牺牲系统动态性能品质为代价。从图 3.4 可知随着比例控制器参数的增加，二阶系统稳态误差迅速减少，然而其振荡次数增多、超调量增大、调节时间延长，系统甚至出现不稳定现象。故工程系统输出出现较大稳态误差，可以增加比例控制器参数，但不宜过大；若工程系统输出振荡次数较多，则应减少比例控制器参数，对于系统稳态误差可通过积分环节处理。

积分环节可消除稳态误差，但系数不宜过大，否则会导致系统不稳定。从图 3.5 可知，加入积分环节后系统稳态误差消失，但增加了系统振荡次数，加大了超调量，延长了调节时间，削弱了系统稳定性。故工程应用中，若系统输出有稳态误差，则可适当增加积分环节，达到消除稳态误差目的后，不宜再加大积分系数。

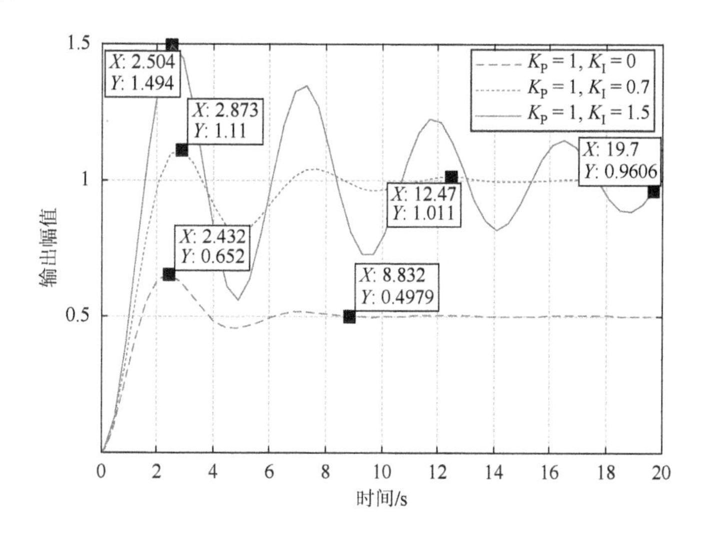

图 3.5　改变 PID 控制器中的积分参数的输出曲线

微分环节具有优化系统动态性能品质的特点，但无法改变系统稳态误差。由图 3.6 可知，当系统在 PD 控制器作用下时，加大微分参数，可以减少振荡次数、降低超调量、缩短调节时间等并改善系统动态运动控制品质，然而系统稳态误差

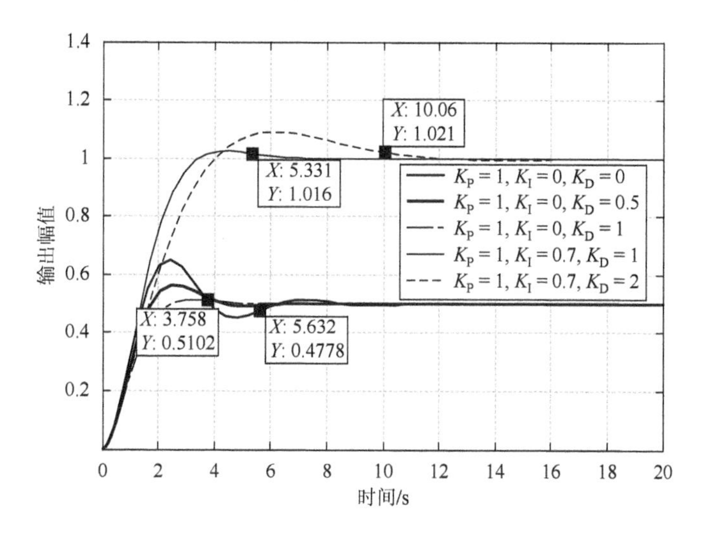

图 3.6　改变 PID 控制器中的微分参数的输出曲线

未改进，需加入积分环节以消除系统稳态误差。同样，微分参数不宜过大，以免系统不稳定。

根据系统的响应曲线分析 PID 控制参数的调整趋势，在工程中具有一定的实际应用价值。为了避免盲目调整控制参数，根据 3.1.4 节自整定 PID 控制器中的三种调整控制参数方法进行调整，也可根据系统响应曲线调整系统控制参数。下面介绍如何根据系统阶跃响应曲线调整 PID 控制参数。

（1）若系统为一阶系统即惯性环节，其响应出现稳态误差，则可增加比例控制单元减少误差，加入积分环节消除稳态误差。

（2）若 PID 控制下二阶系统阶跃信号的响应出现最大峰值超出期望值的问题，可减小比例控制器参数 K_P、减小积分环节控制参数 K_P/T_I，调节时间过长则可增大微分时间常数 T_D 或减小积分环节控制参数 K_P/T_I，稳态误差未达到预期控制要求可增加比例控制器参数或增加积分环节控制参数。

3.1.4 自整定 PID 控制器概述

自整定 PID 控制器的目的是在工程应用中设置比例控制器参数 K_P、积分时间常数 T_I 和微分时间常数 T_D。实际应用中，PID 控制参数的调整需要有经验的工程师根据系统响应特点逐步调整，此方法费时、费力，自整定 PID 控制器在一定程度上避免了 PID 控制参数设置的盲目性。自整定 PID 控制器参数整定方法主要包括理论计算法和工程整定法。理论计算法是根据系统数学模型，通过自动控制相关稳定判据与理论计算确定控制器参数。工程整定法是按照工程经验公式确定控制器参数，主要有 Ziegler-Nichols 整定法、临界振荡法、衰减曲线法和凑试法[6-11]。工程整定法相对于理论计算法的设计优势是无须知道系统的数学模型，可以直接对系统进行现场整定，方法简单，容易掌握。但是，无论采取哪种方法确定 PID 控制器参数，都需要在系统实际运行中进行最后的调整和完善。

下面介绍四种工程整定法[8-10]。

1. Ziegler-Nichols 整定法

Ziegler-Nichols 整定法只适用于被控对象的单位阶跃响应曲线为“S”形曲线的系统，如图 3.7 所示。

“S”形曲线对应的传递函数模型可用式（3.13）表示。

$$G_c = \frac{K}{Ts+1}e^{-Ls} \tag{3.13}$$

式中，s 为 Laplace 算子；K 为系统开环增益；L 为系统延迟时间；T 为调节常数。

系数 K 与系统稳态值有关，单位阶跃下，开环系统在单位阶跃下响应曲线的稳态值即 K 值。

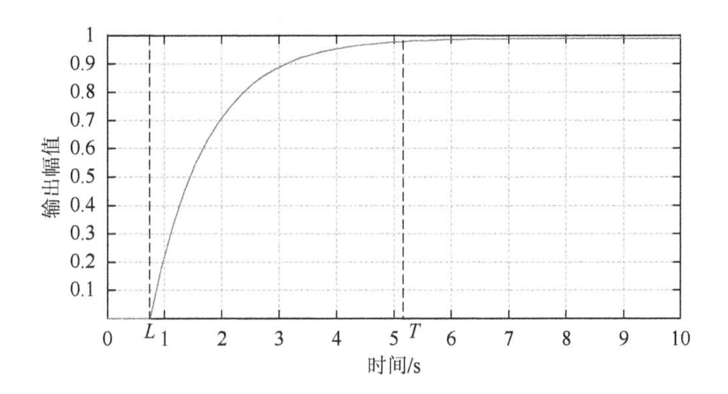

图 3.7　适用于 Ziegler-Nichols 整定法的“S”形曲线

通过 Ziegler-Nichols 整定法确定 PID 控制器中比例控制器参数 K_P、积分时间常数 T_I 和微分时间常数 T_D 的步骤如下。

（1）获取开环系统的单位阶跃响应曲线，判断输出曲线是否满足“S”形曲线，从而确定系统是否适用 Ziegler-Nichols 整定法。

（2）按照图 3.7 所示的“S”形响应曲线，确定模型参数 K 、L 和 T 的值。

（3）根据表 3.2 确定所需的 P/PI/PID 控制器中各个参数的值。

表 3.2　Ziegler-Nichols 整定法获取 P/PI/PID 控制参数的经验公式

控制器类型	比例控制器参数 K_P	积分时间常数 T_I	微分时间常数 T_D
P	$T/(K \cdot L)$	—	—
PI	$0.9T/(K \cdot L)$	$3L$	—
PID	$1.2T/(K \cdot L)$	$2L$	$0.5L$

2. 临界振荡法

临界振荡法使用范围比较广，只需在反馈控制系统加入比例环节，通过改变比例控制器参数获取两个关键参数：临界稳定比例参数 K_C 和临界振荡周期 T_C 。

临界稳定比例参数 K_C 与临界振荡周期 T_C 的获取方法如下。在系统控制器环节只设置比例控制器参数 K_P 构建系统闭环控制，逐步增大 K_P 的值，直到系统开始出现等幅振荡（图 3.8），即系统处于临界稳定状态，记录下此时的比例参数，获取临界稳定比例参数 K_C ，振荡周期为临界振荡周期 T_C 。

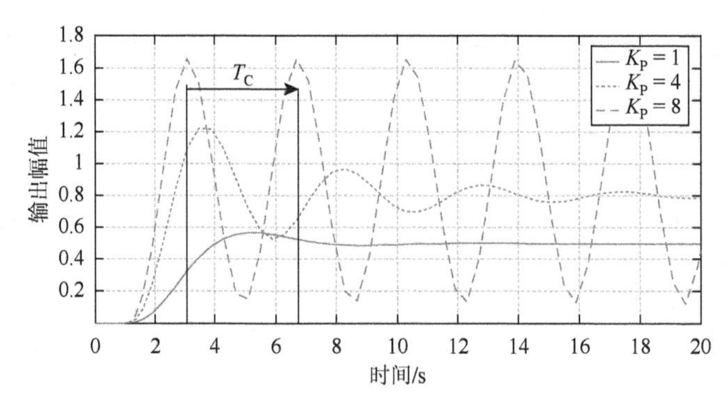

图 3.8　临界振荡法控制参数获取图

根据所获取的 K_C 与 T_C 两个值，依据表 3.3 的经验公式计算 P/PI/PID 控制器的各个参数，这种方法称为临界振荡法，也称为临界比例度法或稳定边界法。

表 3.3　临界振荡法获取 P/PI/PID 控制参数的经验公式

控制器类型	比例控制器参数 K_P	积分时间常数 T_I	微分时间常数 T_D
P	0.5 K_C	—	—
PI	0.45 K_C	0.833 T_C	—
PID	0.6 K_C	0.5 T_C	0.125 T_C

采用临界振荡法时，系统产生等幅振荡的条件是系统的阶数是三阶或三阶以上，临界振荡法中 PID 控制参数整定步骤如下[8, 9]。

（1）从小到大调节 K_P 的值进行试验，直到获取系统的等幅振荡曲线。

（2）记录系统响应为等幅振荡曲线时的临界稳定比例参数值和临界振荡周期值 T_C。

（3）根据表 3.3 中的经验公式，计算所需的 P/PI/PID 控制器中各个参数的值。

3. 衰减曲线法

系统在比例控制器作用下，通过调整比例控制器参数使得系统响应曲线第一峰值超调是第二个峰值超调的 4 倍，此即 4∶1 衰减曲线，根据此衰减曲线进行控制器参数整定的控制方法称为 4∶1 衰减曲线法。

衰减曲线法涉及两个重要参数：满足系统响应曲线为 4∶1 衰减曲线的比例参数 K_S 与 4∶1 衰减周期 T_S。

4∶1 衰减曲线法的参数整定步骤如下。

（1）系统控制器仅设计比例控制单元，从小到大调节 K_P 的值进行试验，直到系统的单位阶跃响应曲线出现 4∶1 衰减曲线，记录此时的比例参数为 K_S。

（2）记录 4∶1 衰减曲线中两个相邻波峰的时间间隔 T_S 即 4∶1 衰减振荡周期。

（3）根据表 3.4 中的经验公式和 T_S 的值，计算所需的 P/PI/PID 控制器中各参数的值。

表 3.4　4∶1 衰减曲线法获取 P/PI/PID 控制参数的经验公式

控制器类型	比例控制器参数 K_P	积分时间常数 T_I	微分时间常数 T_D
P	K_S	—	—
PI	0.833 K_S	0.5 T_S	—
PID	1.25 K_S	0.3 T_S	0.1 T_S

采用 4∶1 衰减曲线获取 PID 控制参数过程的注意事项如下。

（1）对于快速响应的控制系统，确定 4∶1 衰减曲线和 T_S 比较困难，此时可用记录指针来回摆动两次就达到稳定来认定 4∶1 衰减曲线。

（2）在生产过程中，负荷变化会影响系统特性。当负荷变化过大时，必须重新整定控制器的参数值。

（3）若认为 4∶1 衰减曲线法太慢，可采用 10∶1 衰减曲线法。10∶1 衰减曲线法的参数整定步骤与 4∶1 衰减曲线法一致，只是曲线衰减比例不同，计算时所采用的经验公式也有所不同，使用时可查阅文献[8]。

4. 凑试法

在实际应用中，如何根据系统响应曲线调整 PID 控制参数是关键，首先要把比例、积分和微分单元的控制作用与优缺点弄清楚，然后根据系统需要改进的控制特性调整控制参数，控制参数的凑试顺序为先比例，再积分，最后微分。PID 整定的一般步骤如下。

（1）比例控制器参数调整，将比例控制器参数 K_P 由小变大，同时观察系统的响应曲线，直到得到响应较快、超调量较小的响应曲线。如果此时系统静态误差已经达到预期的控制目标，且控制品质良好，则不需要继续增加积分和微分单元；否则，加入积分单元并继续整定。

（2）将调好的比例控制器参数 K_P 略微缩小到 80%左右，将积分时间常数 T_I 设置为一个较大的值，再逐渐减小积分时间常数 T_I，同时适当地调整比例控制器参数 K_P 的值，直到消除系统静态误差。若系统动态性能良好，则采用 PI 控制器，若无法通过调整积分时间常数 T_I 和比例控制器参数 K_P 的值达到预期的动态性能指标要求，则加入微分单元并继续整定。

（3）将微分时间常数 T_D 按照由小到大顺序调整，同时适当地调整比例控制器参数 K_P 与积分时间常数 T_I，直到得到满意的控制效果。

此外，常用的一些控制系统，如温度控制系统、流量控制系统和压力控制系统等非线性系统，人们在长期的生产实践中已经总结出丰富的经验，形成了一套完整的理论体系，可以根据这些经验参数与系统响应曲线进行凑试，从而加快参数整定的过程。

3.1.5 海洋机器人 PID 控制器设计

PID 控制器在海洋机器人运动控制中得到了国内外许多专家的认可[11-14]，因其各控制参数意义明确、易于理解、调节方便而得到广泛应用。然而，由于 UMV 系统是一种复杂的运动控制系统，简单的 PID 控制策略无法满足 UMV 系统在复杂环境中的运动控制要求，于是根据控制需要出现了多种类型的 PID 控制策略。图 3.9 为湖泊试验中 AUV 系统在分段 PID 控制中的输出曲线。系统的强耦合性导致系统深度控制有些抖动，但达到了预期控制目标要求，系统航向与纵向速度有着良好的控制品质。

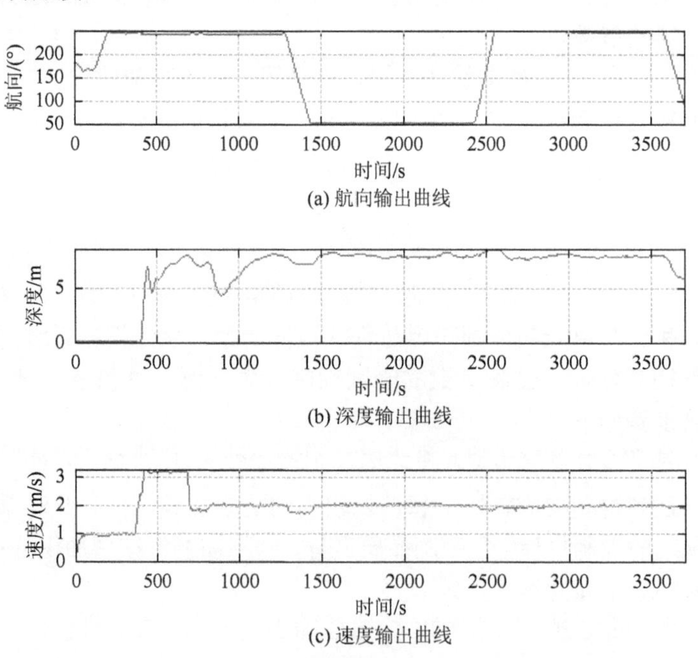

图 3.9 湖泊试验中 AUV 系统在分段 PID 控制中的输出曲线

UMV 系统若采用 PID 控制策略，PID 各控制单元根据系统运动控制品质调整过程及其注意事项如下。

（1）UMV 运动控制主要为位姿控制，其操纵系统主要有水平舵、垂直舵、螺旋桨等，这些系统具有一定的物理约束条件，故 PID 控制参数设置应避免操纵系统长期处于饱和状态，损坏系统，不恰当的控制参数会导致系统不稳定。

（2）尽管比例单元 P 可减少稳态误差但无法消除误差，过大的比例参数易导致系统不稳定；积分单元 I 主要用于消除静态误差，此控制单元通过误差的积累提高 PID 控制器的控制效果，但会出现积分饱和现象，导致系统运动控制执行机构达到饱和，其他控制单元无法起到应有的控制效果，故为了避免积分饱和现象需设置积分阈值；微分单元 D 可预测误差发展趋势，但其不能单独使用，因为若误差不变化则失去控制效果，若误差突然变化则会导致系统控制器输出出现脉冲式变化，影响系统运动控制，无法保证控制品质，所以它多与比例控制器或 PI 控制器组合使用。

（3）根据系统动、静态运动控制品质，可调整 PID 控制参数，提高系统控制品质，但由于水下机器人系统是一种强耦合非线性系统，其 PID 运动控制参数不易调整。由于水下机器人系统位姿控制均与纵向速度耦合性较强，故许多水下机器人运动控制专家采用分段控制的方式控制系统，如系统航向控制与深度控制等，在系统外场试验过程中调整控制参数比较困难。

（4）PID 控制参数调整顺序为比例、积分、微分，掌握各控制单元在 UMV 系统运动中的作用和意义，分析 UMV 系统输出曲线的控制品质与期望性能指标，找出待改进控制指标。

（5）PID 控制参数调整原则为，若有较大稳态误差则增加比例环节控制参数，若有较小稳态误差则增加积分环节控制参数，若调节时间长则增加微分环节控制参数。

3.2 状态反馈控制策略简介

本节将介绍状态方程的概念、状态方程求解、状态反馈控制器的设计步骤、极点配置以及状态反馈在 UMV 系统中的应用。本节主要包括文献[15]～[19]相关状态空间表达式、状态反馈控制等理论知识的概括以及在 UMV 系统外场试验调试过程中的经验总结。

反馈控制是自动控制理论中最重要的基础理论。绝大多数反馈控制系统由控制器、被控对象、反馈控制单元三部分组成，反馈控制单元闭环控制系统基本框图（图 3.10）中从输出到输入的通道使系统形成闭环，没有反馈的系统为开环系统。反馈控制分为正反馈与负反馈，系统控制过程中多采用负反馈即期望值与实际输出值进行比较，将两者的差输入控制器，控制器根据差值确定控制输出。

反馈控制的目标是通过改变系统的静、动态性能达到预期的控制目标。控制器通过获取期望值与反馈值间的差值执行相关控制策略，反馈为控制器提供系统输出结果。

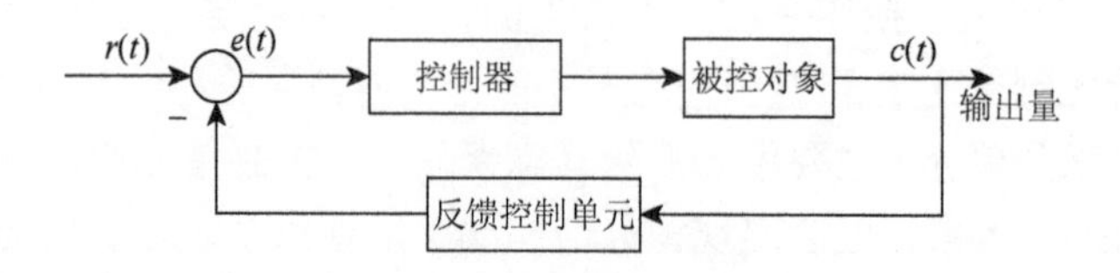

图 3.10 闭环控制系统基本框图

经典控制理论主要采用输出反馈，而现代控制理论中则更多采用状态反馈。状态反馈反映系统内部动态信息和可供参考调节的自由度，通过对内部相关状态的控制达到控制目的，故相对于输出反馈，状态反馈可以更好地改善系统的动态性能。

3.2.1 状态反馈基本概论

状态反馈是指将系统有待控制的状态变量以一定的比例关系输送到输入端的反馈，此控制是现代控制理论中最具特色的控制理论。系统状态反馈的设计是基于系统在现代控制理论中的数学表述形式，即系统状态控制空间表达式为

$$\begin{cases}\dot{\boldsymbol{x}}=\boldsymbol{A}\boldsymbol{x}+\boldsymbol{B}\boldsymbol{u}\\ \boldsymbol{y}=\boldsymbol{C}\boldsymbol{x}+\boldsymbol{D}\boldsymbol{u}\end{cases} \tag{3.14}$$

式中，$\boldsymbol{x}$ 为系统状态变量；$\dot{\boldsymbol{x}}$ 为系统状态变量的一阶微分；$\boldsymbol{y}$ 为系统输出量；$\boldsymbol{u}$ 为系统输入量，若系统为多入多出（multiple input multiple output，MIMO）系统，则 $\boldsymbol{y}$ 与 $\boldsymbol{u}$ 分别为列向量与行向量，若系统为单入单出（single input single output，SISO）系统，则为标量；系统模型参数 $\boldsymbol{A}$、$\boldsymbol{B}$、$\boldsymbol{C}$、$\boldsymbol{D}$ 分别为系统矩阵、输入矩阵、输出矩阵、直接传递矩阵。关于系统的维数表述形式此处不再赘述，详见文献[14]。

通常将系统表述为 $\sum(\boldsymbol{A},\boldsymbol{B},\boldsymbol{C},\boldsymbol{D})$，系统状态空间表达式方框图如图 3.11 所示。

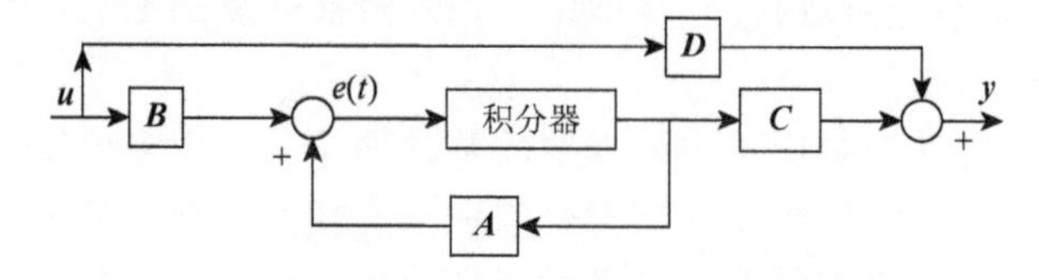

图 3.11 系统状态空间表达式方框图

加入状态反馈控制器后，系统状态方框图如图 3.12 所示。

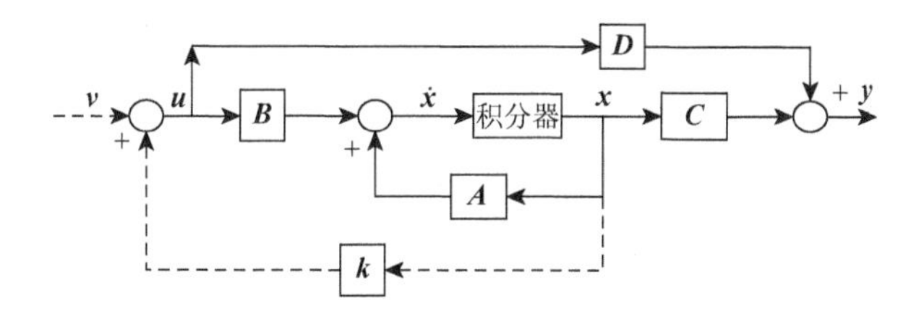

图 3.12 具有状态反馈的系统方框图

图 3.12 中新增变量 $\boldsymbol{k}$ 为系统反馈控制参数，$\boldsymbol{v}$ 为加入状态反馈后系统的新输入，虚线部分为系统加入状态反馈控制通道。根据图 3.12 可推导基于状态反馈的状态空间表达式：

$$\begin{cases}\dot{\boldsymbol{x}}=\boldsymbol{A}\boldsymbol{x}+\boldsymbol{B}(\boldsymbol{v}+\boldsymbol{k}\boldsymbol{x})\\ \boldsymbol{y}=\boldsymbol{C}\boldsymbol{x}+\boldsymbol{D}(\boldsymbol{v}+\boldsymbol{k}\boldsymbol{x})\end{cases}\quad(\boldsymbol{u}=\boldsymbol{v}+\boldsymbol{k}\boldsymbol{x}) \tag{3.15}$$

整理后得

$$\begin{cases}\dot{\boldsymbol{x}}=(\boldsymbol{A}+\boldsymbol{B}\boldsymbol{k})\boldsymbol{x}+\boldsymbol{B}\boldsymbol{v}\\ \boldsymbol{y}=(\boldsymbol{C}+\boldsymbol{D}\boldsymbol{k})\boldsymbol{x}+\boldsymbol{D}\boldsymbol{v}\end{cases} \tag{3.16}$$

故加入状态反馈控制后系统为$\sum(\boldsymbol{A}+\boldsymbol{B}\boldsymbol{k},\boldsymbol{B},\boldsymbol{C}+\boldsymbol{D}\boldsymbol{k},\boldsymbol{D})$。

在许多控制系统中不存在从输入到输出的传递信息，若 $\boldsymbol{D}=\boldsymbol{0}$，系统可表述为$\sum(\boldsymbol{A},\boldsymbol{B},\boldsymbol{C})$，其状态空间表达式可表述为

$$\begin{cases}\dot{\boldsymbol{x}}=\boldsymbol{A}\boldsymbol{x}+\boldsymbol{B}\boldsymbol{u}\\ \boldsymbol{y}=\boldsymbol{C}\boldsymbol{x}\end{cases} \tag{3.17}$$

无直接传递矩阵系统加入状态反馈后系统状态空间表达式为

$$\begin{cases}\dot{\boldsymbol{x}}=(\boldsymbol{A}+\boldsymbol{B}\boldsymbol{k})\boldsymbol{x}+\boldsymbol{B}\boldsymbol{v}\\ \boldsymbol{y}=\boldsymbol{C}\boldsymbol{x}\end{cases} \tag{3.18}$$

其表述形式为$\sum(\boldsymbol{A}+\boldsymbol{B}\boldsymbol{k},\boldsymbol{B},\boldsymbol{C})$。

状态变量 $\boldsymbol{x}$ 是系统内部变量，往往不能从系统外部直接测量，故状态反馈控制的技术设计和应用比输出反馈的实现要复杂得多。状态反馈控制设计过程中，所构建的状态是可测量的，能够通过直接（特定传感器）或间接方法获取各状态运行值。状态反馈控制参数 $\boldsymbol{k}$ 又称为增益反馈矩阵，状态反馈控制器将所获取的各状态量值以一定的比例关系反馈给比较器，故状态反馈控制可视为各状态的比例控制器。

状态变量的不唯一性为状态反馈控制设计提供了许多便利方法。对于一个系统，状态变量的数目是唯一的，但状态变量的选取不是唯一的，选取的状态变量不同，建立的状态空间表达式也不同，但所转换的传递函数却是唯一的。同一个系统尽管其有多种状态空间表达式，但各表达式的状态变量的个数是相同的，且

不同状态空间表达式间可通过线性转换实现。根据控制目的的需要选取不同的状态变量，简化反馈控制参数的设计。

对于状态空间表达式时域分析，以系统$\sum(\boldsymbol{A},\boldsymbol{B},\boldsymbol{C})$状态空间表达式为例，定义系统状态变量的初始值$\boldsymbol{x}(0)=\boldsymbol{x}_0$，对以下方程组求解：

$$\begin{cases}\dot{\boldsymbol{x}}(t)=\boldsymbol{A}\boldsymbol{x}(t)+\boldsymbol{B}\boldsymbol{u}(t)\\ \boldsymbol{x}(0)=\boldsymbol{x}_0\end{cases} \tag{3.19}$$

将式$\dot{\boldsymbol{x}}(t)=\boldsymbol{A}\boldsymbol{x}(t)+\boldsymbol{B}\boldsymbol{u}(t)$两边同乘以$\mathrm{e}^{-\boldsymbol{A}t}$得

$$\begin{cases}\mathrm{e}^{-\boldsymbol{A}t}[\dot{\boldsymbol{x}}(t)-\boldsymbol{A}\boldsymbol{x}(t)]=\mathrm{e}^{-\boldsymbol{A}t}\boldsymbol{B}\boldsymbol{u}(t)\\ \mathrm{e}^{-\boldsymbol{A}t}[\dot{\boldsymbol{x}}(t)-\boldsymbol{A}\boldsymbol{x}(t)]=\dfrac{\mathrm{d}}{\mathrm{d}t}[\mathrm{e}^{-\boldsymbol{A}t}\boldsymbol{x}(t)]\end{cases} \tag{3.20}$$

即

$$\frac{\mathrm{d}}{\mathrm{d}t}[\mathrm{e}^{-\boldsymbol{A}t}\boldsymbol{x}(t)]=\mathrm{e}^{-\boldsymbol{A}t}\boldsymbol{B}\boldsymbol{u}(t) \tag{3.21}$$

两边积分得

$$\int_0^t\frac{\mathrm{d}}{\mathrm{d}t}[\mathrm{e}^{-\boldsymbol{A}\tau}\boldsymbol{x}(\tau)]\mathrm{d}\tau=\int_0^t\mathrm{e}^{-\boldsymbol{A}(t-\tau)}\boldsymbol{B}\boldsymbol{u}(\tau)\mathrm{d}\tau \tag{3.22}$$

状态变量的求解公式为

$$\boldsymbol{x}(t)=\mathrm{e}^{\boldsymbol{A}t}\boldsymbol{x}(0)+\int_0^t\mathrm{e}^{\boldsymbol{A}(t-\tau)}\boldsymbol{B}\boldsymbol{u}(\tau)\mathrm{d}\tau \tag{3.23}$$

式中，$\mathrm{e}^{\boldsymbol{A}t}$为状态转移矩阵，它是一种指数形式的表述形式，有多种求解过程，如Laplace变换法、泰勒展开式法（定义法）、凯莱-哈密顿定理求解法，本书只进行简单介绍，详见文献[15]和[16]。

1. Laplace 变换法求解状态转移矩阵

为了研究方便，在齐次方程中分析$\mathrm{e}^{\boldsymbol{A}t}$的Laplace逆变换过程。

$$\begin{cases}\dot{\boldsymbol{x}}(t)=\boldsymbol{A}\boldsymbol{x}(t)\\ \boldsymbol{x}(0)=\boldsymbol{x}_0\end{cases} \tag{3.24}$$

将系统（3.24）在时域内的表述形式转为s-域内的表述形式：

$$s\boldsymbol{x}(s)-\boldsymbol{x}(0)=\boldsymbol{A}\boldsymbol{x}(s) \tag{3.25}$$

整理后得

$$[s\boldsymbol{I}-\boldsymbol{A}]\boldsymbol{x}(s)=\boldsymbol{x}(0) \tag{3.26}$$

式中，$\boldsymbol{I}$为单位矩阵，由于矩阵$[s\boldsymbol{I}-\boldsymbol{A}]$可逆，有

$$\boldsymbol{x}(s)=[s\boldsymbol{I}-\boldsymbol{A}]^{-1}\boldsymbol{x}(0) \tag{3.27}$$

对式（3.27）进行Laplace逆变换，得到状态变量在时域内的表述形式：

$$\boldsymbol{x}(t)=L^{-1}\{[s\boldsymbol{I}-\boldsymbol{A}]^{-1}\boldsymbol{x}(0)\}=L^{-1}\{[s\boldsymbol{I}-\boldsymbol{A}]^{-1}\}\boldsymbol{x}(0) \tag{3.28}$$

根据一阶齐次微分方程（3.24）的解

$$\dot{\boldsymbol{x}}(t)=\boldsymbol{A}\boldsymbol{x}(t)\Rightarrow\boldsymbol{x}(t)=\mathrm{e}^{\boldsymbol{A}t}\boldsymbol{x}(0) \tag{3.29}$$

式（3.28）与式（3.29）对比，有

$$\mathrm{e}^{\boldsymbol{A}t}=L^{-1}(s\boldsymbol{I}-\boldsymbol{A})^{-1} \tag{3.30}$$

通过 Laplace 逆变换得到状态转移矩阵在时域内的表达形式。

下面以系统（3.24）在零初始条件下单位阶跃激励的响应为例，简单介绍状态变量的时域求解过程。

$$\begin{cases}\begin{bmatrix}\dot{x}_1\\ \dot{x}_2\end{bmatrix}=\begin{bmatrix}0 & 5\\ 1 & -4\end{bmatrix}\begin{bmatrix}x_1\\ x_2\end{bmatrix}+\begin{bmatrix}0\\ 1\end{bmatrix}u\\ y=[1 \quad 2]\begin{bmatrix}x_1\\ x_2\end{bmatrix}\end{cases} \tag{3.31}$$

由式（3.30）求解状态转移矩阵：

$$\begin{aligned}\mathrm{e}^{\boldsymbol{A}t}&=L^{-1}\left(s\boldsymbol{I}-\begin{bmatrix}0 & 5\\ 1 & -4\end{bmatrix}\right)^{-1}=L^{-1}\begin{bmatrix}\dfrac{s+4}{s^2+4s-5} & \dfrac{5}{s^2+4s-5}\\ \dfrac{1}{s^2+4s-5} & \dfrac{s}{s^2+4s-5}\end{bmatrix}\\ &=L^{-1}\begin{bmatrix}\dfrac{s+4}{(s+5)(s-1)} & \dfrac{5}{(s+5)(s-1)}\\ \dfrac{1}{(s+5)(s-1)} & \dfrac{s}{(s+5)(s-1)}\end{bmatrix}\end{aligned} \tag{3.32}$$

进行 Laplace 逆变换后，系统（3.31）状态转移矩阵为

$$\mathrm{e}^{\boldsymbol{A}t}=\begin{bmatrix}\dfrac{\mathrm{e}^{-5t}+5\mathrm{e}^{t}}{6} & 5\dfrac{\mathrm{e}^{-5t}-\mathrm{e}^{t}}{6}\\ \dfrac{\mathrm{e}^{-5t}-\mathrm{e}^{t}}{6} & \dfrac{5\mathrm{e}^{-5t}+\mathrm{e}^{t}}{6}\end{bmatrix} \tag{3.33}$$

将式（3.33）代入式（3.23）可解得各状态响应情况：

$$\boldsymbol{x}(t)=\begin{bmatrix}\dfrac{\mathrm{e}^{-5t}+5\mathrm{e}^{t}}{6} & 5\dfrac{\mathrm{e}^{-5t}-\mathrm{e}^{t}}{6}\\ \dfrac{\mathrm{e}^{-5t}-\mathrm{e}^{t}}{6} & \dfrac{5\mathrm{e}^{-5t}+\mathrm{e}^{t}}{6}\end{bmatrix}\begin{bmatrix}0\\ 0\end{bmatrix}+\int_0^t\begin{bmatrix}\dfrac{\mathrm{e}^{-5(t-\tau)}+5\mathrm{e}^{(t-\tau)}}{6} & 5\dfrac{\mathrm{e}^{-5(t-\tau)}-\mathrm{e}^{(t-\tau)}}{6}\\ \dfrac{\mathrm{e}^{-5(t-\tau)}-\mathrm{e}^{(t-\tau)}}{6} & \dfrac{5\mathrm{e}^{-5(t-\tau)}+\mathrm{e}^{(t-\tau)}}{6}\end{bmatrix}\begin{bmatrix}0\\ 1\end{bmatrix}1(\tau)\mathrm{d}\tau \tag{3.34}$$

积分后获取各状态的解为

$$\boldsymbol{x}(t)=\int_0^t\begin{bmatrix}5\dfrac{\mathrm{e}^{-5(t-\tau)}-\mathrm{e}^{(t-\tau)}}{6}\\ \dfrac{5\mathrm{e}^{-5(t-\tau)}+\mathrm{e}^{(t-\tau)}}{6}\end{bmatrix}\mathrm{d}\tau=\left.\begin{bmatrix}\dfrac{\mathrm{e}^{-5(t-\tau)}+5\mathrm{e}^{(t-\tau)}}{6}\\ \dfrac{\mathrm{e}^{-5(t-\tau)}-\mathrm{e}^{(t-\tau)}}{6}\end{bmatrix}\right|_{\tau=0}^{t}=\begin{bmatrix}1-\dfrac{\mathrm{e}^{-5t}+5\mathrm{e}^{t}}{6}\\ \dfrac{-\mathrm{e}^{-5t}+\mathrm{e}^{t}}{6}\end{bmatrix} \tag{3.35}$$

故系统（3.24）$\boldsymbol{x}=\begin{bmatrix}x_1\\x_2\end{bmatrix}$时域内的解为

$$\begin{cases}x_1(t)=1-\dfrac{\mathrm{e}^{-5t}+5\mathrm{e}^{t}}{6}\\x_2(t)=\dfrac{-\mathrm{e}^{-5t}+\mathrm{e}^{t}}{6}\end{cases} \tag{3.36}$$

系统输出为

$$\begin{aligned}y(t)&=1-\frac{\mathrm{e}^{-5t}+5\mathrm{e}^{t}}{6}+2\frac{-\mathrm{e}^{-5t}+\mathrm{e}^{t}}{6}\\&=1-\frac{\mathrm{e}^{-5t}+\mathrm{e}^{t}}{2}\end{aligned} \tag{3.37}$$

由于e^{t}为指数增长因子，由式（3.36）可知系统各状态不稳定，由式（3.37）知系统输出不稳定。

采用 Laplace 变换法求解过程简单、实用，充分利用 s-域与时域间的转换公式，简化系统分析过程。

2. 定义法求解状态转移矩阵

定义法求解状态转移矩阵的过程为通过泰勒展开式法进行求解，即

$$\begin{aligned}\mathrm{e}^{\boldsymbol{A}t}&=\boldsymbol{I}+\boldsymbol{A}t+\cdots+\frac{\boldsymbol{A}^{n}}{n!}t^{n}+\cdots\\&=\sum_{i=0}^{n}\frac{1}{i!}\boldsymbol{A}^{i}t^{i}\end{aligned} \tag{3.38}$$

若系统矩阵$\boldsymbol{A}$的有限次幂为零矩阵，可通过定义法准确解得状态转移矩阵，如以下系统矩阵：

$$\dot{\boldsymbol{x}}=\begin{bmatrix}0&1\\0&0\end{bmatrix}\boldsymbol{x}+\begin{bmatrix}0\\1\end{bmatrix}u \tag{3.39}$$

其系统矩阵的二次幂为零矩阵，即$\begin{bmatrix}0&1\\0&0\end{bmatrix}\begin{bmatrix}0&1\\0&0\end{bmatrix}=\begin{bmatrix}0&0\\0&0\end{bmatrix}$，从而保证式（3.38）在有限次计算状态转移矩阵的结果为

$$\begin{aligned}\mathrm{e}^{\boldsymbol{A}t}&=\boldsymbol{I}+\boldsymbol{A}t\\&=\begin{bmatrix}1&0\\0&1\end{bmatrix}+\begin{bmatrix}0&1\\0&0\end{bmatrix}t=\begin{bmatrix}1&t\\0&1\end{bmatrix}\end{aligned} \tag{3.40}$$

若系统矩阵无法满足有限次幂为零矩阵，需根据式（3.38）的计算结果寻找规律，得出便于计算机编程的一般表达式，否则计算量将会大大增加，影响实时控制系统的运行速度。

3. 凯莱-哈密顿定理求解状态转移矩阵

凯莱-哈密顿定理：n 维方阵 $\boldsymbol{A}$ 满足自身的特征方程 $\varPhi(\lambda)=|\lambda\boldsymbol{I}-\boldsymbol{A}|=0$（$\lambda$ 为系统特征根）如式（3.41）所示。

$$|\lambda\boldsymbol{I}-\boldsymbol{A}|=\varPhi(\lambda)=\lambda^{n}+a_1\lambda^{n-1}+\cdots+a_{n-1}\lambda+a_n=0 \tag{3.41}$$

则有

$$\varPhi(\boldsymbol{A})=\boldsymbol{A}^{n}+a_1\boldsymbol{A}^{n-1}+\cdots+a_{n-1}\boldsymbol{A}+a_n\boldsymbol{I}=0 \tag{3.42}$$

下面采用凯莱-哈密顿定理分析系统状态转移矩阵的求解过程。系统矩阵由式（3.42）可知：

$$\boldsymbol{A}^{n}=-a_1\boldsymbol{A}^{n-1}-\cdots-a_{n-1}\boldsymbol{A}-a_n\boldsymbol{I} \tag{3.43}$$

从而可推出 $\boldsymbol{A}$ 的 $i\geqslant n$ 次幂均可通过 $\boldsymbol{A}$ 的低次幂 $i<n$ 描述，故状态转移矩阵的泰勒展开式为

$$\mathrm{e}^{\boldsymbol{A}t}=\sum_{k=0}^{n-1}a_k(t)\boldsymbol{A}^{k}=a_0(t)\boldsymbol{I}+a_1(t)\boldsymbol{A}+\cdots+a_{n-1}(t)\boldsymbol{A}^{n-1} \tag{3.44}$$

式中，$a_k(t),a_0(t),a_1(t),\cdots,a_{n-1}(t)$ 为待定系数。由凯莱-哈密顿定理可知系统矩阵特征根的指数满足：

$$\mathrm{e}^{\lambda_i t}=a_0(t)+a_1(t)\lambda_i+\cdots+a_{n-1}(t)\lambda_i^{n-1} \tag{3.45}$$

故，若系统矩阵 $\boldsymbol{A}$ 具有 n 个不同特征根，则得

$$\begin{bmatrix}\mathrm{e}^{\lambda_1 t}\\ \mathrm{e}^{\lambda_2 t}\\ \vdots\\ \mathrm{e}^{\lambda_n t}\end{bmatrix}=\begin{bmatrix}1 & \lambda_1 & \cdots & \lambda_1^{n-1}\\ 1 & \lambda_2 & \cdots & \lambda_2^{n-1}\\ \vdots & \vdots & & \vdots\\ 1 & \lambda_n & \cdots & \lambda_n^{n-1}\end{bmatrix}\begin{bmatrix}a_0(t)\\ a_1(t)\\ \vdots\\ a_{n-1}(t)\end{bmatrix} \tag{3.46}$$

由于系统矩阵的各特征根不同，故系数矩阵可逆，根据式（3.46）可求得待定系数：

$$\begin{bmatrix}a_0(t)\\ a_1(t)\\ \vdots\\ a_{n-1}(t)\end{bmatrix}=\begin{bmatrix}1 & \lambda_1 & \cdots & \lambda_1^{n-1}\\ 1 & \lambda_2 & \cdots & \lambda_2^{n-1}\\ \vdots & \vdots & & \vdots\\ 1 & \lambda_n & \cdots & \lambda_n^{n-1}\end{bmatrix}^{-1}\begin{bmatrix}\mathrm{e}^{\lambda_1 t}\\ \mathrm{e}^{\lambda_2 t}\\ \vdots\\ \mathrm{e}^{\lambda_n t}\end{bmatrix} \tag{3.47}$$

若系统矩阵特的 n 个特征根为重根，则有

$$\begin{bmatrix} a_0(t) \\ a_1(t) \\ \vdots \\ a_{n-3}(t) \\ a_{n-2}(t) \\ a_{n-1}(t) \end{bmatrix} = \begin{bmatrix} 0 & 0 & 0 & 0 & \cdots & 1 \\ 0 & 0 & 0 & 0 & \cdots & (n-1)\lambda_1 \\ \vdots & \vdots & \vdots & \vdots & & \vdots \\ 0 & 0 & 1 & 3\lambda_1 & \cdots & \frac{(n-1)(n-2)}{2!}\lambda_1^{n-3} \\ 0 & 1 & 2\lambda_1 & 3\lambda_1^2 & \cdots & \frac{(n-1)}{1!}\lambda_1^{n-2} \\ 1 & \lambda_1 & \lambda_1^2 & \lambda_1^3 & \cdots & \lambda_1^{n-1} \end{bmatrix}^{-1} \begin{bmatrix} \frac{1}{(n-1)!}t^{n-1}e^{\lambda_1 t} \\ \frac{1}{(n-2)!}t^{n-2}e^{\lambda_1 t} \\ \vdots \\ \frac{1}{2!}t^2 e^{\lambda_1 t} \\ \frac{1}{1!}t^1 e^{\lambda_1 t} \\ e^{\lambda_1 t} \end{bmatrix} \quad (3.48)$$

故根据式（3.47）或式（3.48）获得式（3.44）的待定系数，最终求得状态转移矩阵。

凯莱-哈密顿定理计算过程涉及系统矩阵特征根的求解、特征根的范德蒙德矩阵构建及其逆求解、获得满足凯莱-哈密顿定理的待定系数。

根据系统的矩阵特点选取合适的方法求解状态转移矩阵，从而获取系统各状态运行曲线与系统输出响应曲线。

3.2.2 状态反馈控制的极点配置

状态反馈控制是通过反馈增益矩阵将系统特征方程的根配置到期望极点，故极点配置是状态反馈控制的灵魂。极点配置问题就是通过选择恰当的反馈增益矩阵，将闭环系统的极点配置在根平面上所期望的位置，以获得所希望的动态性能。极点实质为系统特征方程的根，即闭环系统传递函数的极点。状态反馈控制法通过极点配置将不稳定系统控制为稳定系统，类似于经典控制理论中根轨迹法，不过根轨迹法只能通过改变一个参数使闭环系统的极点沿着某一组特定的根轨迹曲线配置，而状态反馈可将系统极点配置在任意期望的位置。

然而，并不是任意系统可通过状态反馈实现极点的任意配置，系统状态空间表达式需满足可控性，故系统状态反馈控制问题涉及极点能否任意配置问题与系统是否可控制问题。

定理 3.1[17-19] 采用状态反馈对系统 $\sum_0(\boldsymbol{A},\boldsymbol{B},\boldsymbol{C})$ 任意配置极点的充要条件是系统完全能控。

定理 3.2[17-19] 线性定常系统状态完全能控的充要条件是由系统矩阵 $\boldsymbol{A}$ 与输入矩阵 $\boldsymbol{B}$ 构造的能控性判别阵 $\boldsymbol{M}$ 满秩。

能控性判别阵 $\boldsymbol{M}$：

$$\boldsymbol{M} = [\boldsymbol{B} \quad \boldsymbol{AB} \quad \boldsymbol{A}^2\boldsymbol{B} \quad \cdots \quad \boldsymbol{A}^{n-1}\boldsymbol{B}]_{n\times nr} \quad (3.49)$$

式中，n 为系统状态变量的个数；r 为输入量 $\boldsymbol{u}$ 的维数。

能控判别阵 $\boldsymbol{M}$ 满秩是指 $\text{rank}(\boldsymbol{M})=n$，若 $\text{rank}(\boldsymbol{M})<n$ 则系统不满秩。下面以系统（3.31）为例，计算能控判别阵 $\boldsymbol{M}$ 的秩：

$$\boldsymbol{M}=[\boldsymbol{B} \quad \boldsymbol{AB}]=\begin{bmatrix}0 & 1\\ 1 & -4\end{bmatrix} \tag{3.50}$$

通过计算可知 $|\boldsymbol{M}|=-1\neq 0$，故能控判别阵秩为 2 时满秩，根据定理 3.2 可知系统（3.31）完全能控，根据定理 3.1 可知系统（3.31）可以通过状态反馈实现极点的任意配置。

求取状态反馈控制参数的方法有两种：一种为直接法；另一种为将系统矩阵转换为标准型再进行极点配置的方法——间接法。

1. 直接法求取状态反馈控制参数

直接法求取状态反馈控制参数 $\boldsymbol{K}$ 的步骤如下。

（1）构建系统能控阵 $\boldsymbol{M}$，通过判断 $\boldsymbol{M}$ 是否满秩，分析系统能否通过状态反馈控制实现极点的配置。

（2）根据系统控制性能指标要求，设置期望极点 $\lambda_1,\lambda_2,\cdots,\lambda_n$，获得加入状态反馈后的期望特征多项式为

$$\begin{aligned}f^*(s)&=(s-\lambda_1^*)(s-\lambda_2^*)\cdots(s-\lambda_n^*)\\&=s^n+a_{n-1}^*s^{n-1}+\cdots+a_1^*s+a_0^*\end{aligned} \tag{3.51}$$

式中，$a_i^*(i=1,2,\cdots,n)$ 为 $f(\lambda^*)$ 展开式的已知参数。

（3）系统加入状态反馈控制 $\boldsymbol{K}$ 后，由式（3.18）可知，系统为 $\sum(\boldsymbol{A}+\boldsymbol{Bk},\boldsymbol{B},\boldsymbol{C})$，其特征多项式为

$$f(s)=\det[s\boldsymbol{I}-(\boldsymbol{A}+\boldsymbol{BK})]=s^n+a_{n-1}'s^{n-1}+\cdots+a_1's+a_0' \tag{3.52}$$

式中，$a_i'(i=1,2,\cdots,n)$ 为含有状态反馈控制参数的待定系数。

（4）期望特征式（3.51）与式（3.52）进行对比：

$$(s-\lambda_1)(s-\lambda_2)\cdots(s-\lambda_n)=s^n+a_{n-1}^*s^{n-1}+\cdots+a_1^*s+a_0^* \tag{3.53}$$

通过式（3.53）推出反馈控制参数 $\boldsymbol{K}$。

以系统（3.31）为例了解控制参数的求解过程。从系统状态转移矩阵的时域解可以发现系统各状态以及输出均不稳定，下面通过状态反馈控制法控制系统，使其稳定。

首先判断系统（3.31）的能控性，分析系统能否通过状态反馈控制实现极点的任意配置，构建系统的能控性判别阵 $\boldsymbol{M}=\begin{bmatrix}0 & 1\\ 1 & -4\end{bmatrix}$，$\text{rank}(\boldsymbol{M})=2$ 满秩，故系统完全能控，根据状态反馈控制定理，可知系统（3.31）可实现极点的任意配置。

设期望极点为 $\lambda_1=-2$，$\lambda_2=-3$，则通过状态反馈控制后，期望特征方程为

$$f(\lambda^*)=(s+2)(s+3)=s^2+5s+6 \tag{3.54}$$

预设控制参数 $\boldsymbol{K}=[k_1 \quad k_2]$，加入状态反馈控制后系统特征方程为

$$\begin{aligned}\det[s\boldsymbol{I}-(\boldsymbol{A}+\boldsymbol{BK})]&=\det\left[s\boldsymbol{I}-\left(\begin{bmatrix}0 & 1\\ 5 & -4\end{bmatrix}+\begin{bmatrix}0\\ 1\end{bmatrix}[k_1 \quad k_2]\right)\right]\\ &=s^2+(4-k_2)s-5-k_1\end{aligned} \tag{3.55}$$

期望特征方程（3.54）与状态反馈控制所获得特征方程（3.55）进行对比：

$$s^2+5s+6=s^2+(4-k_2)s-5-k_1 \tag{3.56}$$

通过式（3.56）推导系统控制参数 $k_1=-11$，$k_2=-1$，故系统状态反馈控制器为

$$G_c=-11x_1-x_2 \tag{3.57}$$

2. 间接法求取状态反馈控制参数

若系统矩阵维数较少，采用直接法简单易行。对于高维系统，采用直接法计算量大且不直观，多将其系统矩阵通过转换矩阵转化为能控标准型，系统能控标准型有多种，如对角矩阵、能控标准型Ⅰ型、能控标准型Ⅱ型等，本节仅简单介绍有助于状态反馈控制参数设计的能控标准型Ⅰ型。

系统状态空间表达式有多种，同一个系统状态变量个数一样，而状态变量设置可以不同，各组状态变量间可通过转移矩阵 $\boldsymbol{T}_{c1}$ 进行转换，设原系统状态变量为 $\boldsymbol{x}$，拟将其转换为 $\tilde{\boldsymbol{x}}$，有

$$\boldsymbol{x}=\boldsymbol{T}_{c1}\tilde{\boldsymbol{x}} \tag{3.58}$$

则系统状态空间表达式将由式（3.17）转换为

$$\begin{cases}\dot{\boldsymbol{x}}=\boldsymbol{Ax}+\boldsymbol{Bu}\\ \boldsymbol{y}=\boldsymbol{Cx}\end{cases}\xrightarrow{\boldsymbol{x}=\boldsymbol{T}_{c1}\tilde{\boldsymbol{x}}}\begin{cases}\boldsymbol{T}_{c1}\dot{\tilde{\boldsymbol{x}}}=\boldsymbol{AT}_{c1}\tilde{\boldsymbol{x}}+\boldsymbol{Bu}\\ \boldsymbol{y}=\boldsymbol{CT}_{c1}\tilde{\boldsymbol{x}}\end{cases} \tag{3.59}$$

整理后得

$$\begin{cases}\dot{\tilde{\boldsymbol{x}}}=\boldsymbol{T}_{c1}^{-1}\boldsymbol{AT}_{c1}\tilde{\boldsymbol{x}}+\boldsymbol{T}_{c1}^{-1}\boldsymbol{Bu}\\ \boldsymbol{y}=\boldsymbol{CT}_{c1}\tilde{\boldsymbol{x}}\end{cases}\rightarrow\begin{cases}\dot{\tilde{\boldsymbol{x}}}=\tilde{\boldsymbol{A}}\tilde{\boldsymbol{x}}+\tilde{\boldsymbol{B}}\boldsymbol{u}\\ \boldsymbol{y}=\tilde{\boldsymbol{C}}\tilde{\boldsymbol{x}}\end{cases} \tag{3.60}$$

设系统（3.17）的传递函数为

$$\phi(s)=\boldsymbol{C}(s\boldsymbol{I}-\boldsymbol{A})^{-1}\boldsymbol{b}=\frac{\beta_{n-1}s^{n-1}+\beta_{n-2}s^{n-2}+\cdots+\beta_1 s+\beta_0}{s^n+a_{n-1}s^{n-1}+\cdots+a_1 s+a_0} \tag{3.61}$$

式中，$a_i(i=1,2,\cdots,n)$ 为系统特征方程系数。

设状态转移矩阵为

$$T_{c1}=[A^{n-1}b \quad A^{n-2}b \quad \cdots \quad Ab \quad b]\begin{bmatrix}1 & 0 & \cdots & 0 & 0\\ a_{n-1} & 1 & \cdots & 0 & 0\\ \vdots & \vdots & & \vdots & \vdots\\ a_2 & a_3 & \cdots & 1 & 0\\ a_1 & a_2 & \cdots & a_{n-1} & 1\end{bmatrix} \tag{3.62}$$

状态转换后，系统矩阵转换为

$$\tilde{A}=T_{c1}^{-1}AT_{c1}=\begin{bmatrix}0 & 1 & \cdots & 0\\ 0 & 0 & \cdots & 1\\ \vdots & \vdots & & \vdots\\ -\alpha_0 & -\alpha_1 & \cdots & -\alpha_{n-1}\end{bmatrix} \tag{3.63}$$

系统输入矩阵转换为

$$\tilde{b}=T_{c1}^{-1}b=\begin{bmatrix}0\\ \vdots\\ 0\\ 1\end{bmatrix} \tag{3.64}$$

系统输出矩阵转换为

$$\tilde{C}=CT_{c1}=[\beta_0 \quad \beta_1 \quad \cdots \quad \beta_{n-2} \quad \beta_{n-1}] \tag{3.65}$$

若系统状态空间表达式的系统矩阵具有式(3.63)的形式、输入矩阵为式(3.64)、输出矩阵有式（3.65）的形式，则称此状态空间表达式为能控标准型Ⅰ型，其中转移矩阵（3.62）为能控标准型Ⅰ型的转移矩阵。通过系统矩阵（3.63）和输出矩阵（3.65）可直接写出系统传递函数（3.61），其中系统矩阵（3.63）最后一行元素为系统传递函数(3.61)的分母，即系统特征方程系数的相反数，输出矩阵(3.65)所含元素由传递函数（3.61）的分子系数组成。

定理 3.3 状态反馈不改变受控系统 $\sum_0(A,B,C)$ 的能控性。证明过程详见文献[15]。

设状态转移后系统（3.60）加入状态反馈控制为

$$G_c=\tilde{K}\tilde{x}=[\tilde{k}_0 \quad \tilde{k}_1 \quad \cdots \quad \tilde{k}_{n-1}]\begin{bmatrix}\tilde{x}_1\\ \tilde{x}_2\\ \vdots\\ \tilde{x}_n\end{bmatrix} \tag{3.66}$$

式中，$\tilde{K}=[\tilde{k}_0 \quad \tilde{k}_1 \quad \cdots \quad \tilde{k}_{n-1}]$ 为状态 $\tilde{x}$ 各状态变量对应的比例反馈系数。

加入状态反馈控制后，系统为

$$\begin{cases}\dot{\tilde{x}}=\tilde{A}\tilde{x}+\tilde{B}(v+\tilde{k}\tilde{x})\\ y=\tilde{C}\tilde{x}\end{cases} \rightarrow \begin{cases}\dot{\tilde{x}}=(\tilde{A}+\tilde{B}\tilde{k})\tilde{x}+\tilde{B}v\\ y=\tilde{C}\tilde{x}\end{cases} \tag{3.67}$$

加入状态反馈后系统矩阵为

$$\tilde{A}+\tilde{B}\tilde{K}=\begin{bmatrix}0_{(n-1)\times 1} & I_{n-1} & \cdots & 0\\ -a_0 & -a_1 & \cdots & -a_{n-1}\end{bmatrix}+\begin{bmatrix}0\\ \vdots\\ 0\\ 1\end{bmatrix}[\tilde{k}_0 \quad \tilde{k}_1 \quad \cdots \quad \tilde{k}_{n-1}]$$
$$=\begin{bmatrix}0_{(n-1)\times 1} & I_{n-1} & \cdots & 0\\ \tilde{k}_0-a_0 & \tilde{k}_1-a_1 & \cdots & \tilde{k}_{n-1}-a_{n-1}\end{bmatrix} \tag{3.68}$$

故加入状态反馈 $\tilde{K}$ 后系统特征方程为

$$f(s)=s^n+(a_{n-1}-k_{n-1})s^{n-1}+\cdots+(a_1-k_1)s+(a_0-k_0) \tag{3.69}$$

设系统期望特征方程为式（3.51），将其与式（3.69）比较，有

$$\begin{aligned}&s^n+(a_{n-1}-k_{n-1})s^{n-1}+\cdots+(a_1-k_1)s+(a_0-k_0)\\&=s^n+a_{n-1}^*s^{n-1}+\cdots+a_1^*s+a_0^*\end{aligned} \tag{3.70}$$

从而可得系统 $\sum(\tilde{A},\tilde{B},\tilde{C})$ 的状态反馈系数 $\tilde{K}$ 为

$$\tilde{K}=[\tilde{k}_0 \quad \tilde{k}_1 \quad \cdots \quad \tilde{k}_{n-1}]=[a_0-a_0^* \quad a_1-a_1^* \quad \cdots \quad a_{n-1}-a_{n-1}^*] \tag{3.71}$$

由式（3.58）与控制器（3.66）可知系统 $\sum(A,B,C)$ 的状态反馈控制参数 K 为

$$G_c=\tilde{K}\tilde{x}=\tilde{K}(T_{c1}^{-1}x)=Kx \Rightarrow K=\tilde{K}T_{c1}^{-1} \tag{3.72}$$

故系统状态反馈控制器为

$$G_c=\tilde{K}T_{c1}^{-1}x \tag{3.73}$$

采用间接法进行系统状态反馈控制极点配置步骤如下。

（1）判断系统能控性。根据定理 3.1 判断系统能控性，若系统完全能控，不能实现极点任意配置，则根据具体问题具体分析，若可实现极点任意配置，则进行以下步骤。

（2）求解传递函数，构建转换矩阵。求解被控系统的传递函数（3.61），从而构建系统转换矩阵（3.62）。

（3）配置期望极点，获取期望特征方程。根据系统控制性能指标要求设置被控系统期望闭环极点，构建期望特征方程（3.51）。

（4）获取状态反馈参数。根据式（3.71），获取转换后的状态反馈控制参数 $\tilde{K}$，根据式（3.72）获取系统状态反馈控制参数。

（5）状态反馈控制器设置。根据式（3.73）获取系统状态反馈控制器。

以系统（3.74）为例，介绍间接法求状态反馈控制器的过程。

$$\begin{cases}\dot{x}=\begin{bmatrix}0 & -2 & 0\\ 0 & 0 & 1\\ 2 & 3 & 5\end{bmatrix}x+\begin{bmatrix}0\\ 0\\ 3\end{bmatrix}u\\ y=[1 \quad 0 \quad 0]x\end{cases} \tag{3.74}$$

（1）判断系统的能控性：

$$M=[b \quad Ab \quad A^2b]=\begin{bmatrix}0 & 0 & -6\\ 0 & 3 & 15\\ 3 & 15 & 84\end{bmatrix} \tag{3.75}$$

由于$|M|\neq 0$，故系统满秩，系统（3.74）完全可控，可实现极点的任意配置。若系统可控矩阵 M 难以求解，可通过 MATLAB 语句 ctrb（A, B）获得[20, 21]。

（2）求解系统（3.74）的传递函数，并获取将系统矩阵转换为能控标准型 I 型的状态转移矩阵T_{c1}。系统传递函数求解过程为

$$\phi(s)=C(sI-A)^{-1}b=\frac{-6}{s^3-5s^2-3s+4} \tag{3.76}$$

若由状态空间表达式转换为传递函数计算过程复杂，可用 MATLAB 语句[num, den] = ss2tf（A, B, C, D）获取传递函数的分子、分母。根据式（3.76）构建状态转移矩阵T_{c1}，根据式（3.62）得

$$T_{c1}=\begin{bmatrix}-6 & 0 & 0\\ 15 & 3 & 0\\ 84 & 15 & 3\end{bmatrix}\begin{bmatrix}1 & 0 & 0\\ -5 & 1 & 0\\ -3 & -5 & 1\end{bmatrix}=\begin{bmatrix}-6 & 0 & 0\\ 0 & 3 & 0\\ 0 & 0 & 3\end{bmatrix} \tag{3.77}$$

（3）设置期望极点为$\lambda_1=-1$；$\lambda_2=-2$；$\lambda_3=-4$。构建期望特征方程：

$$\begin{aligned}f^*(s)&=(s-\lambda_1^*)(s-\lambda_2^*)(s-\lambda_3^*)\\ &=(s+1)(s+2)(s+4)=s^3+7s^2+14s+8\end{aligned} \tag{3.78}$$

（4）状态反馈控制参数构建。根据式（3.70）得

$$\begin{aligned}&s^3+(a_2-k_2)s^2+(a_1-k_1)s+(a_0-k_0)\\ &=s^3+7s^2+14s+8\end{aligned} \tag{3.79}$$

根据式（3.71）、式（3.76）的分母、式（3.79）获取$\tilde{K}$：

$$\begin{aligned}\tilde{K}&=[\tilde{k}_0 \quad \tilde{k}_1 \quad \tilde{k}_2]=[a_0-a_0^* \quad a_1-a_1^* \quad a_2-a_2^*]\\ &=[4-8 \quad -3-14 \quad -5-7]=[-4 \quad -17 \quad -12]\end{aligned} \tag{3.80}$$

对状态转移矩阵（3.77）求逆：

$$T_{c1}^{-1}=\begin{bmatrix}-6 & 0 & 0\\ 0 & 3 & 0\\ 0 & 0 & 3\end{bmatrix}^{-1}=\begin{bmatrix}-\frac{1}{6} & 0 & 0\\ 0 & \frac{1}{3} & 0\\ 0 & 0 & \frac{1}{3}\end{bmatrix} \tag{3.81}$$

若状态转移矩阵的逆矩阵难求，可用 MATLAB 语句 inv(T_{c1}) 获得。根据式（3.72），求系统状态反馈控制参数：

$$\boldsymbol{K}=\tilde{\boldsymbol{K}}\boldsymbol{T}_{c1}^{-1}=[-4\quad -17\quad -12]\begin{bmatrix}-\frac{1}{6} & 0 & 0\\ 0 & \frac{1}{3} & 0\\ 0 & 0 & \frac{1}{3}\end{bmatrix}=\begin{bmatrix}\frac{2}{3} & -\frac{17}{3} & -4\end{bmatrix} \tag{3.82}$$

故得系统状态反馈控制器为

$$\begin{aligned}G_c&=\boldsymbol{K}\boldsymbol{x}\\&=\begin{bmatrix}\frac{2}{3} & -\frac{17}{3} & -4\end{bmatrix}\begin{bmatrix}x_1\\x_2\\x_3\end{bmatrix}=\frac{2}{3}x_1-\frac{17}{3}x_2-4x_3\end{aligned} \tag{3.83}$$

加入状态反馈前，系统各状态在单位阶跃响应下的曲线如图 3.13 所示。

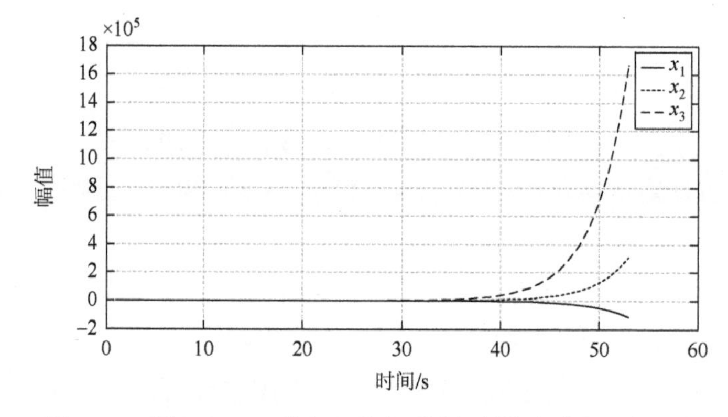

图 3.13　系统（3.74）未加入状态反馈控制策略时各状态曲线

系统（3.74）加入状态反馈控制策略时各状态曲线如图 3.14 所示。

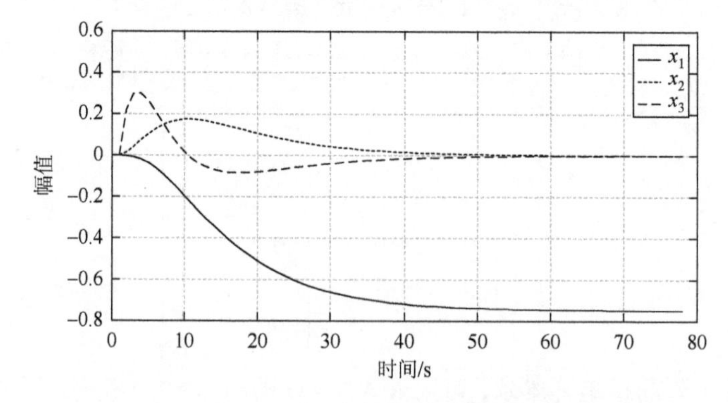

图 3.14　系统（3.74）加入状态反馈控制策略时各状态曲线

通过将图 3.13 与图 3.14 对比可以看出系统由不稳定变为稳定，各状态的收敛速度与所设置的状态极点相关。

综上可以看出系统状态反馈控制设计过程可通过 4 步获取，也可通过 MATLAB 语句 $K = \text{acker}(A, B, P)$获取，其中 $\boldsymbol{A}$ 为系统矩阵，$\boldsymbol{B}$ 为输入矩阵，P 为期望极点位置。

注意，若系统状态不完全可控，状态反馈可以对可控状态实现极点的任意配置，对不可控状态则无法配置极点，故若通过状态反馈实现系统稳定则不可控部分的极点为稳定极点。即若系统$\{\boldsymbol{A}, \boldsymbol{B}, \boldsymbol{C}\}$不完全可控，则状态反馈系统的一部分闭环极点是可控的，一部分是不能被配置的。显然，如果不可控的极点全部是稳定极点，则可以采用状态反馈使可控部分的极点配置到期望值，从而使整个闭环系统稳定，因此，称这样的系统为可镇定的或可稳定的系统。

定理 3.4[17-19] 线性连续或离散系统$\{\boldsymbol{A}, \boldsymbol{B}, \boldsymbol{C}\}$能稳定的充要条件是系统的不可控极点都是稳定极点。

根据系统稳定问题设计系统能控性分解，通过转化矩阵将系统矩阵分解为两部分——可控部分与不可控部分，若不可控部分是稳定的，则系统可通过状态反馈实现稳定，否则系统不能通过状态反馈实现极点的任意配置[16]。

3.2.3 状态反馈在海洋机器人中的应用

状态反馈控制策略在海洋机器人运动控制中得到广泛应用。本节将以海洋机器人运动控制模型特点分析状态反馈控制策略在海洋机器人深度、航向运动控制中的应用。众所周知，海洋机器人运动控制模型复杂多变，各状态间相互耦合，是一种典型的非线性系统，故应用于 UMV 系统中的状态反馈多为改进的状态反馈控制法[22-26]。

状态反馈控制策略是现代控制中的经典控制方法，在线性控制理论中得到广泛应用，由于状态反馈控制策略具有与 PID 控制策略相似的控制优势，其可将系统状态误差按照一定比例反馈到控制器，故状态反馈控制具有控制目标明确等特点，许多专家借鉴了状态反馈控制的这一控制优势，将其进行改进并应用于 UMV 系统运动中，如 UMV 航向与深度控制[27, 28]、UMV 轨迹跟踪控制[29]等，但状态反馈控制多与其他控制算法联合进行水下机器人运动控制。

UMV 状态反馈控制策略设计分析如下。由于 UMV 系统运动控制模型复杂，根据控制要求多将系统分解为深度控制、纵倾角控制、航向控制等进行研究。下面分析 UMV 运动控制模型能否通过状态反馈实现极点任意配置。

（1）深度控制状态反馈控制策略设置。根据第 2 章有关 UMV 系统深度控制模型的设置，设深度控制部分为

$$\begin{bmatrix}\dot{z}\\ \dot{\theta}\\ \dot{q}\end{bmatrix}=\begin{bmatrix}0 & -u & 0\\ 0 & 0 & 1\\ 0 & \dfrac{-(z_G W-z_B B)}{I_y-M_{\dot{q}}} & \dfrac{M_q u}{I_y-M_{\dot{q}}}\end{bmatrix}\begin{bmatrix}z\\ \theta\\ q\end{bmatrix}+\begin{bmatrix}0\\ 0\\ \dfrac{M_\delta u^2}{I_y-M_{\dot{q}}}\end{bmatrix}\delta_s \tag{3.84}$$

由于 UMV 运动控制模型与其纵向速度紧密耦合，且系统纵向速度较易控制，在分析系统可控性时，将其视为不为零的变量处理，根据能控性判别阵 $\boldsymbol{M}_{\mathrm{d}}$（d 为 depth 首字母）分析系统的可控性：

$$\boldsymbol{M}_{\mathrm{d}}=\begin{bmatrix}0 & 0 & -ub\\ 0 & b & bb_2\\ b & bb_2 & bb_1+bb_2^2\end{bmatrix} \tag{3.85}$$

故若纵向速度 $u\neq 0$，矩阵 $\boldsymbol{M}_{\mathrm{d}}$ 满秩，其中 $b=\dfrac{M_\delta u^2}{I_y-M_{\dot{q}}}$；$b_1=\dfrac{-(z_G W-z_B B)}{I_y-M_{\dot{q}}}$；$b_2=\dfrac{M_q u}{I_y-M_{\dot{q}}}$。故系统深度控制模型可通过状态反馈控制实现极点的任意配置。

求取系统模型（3.85）的特征方程为

$$f_{\mathrm{d}}(s)=s^3-b_2 s^2-b_1 s \tag{3.86}$$

求转换矩阵 $\boldsymbol{T}_{c1}$ 为

$$\begin{aligned}\boldsymbol{T}_{c1}=\boldsymbol{M}_{\mathrm{d}}&=\begin{bmatrix}-ub & 0 & 0\\ bb_2 & b & 0\\ bb_1+bb_2^2 & bb_2 & b\end{bmatrix}\begin{bmatrix}1 & 0 & 0\\ -b_2 & 1 & 0\\ -b_1 & -b_2 & 1\end{bmatrix}\\ &=\begin{bmatrix}-ub & 0 & 0\\ 0 & b & 0\\ 0 & 0 & b\end{bmatrix}\end{aligned} \tag{3.87}$$

设期望极点为 $\lambda_{\mathrm{d}1}^*$、$\lambda_{\mathrm{d}2}^*$、$\lambda_{\mathrm{d}3}^*$，故得期望特征方程为

$$f_{\mathrm{d}}^*(s)=s^3+b_2^* s^2+b_1^* s+b_0^* \tag{3.88}$$

其中特征方程系数为

$$\begin{cases}b_2^*=-\lambda_{\mathrm{d}1}^*-\lambda_{\mathrm{d}2}^*-\lambda_{\mathrm{d}3}^*\\ b_1^*=\lambda_{\mathrm{d}1}^*\lambda_{\mathrm{d}2}^*+\lambda_{\mathrm{d}1}^*\lambda_{\mathrm{d}3}^*+\lambda_{\mathrm{d}2}^*\lambda_{\mathrm{d}3}^*\\ b_0^*=\lambda_{\mathrm{d}1}^*\lambda_{\mathrm{d}2}^*\lambda_{\mathrm{d}3}^*\end{cases} \tag{3.89}$$

转换后系统的控制参数为

$$\tilde{\boldsymbol{K}} = [\tilde{k}_0 \quad \tilde{k}_1 \quad \tilde{k}_2] = [-b_0^* \quad -b_1 - b_1^* \quad -b_2 - b_2^*] \tag{3.90}$$

故 UMV 深度控制的状态反馈控制参数为

$$\boldsymbol{K} = [-b_0^* \quad -b_1 - b_1^* \quad -b_2 - b_2^*]\boldsymbol{T}_{c1}^{-1} \tag{3.91}$$

式中，$\boldsymbol{T}_{c1}^{-1} = \begin{bmatrix} -\frac{1}{ub} & 0 & 0 \\ 0 & \frac{1}{b} & 0 \\ 0 & 0 & \frac{1}{b} \end{bmatrix}$。

从而得到 UMV 深度控制状态反馈控制策略：

$$G_c = \tilde{\boldsymbol{K}}\boldsymbol{T}_{c1}^{-1}\begin{bmatrix} z \\ \theta \\ q \end{bmatrix} \tag{3.92}$$

（2）UMV 深度控制过程中纵倾角不宜过大，如果通过三阶深度控制模型（3.84）控制策略可将纵倾角控制在期望角度范围内，无须对纵倾角控制模型（3.93）进行控制，否则需采取措施控制纵倾角。

$$\begin{cases} \dot{\theta} = q \\ \dot{q} = -\dfrac{z_G W - z_B B}{I_y - M_{\dot{q}}}\theta + \dfrac{M_q u}{I_y - M_{\dot{q}}}q + \dfrac{M_\delta u^2}{I_y - M_{\dot{q}}}\delta_s \end{cases} \tag{3.93}$$

整理为状态方程，即

$$\begin{bmatrix} \dot{\theta} \\ \dot{q} \end{bmatrix} = \begin{bmatrix} 0 & 1 \\ -\dfrac{z_G W - z_B B}{I_y - M_{\dot{q}}} & \dfrac{M_q u}{I_y - M_{\dot{q}}} \end{bmatrix}\begin{bmatrix} \theta \\ q \end{bmatrix} + \begin{bmatrix} 0 \\ \dfrac{M_\delta u^2}{I_y - M_{\dot{q}}} \end{bmatrix}\delta_s \tag{3.94}$$

式（3.94）为二维系统，分析其可控性，构建其能控性判别阵 $\boldsymbol{M}_\theta$：

$$\boldsymbol{M}_\theta = \begin{bmatrix} 0 & \dfrac{M_\delta u^2}{I_y - M_{\dot{q}}} \\ \dfrac{M_\delta u^2}{I_y - M_{\dot{q}}} & * \end{bmatrix} \tag{3.95}$$

由式（3.95）知可控判断矩阵 $\boldsymbol{M}_\theta$ 为满秩（若 $u \neq 0$），纵倾角控制模型完全可控，故可通过状态反馈控制实现极点的任意配置，设期望极点为$\lambda_{\theta 1}^{*}$、$\lambda_{\theta 2}^{*}$，由于模型（3.94）为二阶系统，故可通过直接法求取状态反馈控制参数。

设待求状态反馈控制参数为$\boldsymbol{K}=[k_0 \quad k_1]$，则纵倾角控制模型的状态反馈控制策略为

$$\delta_s=[k_0 \quad k_1]\begin{bmatrix}\theta \\ q\end{bmatrix} \tag{3.96}$$

将式（3.96）代入式（3.94）有

$$\begin{bmatrix}\dot{\theta} \\ \dot{q}\end{bmatrix}=\begin{bmatrix}0 & 1 \\ -\dfrac{z_G W-z_B B}{I_y-M_{\dot{q}}} & \dfrac{M_q u}{I_y-M_{\dot{q}}}\end{bmatrix}\begin{bmatrix}\theta \\ q\end{bmatrix}+\begin{bmatrix}0 \\ \dfrac{M_\delta u^2}{I_y-M_{\dot{q}}}\end{bmatrix}[k_0 \quad k_1]\begin{bmatrix}\theta \\ q\end{bmatrix} \tag{3.97}$$

加入状态反馈控制策略后，系统模型为

$$\begin{bmatrix}\dot{\theta} \\ \dot{q}\end{bmatrix}=\begin{bmatrix}0 & 1 \\ -\dfrac{z_G W-z_B B}{I_y-M_{\dot{q}}}+\dfrac{M_\delta u^2}{I_y-M_{\dot{q}}}k_0 & \dfrac{M_q u}{I_y-M_{\dot{q}}}+\dfrac{M_\delta u^2}{I_y-M_{\dot{q}}}k_1\end{bmatrix}\begin{bmatrix}\theta \\ q\end{bmatrix} \tag{3.98}$$

得到含有待求控制参数的特征方程：

$$f(s)=s^2-\left(\frac{M_q u}{I_y-M_{\dot{q}}}+\frac{M_\delta u^2}{I_y-M_{\dot{q}}}k_1\right)s-\left(-\frac{z_G W-z_B B}{I_y-M_{\dot{q}}}+\frac{M_\delta u^2}{I_y-M_{\dot{q}}}k_0\right) \tag{3.99}$$

期望特征方程为

$$f^*(s)=(s-\lambda_{\theta 1}^*)(s-\lambda_{\theta 2}^*)=s^2-(\lambda_{\theta 1}^*+\lambda_{\theta 2}^*)s+\lambda_{\theta 1}^*\lambda_{\theta 2}^* \tag{3.100}$$

式（3.99）与式（3.100）对比：

$$\begin{aligned}&s^2-\left(\frac{M_q u}{I_y-M_{\dot{q}}}+\frac{M_\delta u^2}{I_y-M_{\dot{q}}}k_1\right)s-\left(-\frac{z_G W-z_B B}{I_y-M_{\dot{q}}}+\frac{M_\delta u^2}{I_y-M_{\dot{q}}}k_0\right) \\ &=s^2-(\lambda_{\theta 1}^*+\lambda_{\theta 2}^*)s+\lambda_{\theta 1}^*\lambda_{\theta 2}^*\end{aligned} \tag{3.101}$$

得反馈控制参数：

$$\begin{cases}k_0=-\dfrac{I_y-M_{\dot{q}}}{M_\delta u^2}\lambda_{\theta 1}^*\lambda_{\theta 2}^*+\dfrac{z_G W-z_B B}{M_\delta u^2} \\ k_1=\dfrac{I_y-M_{\dot{q}}}{M_\delta u^2}(\lambda_{\theta 1}^*+\lambda_{\theta 2}^*)-\dfrac{M_q}{M_\delta u}\end{cases} \tag{3.102}$$

纵倾角模型状态反馈控制器为

$$\delta_s=k_0\theta+k_1 q \tag{3.103}$$

图3.15为将控制策略（3.103）嵌入UMV系统MATLAB数字仿真平台后，各状态反馈控制输出曲线，从图中可以看出各状态均具有较好的控制品质。

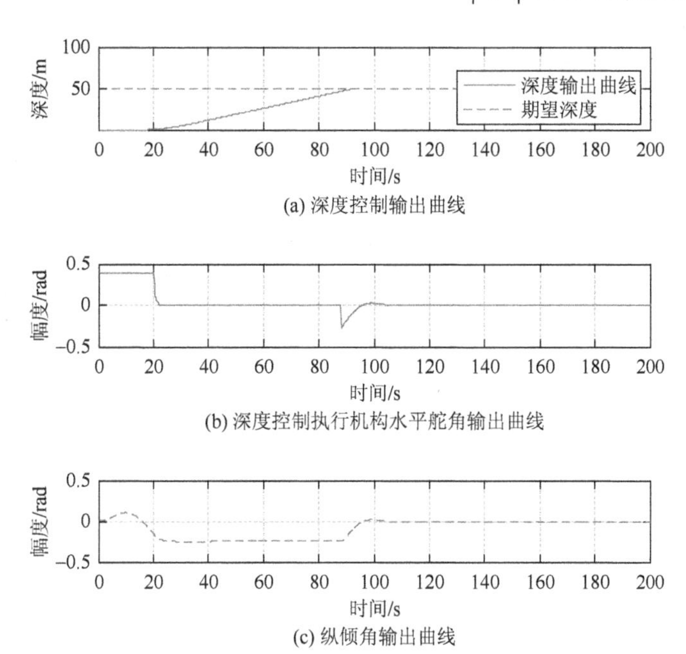

图 3.15　基于状态反馈的深度控制输出曲线

（3）UMV 航向控制模型为

$$\begin{bmatrix}\dot{r}\\ \dot{\psi}\end{bmatrix}=\begin{bmatrix}\dfrac{N_r u}{I_{zz}-N_{\dot{r}}} & 0\\ \dfrac{1}{I_{zz}-N_{\dot{r}}} & 0\end{bmatrix}\begin{bmatrix}r\\ \psi\end{bmatrix}+\begin{bmatrix}\dfrac{N_\delta u^2}{I_{zz}-N_{\dot{r}}}\\ 0\end{bmatrix}\delta_r(t) \tag{3.104}$$

航向控制模型状态反馈控制器设计类似于纵倾角控制模型状态反馈控制器的设计过程，模型能控性判别阵 $\boldsymbol{M}_\psi$ 为

$$\boldsymbol{M}_\psi=\begin{bmatrix}\dfrac{N_\delta u^2}{I_{zz}-N_{\dot{r}}} & \dfrac{N_r N_\delta u^3}{(I_{zz}-N_{\dot{r}})^2}\\ 0 & \dfrac{N_\delta u^2}{(I_{zz}-N_{\dot{r}})^2}\end{bmatrix} \tag{3.105}$$

在纵向速度 $u\neq 0$ 时，能控判别阵满秩。故可以实现极点任意配置，设所配置极点为 $\lambda_{\psi 1}^*$、$\lambda_{\psi 2}^*$，则状态反馈控制参数为

$$\begin{cases}k_0=\dfrac{I_{zz}-N_{\dot{r}}}{N_\delta u^2}(\lambda_{\psi 1}^*+\lambda_{\psi 2}^*)-\dfrac{N_r}{N_\delta u}\\ k_1=\dfrac{I_{zz}-N_{\dot{r}}}{N_\delta u^2}(\lambda_{\psi 1}^*\lambda_{\psi 2}^*)\end{cases} \tag{3.106}$$

故航向模型状态反馈控制策略为

$$\delta_r = k_0 r + k_1 \psi \tag{3.107}$$

图 3.16 为将状态反馈控制策略（3.107）嵌入 UMV 系统 MATLAB 仿真平台的输出曲线，系统航向控制具有较好的动态品质，无超调，无静态误差。

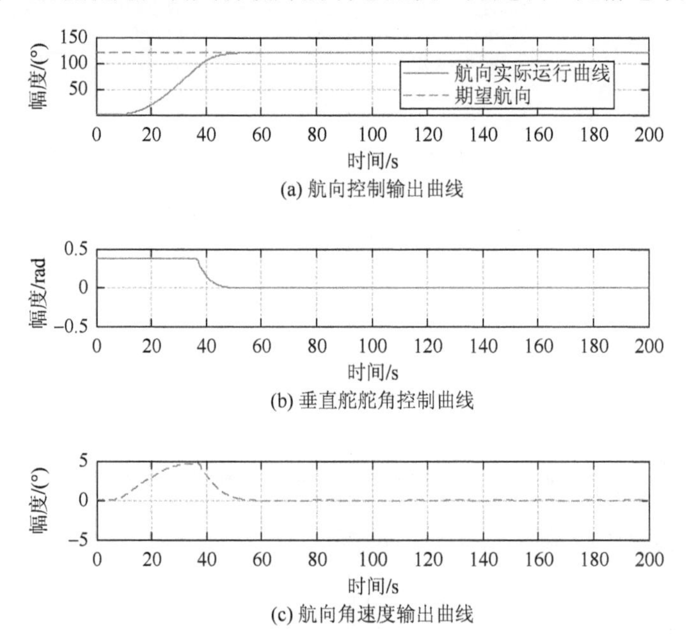

图 3.16　基于状态反馈的航向控制输出曲线

从以上三模型状态反馈控制策略可以发现所有控制参数均与纵向速度 u 或 u^2 或 u^3 成反比，若纵向速度很小则控制参数会较大，故为了避免控制参数过大导致系统控制执行机构出现饱和现象，在实际应用中应预设纵向速度最小阈值。

由于所设置的极点决定于系统状态变量的收敛速度，所以极点越小，系统各状态收敛越快，多次外场试验证明，海洋机器人系统在应用状态反馈控制的部分，极点不宜设置过小，否则会导致系统运动出现振荡甚至不稳定。

关于这些模型的非线性部分，可通过状态反馈与其他控制算法结合进行控制[27-31]，本节只讨论所列出模型部分的可控性。

3.3　滑模控制策略简介

滑模控制技术是变结构控制技术中应用最为成熟的一种控制策略，其已在许多工程控制系统中得到广泛应用，并形成了较为成熟的非线性控制理论体系。滑模控制技术对系统模型参数误差、参数变化以及环境干扰等具有较强的鲁棒性。然而，滑模控制方法不能处理非匹配不确定性和参数不确定性以及在滑模面的抖振现象，是束缚该控制理论发展的主要原因。目前该控制技术已经在电力、机器人、工业等多个领域得到广泛应用，并展现了其优良的控制品质。

本节首先对滑模控制基本概念进行介绍，让读者了解滑模控制技术所涉及的基本理论知识，然后介绍线性非确定滑模控制技术从而让读者了解其控制策略设计步骤；此外，对滑模控制技术的控制问题、滑模面的抖动现象进行介绍。

3.3.1 滑模控制设计

本节总结了参考文献[32]～[37]中有关滑模控制策略的基本概念——滑模面、滑模函数、滑模运动等基础内容，并对线性单输入系统、线性多输入系统、非线性系统滑模控制策略的设计过程进行分析，以此为基础对 UMV 滑模控制策略的设计步骤进行介绍。

滑模控制又称开关控制，顾名思义其控制器是从某一控制面为界限进行控制，通过在界面上的控制律实现对系统的控制。该控制策略的控制结构是可变的，其根据设定的某一控制条件（切换簇或切换函数）而变化，从而控制各状态按照预设的滑动模态的状态轨迹运动。滑动模态与被控对象参数以及扰动无关，从而使得滑模控制具有快速响应被控对象的能力，对系统控制参数变化、外界干扰等具有极强的鲁棒性。

为了讨论滑模控制策略设计步骤，设一般线性系统为

$$\begin{cases}\dot{\boldsymbol{x}} = \boldsymbol{A}\boldsymbol{x}(t)+\boldsymbol{B}\boldsymbol{u}(t)\\ \boldsymbol{y}=\boldsymbol{C}\boldsymbol{x}(t)\end{cases} \tag{3.108}$$

式中，$\boldsymbol{A}\in\mathbf{R}^{n\times n}$；$\boldsymbol{B}\in\mathbf{R}^{n\times r}$；$\boldsymbol{C}\in\mathbf{R}^{m\times n}$；$\boldsymbol{u}\in\mathbf{R}^{1\times r}$；$\boldsymbol{x}\in\mathbf{R}^{n\times 1}$；$\boldsymbol{y}\in\mathbf{R}^{m\times 1}$；$t$ 为时间常数。$S(\boldsymbol{x})$ 为滑模函数（切换函数）：

$$S(\boldsymbol{x})=\boldsymbol{\eta}\boldsymbol{x}=[\eta_1,\eta_2,\cdots,\eta_n]\boldsymbol{x} \tag{3.109}$$

式中，$\boldsymbol{\eta}\in\mathbf{R}^{r\times n}$，$\eta_i(i=1,2,\cdots,n)$ 为列向量；r、m、n 分别为输入量、输出量和状态变量的个数。

若 $S(\boldsymbol{x})=0$ 则式（3.110）称为滑模面（切换面）：

$$S(\boldsymbol{x})=[\eta_1,\eta_2,\cdots,\eta_n]\boldsymbol{x}=0 \tag{3.110}$$

加入滑模面约束条件后，得到滑模运动方程：

$$\begin{cases}\dot{\boldsymbol{x}} = \boldsymbol{A}\boldsymbol{x}(t)+\boldsymbol{B}\boldsymbol{u}(t)\\ S(\boldsymbol{x})=[\eta_1,\eta_2,\cdots,\eta_n]\boldsymbol{x}=0\end{cases} \tag{3.111}$$

系统阶次降低了 r 阶，故滑模控制是一种降阶控制策略。

设计切换控制律具有将各状态运动趋势趋向滑模面的能力，即通过控制策略各状态穿越并逐渐逼近滑模面。对切换函数求导，并获取切换控制律 $\boldsymbol{u}^{*}(t)$：

$$\dot{S}(\boldsymbol{x})=\boldsymbol{\eta}\dot{\boldsymbol{x}}=\boldsymbol{\eta}[\boldsymbol{A}\boldsymbol{x}(t)+\boldsymbol{B}\boldsymbol{u}^{*}(t)] \tag{3.112a}$$

由于滑模面系数 $\boldsymbol{\eta}$ 是保证各状态在滑模面上渐近收敛的前提条件，故对滑模系数取值时应注意策略，一般设计策略为

$$\begin{gathered}\eta_n=1\\ s^n+\eta_{n-1}s^{n-1}+\cdots+\eta_2 s+\eta_1=0(\text{满足Hurwitz判据})\end{gathered} \tag{3.112b}$$

根据 Lyapunov 稳定判据构建能量函数为

$$V(\boldsymbol{x})=\frac{1}{2}S^{\mathrm{T}}(\boldsymbol{x})S(\boldsymbol{x}) \tag{3.113}$$

函数（3.113）具有如下特点：

$$\dot{V}(\boldsymbol{x})=S^{\mathrm{T}}(\boldsymbol{x})\dot{S}(\boldsymbol{x})<0 \tag{3.114}$$

故可对切换函数设置一定约束条件，以求得滑模控制律。求滑模控制律有多种方法，如等速趋近率法、指数趋近率法等，其中等速趋近率法的设置为

$$\dot{S}(\boldsymbol{x})=-\kappa\operatorname{sgn}[S(\boldsymbol{x})] \tag{3.115}$$

式中，$\kappa>0$ 为各状态在滑模面上的最大振幅，κ 越大各状态穿越滑模面产生的振荡幅度越大。切换面以外的点以等速衰减的形式趋近于滑模面，当各状态点到达切换面后以滑模面上各状态的速度衰减，但若在滑模面上出现穿越则会出现最大振幅与 κ 成正比的振荡。

若采用指数趋近率法，滑模函数的约束条件为

$$\dot{S}(\boldsymbol{x})=-\kappa S(\boldsymbol{x}),\quad \kappa>0 \tag{3.116}$$

能量函数以指数衰减，各状态变量以指数衰减的形式逼近滑模面。

将式（3.112）与式（3.114）联合，有

$$\begin{aligned}\dot{S}(\boldsymbol{x})&=\boldsymbol{\eta}[\boldsymbol{A}\boldsymbol{x}(t)+\boldsymbol{B}\boldsymbol{u}^{*}(t)]\\ &=\boldsymbol{\eta}\boldsymbol{A}\boldsymbol{x}(t)+\boldsymbol{\eta}\boldsymbol{B}\boldsymbol{u}^{*}(t)=-\kappa\operatorname{sgn}[S(\boldsymbol{x})]\end{aligned} \tag{3.117}$$

若合理设计切换函数系数 $\boldsymbol{\eta}$，可保证 $\boldsymbol{\eta}\boldsymbol{B}$ 为不含零元素的列向量的控制律为

$$\boldsymbol{u}^{*}(t)=-(\boldsymbol{\eta}\boldsymbol{B})^{-1}\{\boldsymbol{\eta}\boldsymbol{A}\boldsymbol{x}(t)+\kappa\operatorname{sgn}[S(\boldsymbol{x})]\} \tag{3.118}$$

式中，$(\boldsymbol{\eta}\boldsymbol{B})^{-1}$ 应为可逆矩阵。

将式（3.112）与式（3.118）联合，有

$$\begin{aligned}\dot{S}(\boldsymbol{x}) &= \boldsymbol{A}+\boldsymbol{B}\boldsymbol{u}^*(t) \\ &= \boldsymbol{\eta}\boldsymbol{A}\boldsymbol{x}(t)+\boldsymbol{\eta}\boldsymbol{B}\boldsymbol{u}^*(t) = -\kappa\boldsymbol{\eta}\boldsymbol{x}(t)\end{aligned} \tag{3.119}$$

从而有滑模控制律为

$$\boldsymbol{u}^*(t) = -(\boldsymbol{\eta}\boldsymbol{B})^{-1}[\boldsymbol{\eta}\boldsymbol{A}\boldsymbol{x}(t)+\kappa\boldsymbol{\eta}\boldsymbol{x}(t)] \tag{3.120}$$

滑模控制策略设计过程需要满足如下条件。

（1）滑模面的设计。各状态在滑模面的运动应为趋运动（趋近模态），滑模函数应具有收敛性，根据 Lyapunov 稳定定理可知，滑模函数应满足如下条件：

$$\begin{cases}\lim\limits_{S\to0^+}\dot{S}(\boldsymbol{x})<0 \\ \lim\limits_{S\to0^-}\dot{S}(\boldsymbol{x})>0\end{cases} \Rightarrow \mathrm{sgn}[\dot{S}(\boldsymbol{x})] = -\kappa\mathrm{sgn}[S(\boldsymbol{x})] \tag{3.121}$$

（2）控制律设计。寻找控制律 u 使得各状态在有限时间内平稳达到滑模面，如何根据稳定理论设计控制律是关键。

滑模控制方框图如图 3.17 所示。

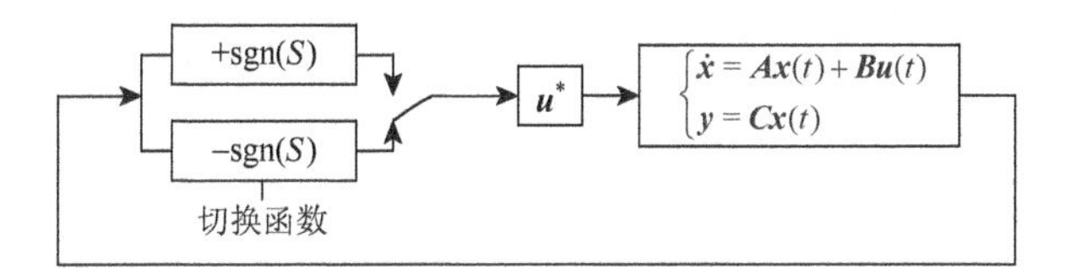

图 3.17　滑模控制方框图

由图 3.17 可知，滑模控制律根据滑模函数值进行切换。

下面通过一个简单的例子对滑模控制律的设计过程进行分析。设所研究系统状态空间表达式为

$$\begin{bmatrix}\dot{x}_1 \\ \dot{x}_2\end{bmatrix} = \begin{bmatrix}0 & 1 \\ 3 & 2\end{bmatrix}\begin{bmatrix}x_1 \\ x_2\end{bmatrix} + \begin{bmatrix}0 \\ 4\end{bmatrix}u \tag{3.122a}$$

$$y = [1 \quad 1]\begin{bmatrix}x_1 \\ x_2\end{bmatrix} \tag{3.122b}$$

设置切换函数：

$$S(\boldsymbol{x}) = 3x_1 + x_2 \tag{3.123}$$

故滑模面为

$$S(\boldsymbol{x}) = 3x_1 + x_2 = 0 \tag{3.124}$$

两状态变量在滑模面上满足如下条件：

$$x_2 = -3x_1 \Leftrightarrow \dot{x}_1 = -3x_1 \Rightarrow x_1(t) = \mathrm{e}^{-3t}x_1(t_0) \tag{3.125}$$

式中，$x_1(t_0)$ 为状态 x_1 的初始条件。从式（3.125）可知状态在滑模面上的滑动运动以指数稳定，沿滑模面趋于稳定。

对切换函数进行求导得

$$\dot{S}(\boldsymbol{x}) = 3\dot{x}_1 + \dot{x}_2 \tag{3.126}$$

将状态方程（3.122）各状态代入式（3.124）有

$$\begin{aligned}\dot{S}(\boldsymbol{x}) &= 3\dot{x}_1 + \dot{x}_2 \\ &= 3x_2 + 3x_1 + 2x_2 + 4u = 3x_1 + 5x_2 + 4u\end{aligned} \tag{3.127a}$$

根据式（3.115）有

$$\dot{S}(\boldsymbol{x}) = 3x_1 + 5x_2 + 4u = -2\mathrm{sgn}[S(\boldsymbol{x})] \tag{3.127b}$$

推出滑模控制律为

$$u^* = -\frac{3}{4}x_1 - \frac{5}{4}x_2 - \frac{1}{2}\mathrm{sgn}[S(\boldsymbol{x})] \tag{3.128}$$

从式（3.128）可知，若 $S(\boldsymbol{x})$ 控制过程中符号发生变化则会导致滑模控制律发生瞬间变化，即滑模控制过程中会出现抖振现象，为了减小抖振幅度，将 κ 设置为较小值，或采用一定约束，削弱抖振现象。

从状态空间方程（3.122a）的系统矩阵特征根具有正实部可知系统不稳定，图 3.18 为未加入滑模控制律系统（3.122）且初始状态为[0.5, 0.5]时的响应曲线，仿真曲线表明系统不稳定。图 3.19 为加入滑模控制律系统（3.122）且初始状态为[0.5, 0.5]时的响应曲线，仿真曲线表明滑模控制策略可保证系统稳定。

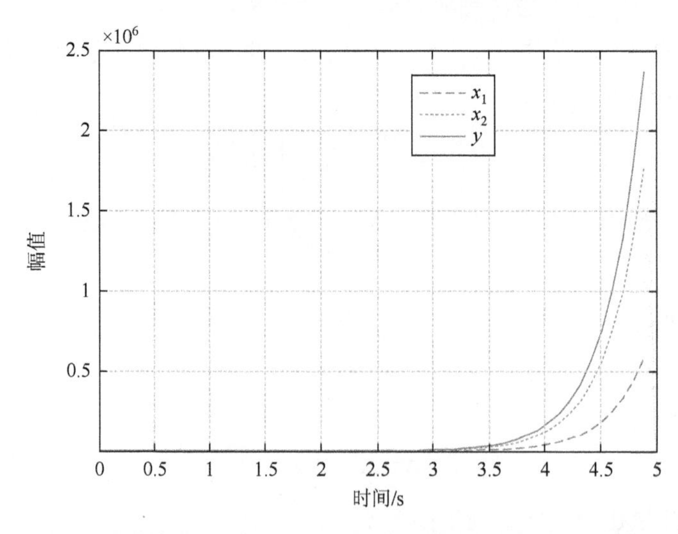

图 3.18　未加入滑模控制律系统（3.122）且初始状态为[0.5, 0.5]时的响应曲线

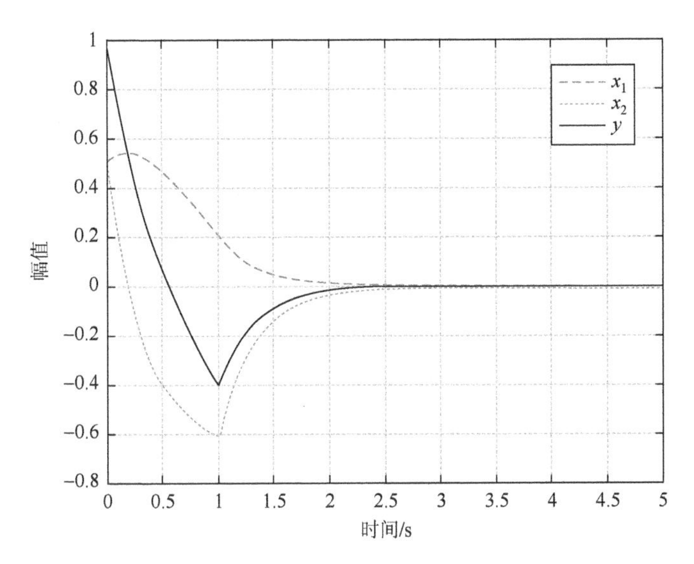

图 3.19　加入滑模控制律系统（3.122）且初始状态为[0.5, 0.5]时的响应曲线

图 3.20 为滑模控制器输出，出现了抖振现象。滑模控制器的抖动是该控制策略设计不可避免的难题，许多专家通过对滑模函数或控制器加入一定的约束条件削弱此现象[38-40]。

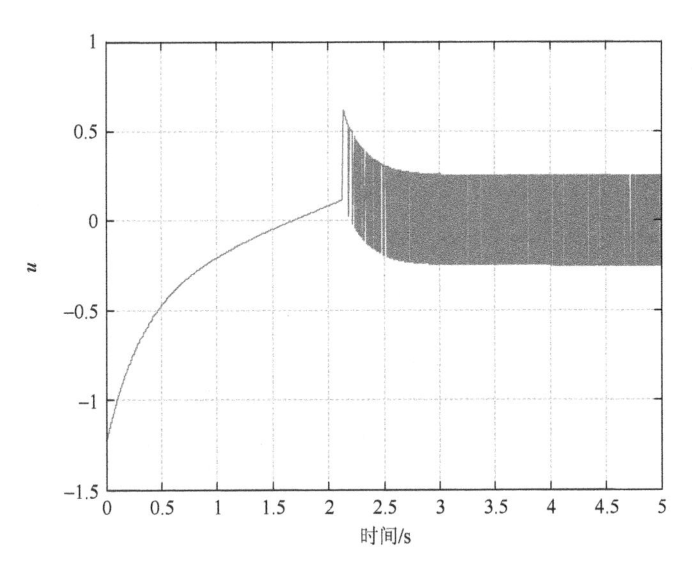

图 3.20　滑模控制器输出

对于多输入系统，输入量的维数与所构建的滑模函数的个数一致，下面以多输入系统为例，分析滑模控制策略的设计步骤。设系统为

$$\begin{bmatrix} x_1 \\ x_2 \\ x_3 \end{bmatrix} = \begin{bmatrix} 0 & 1 & 0 \\ 0 & 0 & 1 \\ 1 & 2 & 3 \end{bmatrix} \begin{bmatrix} x_1 \\ x_2 \\ x_3 \end{bmatrix} + \begin{bmatrix} 0 & 1 \\ 1 & 0 \\ 1 & 1 \end{bmatrix} \begin{bmatrix} u_1 \\ u_2 \end{bmatrix} \tag{3.129}$$

设计滑模函数为

$$\begin{cases} S_1(\boldsymbol{x}) = 2x_1 + 3x_2 + x_3 \\ S_2(\boldsymbol{x}) = x_1 + 2x_2 + x_3 \end{cases} \tag{3.130}$$

即

$$S(\boldsymbol{x}) = \begin{bmatrix} 2 & 3 & 1 \\ 1 & 2 & 1 \end{bmatrix} \begin{bmatrix} x_1 \\ x_2 \\ x_3 \end{bmatrix} \tag{3.131}$$

则滑模空间为

$$\begin{cases} S_1(\boldsymbol{x}) = 2x_1 + 3x_2 + x_3 = 0 \\ S_2(\boldsymbol{x}) = x_1 + 2x_2 + x_3 = 0 \end{cases} \tag{3.132}$$

据式（3.132）可以计算状态 x_1 在两滑模面上均以指数衰减，衰减速度为

$$2x_1 + 3x_2 + x_3 = x_1 + 2x_2 + x_3 \Rightarrow x_1 + x_2 = 0 \xRightarrow{\text{根据式(3.129)}} \dot{x}_1 = -x_1 \Rightarrow x_1 = \mathrm{e}^{-t} x_1(t_0) \tag{3.133}$$

故各状态以 e^{-t} 指数衰减。

下面对滑模面求导，计算控制律：

$$\dot{S}(\boldsymbol{x}) = \begin{bmatrix} 2 & 3 & 1 \\ 1 & 2 & 1 \end{bmatrix} \begin{bmatrix} \dot{x}_1 \\ \dot{x}_2 \\ \dot{x}_3 \end{bmatrix} = -0.1 \begin{bmatrix} \mathrm{sgn}(S_1(\boldsymbol{x})) \\ \mathrm{sgn}(S_2(\boldsymbol{x})) \end{bmatrix} \tag{3.134}$$

根据式（3.129），有

$$\begin{aligned} \dot{S}(\boldsymbol{x}) &= \begin{bmatrix} 2 & 3 & 1 \\ 1 & 2 & 1 \end{bmatrix} \left(\begin{bmatrix} 0 & 1 & 0 \\ 0 & 0 & 1 \\ 1 & 2 & 3 \end{bmatrix} \begin{bmatrix} x_1 \\ x_2 \\ x_3 \end{bmatrix} + \begin{bmatrix} 0 & 1 \\ 1 & 0 \\ 1 & 1 \end{bmatrix} \begin{bmatrix} u_1 \\ u_2 \end{bmatrix} \right) \\ &= \begin{bmatrix} 1 & 4 & 6 \\ 1 & 3 & 5 \end{bmatrix} \begin{bmatrix} x_1 \\ x_2 \\ x_3 \end{bmatrix} + \begin{bmatrix} 4 & 3 \\ 3 & 2 \end{bmatrix} \begin{bmatrix} u_1 \\ u_2 \end{bmatrix} = -0.1 \begin{bmatrix} \mathrm{sgn}(S_1(\boldsymbol{x})) \\ \mathrm{sgn}(S_2(\boldsymbol{x})) \end{bmatrix} \end{aligned} \tag{3.135}$$

$\boldsymbol{\eta B} = \begin{bmatrix} 4 & 3 \\ 5 & 4 \end{bmatrix}$ 可逆，可解得两控制律为

$$\begin{bmatrix} u_1 \\ u_2 \end{bmatrix} = -\begin{bmatrix} 2 & -3 \\ -3 & 4 \end{bmatrix} \begin{bmatrix} 1 & 4 & 6 \\ 3 & 7 & 11 \end{bmatrix} \begin{bmatrix} x_1 \\ x_2 \\ x_3 \end{bmatrix} - 0.1 \begin{bmatrix} 2 & -3 \\ -3 & 4 \end{bmatrix} \begin{bmatrix} \mathrm{sgn}(S_1(\boldsymbol{x})) \\ \mathrm{sgn}(S_2(\boldsymbol{x})) \end{bmatrix} \tag{3.136}$$

滑模控制律为

$$\begin{bmatrix} u_1^* \\ u_2^* \end{bmatrix} = -\begin{bmatrix} -7 & -13 & -21 \\ 9 & 16 & 26 \end{bmatrix}\begin{bmatrix} x_1 \\ x_2 \\ x_3 \end{bmatrix} - \begin{bmatrix} 0.2\mathrm{sgn}(S_1(\boldsymbol{x})) - 0.3\mathrm{sgn}(S_2(\boldsymbol{x})) \\ -0.3\mathrm{sgn}(S_1(\boldsymbol{x})) + 0.4\mathrm{sgn}(S_2(\boldsymbol{x})) \end{bmatrix} \tag{3.137}$$

多输入滑模控制律设计方法有多种，根据具体系统设置具体控制策略。模型参数不确定线性系统与非线性系统将在后面章节中介绍，此处不再赘述。

根据以上例子可将滑模控制策略设计步骤归纳为以下两步。

（1）构建切换函数 $S(\boldsymbol{x})$，切换函数各系数根据 Hurwitz 判据要求设置，以保证各状态在滑模面上的运动稳定，且所设置的切换函数系数 $\boldsymbol{\eta}$ 尽量满足 $\boldsymbol{\eta B}$ 可逆，以方便求取滑模控制律。

（2）根据式（3.115）或式（3.116）求取控制律 u^*，通过仿真验证各状态控制的鲁棒性。

综上所述，滑模控制策略构建的关键是滑模函数与控制律的设计，其决定滑模控制品质。

3.3.2 线性不确定系统滑模控制策略

实际系统的控制模型难以用精确表达式进行描述，且系统自身原因或者外界原因会导致系统模型参数发生变化。针对系统模型参数变化问题，所设计控制策略应能保证系统在模型参数变化范围内稳定。而滑模控制策略对系统运动模型参数变化具有不敏感性，故在非线性控制中得到广泛应用，但该控制策略具有一定的约束条件，即所有摄动函数必须满足一定的匹配条件。

本节主要研究系统模型参数摄动范围已知的线性系统。假设线性不确定系统状态方程为[36]

$$\dot{\boldsymbol{x}} = (\boldsymbol{A} + \Delta\boldsymbol{A})\boldsymbol{x}(t) + \boldsymbol{Bu}(t) + \omega(t) \tag{3.138}$$

式中，系统模型参数 $\Delta\boldsymbol{A} \in \mathbf{R}^{n\times n}$ 为系统矩阵摄动函数；$\boldsymbol{B} \in \mathbf{R}^{n\times r}$，为输入矩阵摄动函数；$\omega(t) \in \mathbf{R}^{r\times 1}$ 为摄动函数；其他模型参数同式（3.108）。系统（3.138）满足如下假设条件[34, 36]。

假设条件 3.1 系统模型参数摄动函数 $\Delta\boldsymbol{A}$、$\omega(t)$ 是连续函数。

假设条件 3.2 系统模型参数摄动函数是连续可描述的，且具有可匹配性，即满足：

$$\begin{cases} \Delta\boldsymbol{A} = \boldsymbol{\beta E}_a(t) \\ \omega(t) = \boldsymbol{\beta E}_\omega(t) \end{cases} \tag{3.139}$$

式中，$\boldsymbol{\beta} \in \mathbf{R}^{n\times r}$；$\boldsymbol{E}_a(t) \in \mathbf{R}^{r\times n}$；$\boldsymbol{E}_\omega(t) \in \mathbf{R}^{r\times 1}$。

假设条件 3.3 摄动范围是有界的，即

$$\begin{cases} \|\Delta \boldsymbol{A}\| \leqslant \mu_a \\ \|\omega(t)\| \leqslant \mu_\omega \end{cases} \tag{3.140}$$

根据假设条件 3.1，可将系统状态方程（3.138）转化为

$$\begin{aligned} & \dot{\boldsymbol{x}} = \boldsymbol{A}\boldsymbol{x}(t) + \boldsymbol{B}\boldsymbol{u}(t) + \Delta\boldsymbol{A}\boldsymbol{x}(t) + \Delta\boldsymbol{B}\boldsymbol{u}(t) + \omega(t) \\ \xrightarrow{\text{假设条件3.2}} & \dot{\boldsymbol{x}} = \boldsymbol{A}\boldsymbol{x}(t) + \boldsymbol{B}\boldsymbol{u}(t) + \boldsymbol{\beta}[\boldsymbol{E}_a(t)\boldsymbol{x}(t) + \boldsymbol{E}_\omega(t)] \end{aligned} \tag{3.141}$$

由表达式（3.141）可以发现，可匹配系统可将控制策略分为两部分进行设计，一部分为传统控制策略设计，用于控制线性系统部分；另一部分用于控制系统扰动部分或非线性部分，如式（3.142）：

$$\dot{\boldsymbol{x}} = \underbrace{\boldsymbol{A}\boldsymbol{x}(t) + \boldsymbol{B}\boldsymbol{u}(t)}_{\text{线性系统}} + \underbrace{\boldsymbol{\beta}[\boldsymbol{E}_a(t)\boldsymbol{x}(t)+\boldsymbol{E}_\omega(t)]}_{\text{系统扰动部分或非线性部分}} \tag{3.142}$$

对于线性系统部分可采用 3.3.1 节线性系统控制策略设计步骤获取，由式（3.118）可知：

$$\boldsymbol{u}^*(t) = -(\boldsymbol{\eta}\boldsymbol{B})^{-1}\{\boldsymbol{\eta}\boldsymbol{A}\boldsymbol{x}(t) + \kappa\operatorname{sgn}[S(\boldsymbol{x})]\} \tag{3.143}$$

设线性不确定系统滑模控制器为

$$\boldsymbol{u} = \boldsymbol{u}^*(t) + \widehat{\boldsymbol{u}}(t) \tag{3.144}$$

根据式（3.117）有

$$\begin{aligned} \dot{S}(\boldsymbol{x}) &= \boldsymbol{\eta}\dot{\boldsymbol{x}} \\ &= \boldsymbol{\eta}[\underbrace{\boldsymbol{A}\boldsymbol{x}(t) + \boldsymbol{B}\boldsymbol{u}^*(t)}_{\text{线性系统}} + \boldsymbol{B}\widehat{\boldsymbol{u}}(t)] + \underbrace{\boldsymbol{\beta}[\boldsymbol{E}_a(t)\boldsymbol{x}(t)+\boldsymbol{E}_\omega(t)]}_{\text{系统扰动部分或非线性部分}} \\ &= -\kappa\operatorname{sgn}[S(\boldsymbol{x})] + \boldsymbol{\eta}\boldsymbol{B}\widehat{\boldsymbol{u}}(t) + \underbrace{\boldsymbol{\beta}[\boldsymbol{E}_a(t)\boldsymbol{x}(t)+\boldsymbol{E}_\omega(t)]}_{\text{系统扰动部分或非线性部分}} \end{aligned} \tag{3.145}$$

设非线性部分控制器为

$$\widehat{\boldsymbol{u}}(t) = -(\boldsymbol{\eta}\boldsymbol{B})^{-1}\|\boldsymbol{\beta}\|(\mu_a\|\boldsymbol{x}(t)\|+\mu_\omega)\operatorname{sgn}(S) \tag{3.146}$$

为了描述方便，令 $S = S(\boldsymbol{x})$。

由 Lyapunov 函数（3.114）得

$$\begin{aligned} \dot{V}(\boldsymbol{x}) &= S^{\mathrm{T}}(\boldsymbol{x})\dot{S}(\boldsymbol{x}) \\ &= -\operatorname{sgn}[S(\boldsymbol{x})]S^{\mathrm{T}}\kappa + S^{\mathrm{T}}\boldsymbol{\eta}\boldsymbol{B}\widehat{\boldsymbol{u}}(t) + S^{\mathrm{T}}\boldsymbol{\beta}\boldsymbol{E}_a(t)\boldsymbol{x}(t) + S^{\mathrm{T}}\boldsymbol{E}_\omega(t) \\ &= \operatorname{sgn}[S(\boldsymbol{x})]S^{\mathrm{T}}\kappa - \|\boldsymbol{\beta}\|(\mu_a\boldsymbol{x}(t) + \mu_\omega) + S^{\mathrm{T}}\boldsymbol{\beta}\boldsymbol{E}_a(t)\boldsymbol{x}(t) + S^{\mathrm{T}}\boldsymbol{E}_\omega(t) \end{aligned} \tag{3.147}$$

有

$$
\begin{aligned}
\dot{V}(\boldsymbol{x}) &= S^{\mathrm{T}}(\boldsymbol{x})\dot{S}(\boldsymbol{x}) \\
&= \operatorname{sgn}[S(\boldsymbol{x})]S^{\mathrm{T}}\kappa - S^{\mathrm{T}}[\|\boldsymbol{\beta}\|(\mu_a\boldsymbol{x}(t)+\mu_\omega)\operatorname{sgn}(S)] + S^{\mathrm{T}}\boldsymbol{\beta}E_a(t)\boldsymbol{x}(t) + S^{\mathrm{T}}E_\omega(t) \\
&= \operatorname{sgn}[S(\boldsymbol{x})]S^{\mathrm{T}}\kappa - \|S^{\mathrm{T}}\|[\|\boldsymbol{\beta}\|(\mu_a\boldsymbol{x}(t)+\mu_\omega)] + S^{\mathrm{T}}\boldsymbol{\beta}[E_a(t)\boldsymbol{x}(t) + S^{\mathrm{T}}E_\omega(t)] \\
&\leqslant -\|S^{\mathrm{T}}\|\kappa - \|S^{\mathrm{T}}\|\{\|\boldsymbol{\beta}\|[\mu_a\|\boldsymbol{x}(t)\|+\mu_\omega]\} + \|S^{\mathrm{T}}\|\|\boldsymbol{\beta}\|\|E_a(t)\boldsymbol{x}(t)\| + \|S^{\mathrm{T}}\|\|E_\omega(t)\| \\
&< -\|S^{\mathrm{T}}\|\kappa < 0
\end{aligned}
\tag{3.148}
$$

即 Lyapunov 函数满足 $\dot{V}(\boldsymbol{x})<0$，系统（3.138）在控制律（3.143）与控制律（3.146）作用下稳定，故不确定线性系统滑模控制器为

$$
\begin{aligned}
\boldsymbol{u} &= \boldsymbol{u}^*(t) + \hat{\boldsymbol{u}}(t) \\
&= -(\boldsymbol{\eta B})^{-1}\{\boldsymbol{\eta A x}(t) + \kappa\operatorname{sgn}[S(\boldsymbol{x})]\} - (\boldsymbol{\eta B})^{-1}\|\boldsymbol{\beta}\|[\mu_a\|\boldsymbol{x}(t)\| + \mu_\omega]\operatorname{sgn}(S)
\end{aligned}
\tag{3.149}
$$

以一个不确定线性系统为例对其滑模控制策略构建过程进行说明。设系统为

$$
\begin{bmatrix} \dot{x}_1 \\ \dot{x}_2 \\ \dot{x}_3 \end{bmatrix} = \begin{bmatrix} 0 & 1 & 0 \\ 0 & 0 & 1 \\ 2+0.5\cos t & 3+0.3\cos t & 4+0.2\cos t \end{bmatrix} \begin{bmatrix} x_1 \\ x_2 \\ x_3 \end{bmatrix} + \begin{bmatrix} 0 \\ 0 \\ 3 \end{bmatrix} u + 0.6\cos t \tag{3.150}
$$

设滑模面为 $S(\boldsymbol{x}) = 2x_1 + 3x_2 + x_3$，则有 $\boldsymbol{\eta} = [2 \quad 3 \quad 1]$；根据系统状态方程可知系统矩阵为 $\boldsymbol{A} = \begin{bmatrix} 0 & 1 & 0 \\ 0 & 0 & 1 \\ 2 & 3 & 4 \end{bmatrix}$ 友矩阵，其特征方程为 $\lambda^3 - 4\lambda^2 - 3\lambda - 2 = 0$，故其部分特征根具有正实部，系统不稳定；输入矩阵为 $\boldsymbol{B} = \begin{bmatrix} 0 \\ 0 \\ 3 \end{bmatrix}$；系统矩阵干扰矩阵为 $\Delta\boldsymbol{A} = \begin{bmatrix} 0 & 0 & 0 \\ 0 & 0 & 0 \\ 0.5\cos t & 0.3\cos t & 0.2\cos t \end{bmatrix}$；干扰矩阵为 $\boldsymbol{E}_\omega = 0.6\cos(t) \to \mu_\omega = 0.6$；其中 $\|\Delta\boldsymbol{A}\| = \left\|\begin{bmatrix} 0 & 0 & 0 \\ 0 & 0 & 0 \\ 0.5\cos t & 0.3\cos t & 0.2\cos t \end{bmatrix}\right\| < 0.5 \to \mu_a = 0.5$；$\|\boldsymbol{E}_\omega\| = \|0.6\cos t\| \leqslant 0.6$；$\boldsymbol{\eta B} = 3$；$\kappa = 0.02T_s$。将以上系数代入式（3.149）即可获取系统滑模控制器：

$$
u = -0.667x(1) - 1.667x(2) - 2.333x(3) - [0.177\|\boldsymbol{x}(t)\| + 0.22]\operatorname{sgn}(S) \tag{3.151}
$$

系统（3.150）各状态初始值为 $[0.5, 0.5, 0.5]$ 时，加入滑模控制器后系统自由运动状态如图 3.21 所示，故对于系统模型参数的不确定性，滑模控制策略具有较强的抗干扰能力与鲁棒性。

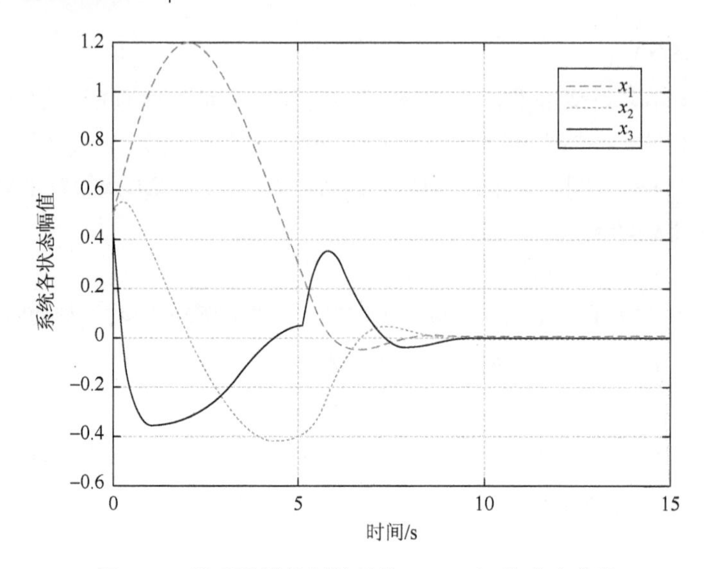

图 3.21　基于滑模控制的系统（3.150）的响应曲线

图 3.22 为系统（3.150）滑模控制器输出曲线，可以看出在各状态稳定趋近于零后，控制器输出仍处于抖振状态，其幅值与 sgn(S) 系数有关。

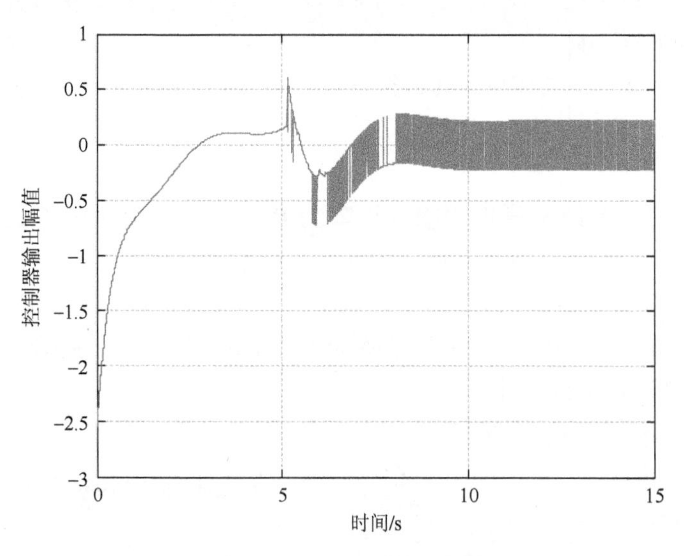

图 3.22　系统（3.150）滑模控制器输出曲线

滑模控制策略用于线性不确定系统的条件如下。

（1）不确定部分满足匹配条件，如式（3.139）；

（2）不确定部分具有一定的阈值范围，如式（3.140）；

（3）系统状态方程各状态可控制、可测量。

3.3.3 非线性系统滑模控制策略

滑模控制主要是针对连续非线性系统设计的，故其在非线性系统中得到广泛应用，本节将以非线性系统为研究对象，分析基于比例切换的滑模控制策略设计过程[32, 34]。

一般单输入非线性系统表达式为

$$\frac{\mathrm{d}}{\mathrm{d}t}\boldsymbol{x}=f(\boldsymbol{x})+g(\boldsymbol{x})u \tag{3.152}$$

式中，$\boldsymbol{x}\in\mathbf{R}^{n\times1}$；$u\in\mathbf{R}^{1\times1}$；拓展后系统模型为

$$\begin{cases}\dfrac{\mathrm{d}}{\mathrm{d}t}x_1=f_1(x_1,x_2,\cdots,x_n)+g_1(x_1,x_2,\cdots,x_n)u\\ \dfrac{\mathrm{d}}{\mathrm{d}t}x_2=f_2(x_1,x_2,\cdots,x_n)+g_2(x_1,x_2,\cdots,x_n)u\\ \qquad\vdots\\ \dfrac{\mathrm{d}}{\mathrm{d}t}x_n=f_n(x_1,x_2,\cdots,x_n)+g_n(x_1,x_2,\cdots,x_n)u\end{cases} \tag{3.153}$$

将式（3.153）整理为状态方程一般表达形式：

$$\dot{\boldsymbol{x}}=\boldsymbol{A}(\boldsymbol{x})\boldsymbol{x}+\boldsymbol{B}(\boldsymbol{x})u \tag{3.154}$$

系统矩阵 $\boldsymbol{A}=\begin{bmatrix}f_1^*(x_1,x_2,\cdots,x_n)\\ f_2^*(x_1,x_2,\cdots,x_n)\\ \vdots\\ f_n^*(x_1,x_2,\cdots,x_n)\end{bmatrix}$，其中 $f_i^*(x_1,x_2,\cdots,x_n),i=1,2,\cdots,n$ 为提取状态变量 x_i 后的函数，输入矩阵为 $\boldsymbol{B}=\begin{bmatrix}g_1(x_1,x_2,\cdots,x_n)\\ g_2(x_1,x_2,\cdots,x_n)\\ \vdots\\ g_n(x_1,x_2,\cdots,x_n)\end{bmatrix}$，系统矩阵与输入矩阵均含有状态变量，系统（3.154）是一种具有耦合性的非线性系统。

系统各状态跟踪误差为

$$\boldsymbol{e}=\boldsymbol{r}_{\mathrm{in}}-\boldsymbol{x}=[e_1\quad e_2\quad\cdots\quad e_n]^{\mathrm{T}} \tag{3.155}$$

式中，$e_i=x_i-r_{i\_\mathrm{in}}$，$r_{i\_\mathrm{in}}$ 为状态变量 x_i 的期望值。

设滑模函数为

$$S=\boldsymbol{ce}=\sum_{i=1}^{n}c_ie_i \tag{3.156}$$

式中，$\boldsymbol{c}=[c_1\quad c_2\quad\cdots\quad c_n]$。

若系统矩阵具有能控标准型 I 型（3.63），则滑模函数可进一步表述为

$$S = \boldsymbol{c}\boldsymbol{e} = \sum_{i=1}^{n} c_i \frac{\mathrm{d}e_i^{i-1}}{\mathrm{d}t^{i-1}} \tag{3.157}$$

从而可以通过式 $\Phi(s) = \sum_{i=1}^{n} c_i s^{i-1}$ 判断所设置的滑模面系数 c_i 能否满足 Hurwitz 判据，确定各参数设置的合理性，否则需要分析滑动模态方程确定所设置滑模面参数能否达到控制目的。

滑模面为

$$S = \sum_{i=1}^{n} c_i e_i = 0 \tag{3.158}$$

滑模运动方程为

$$\begin{cases} \dfrac{\mathrm{d}}{\mathrm{d}t}\boldsymbol{x} = f(\boldsymbol{x}) + g(\boldsymbol{x})u \\ \boldsymbol{S} = 0 \end{cases} \tag{3.159}$$

求滑模控制律：

$$\dot{S} = \sum_{i=1}^{n} c_i \dot{e}_i = \sum_{i=1}^{n} c_i (\dot{x}_i - \dot{r}_{i\_\mathrm{in}}) = \boldsymbol{c}(\dot{\boldsymbol{x}} - \dot{r}) = 0 \tag{3.160}$$

将式（3.153）代入式（3.160），有

$$\dot{S} = \boldsymbol{c}[f(\boldsymbol{x}) + g(\boldsymbol{x})u - \dot{r}] = 0 \tag{3.161}$$

得控制律为

$$\boldsymbol{c}g(\boldsymbol{x})u = \boldsymbol{c}\dot{r} - \boldsymbol{c}f(\boldsymbol{x}) \tag{3.162}$$

若 $\boldsymbol{c}g(\boldsymbol{x})$ 可逆，得滑模控制等效控制律为

$$u_{\mathrm{eq}} = [\boldsymbol{c}g(\boldsymbol{x})]^{-1}[\boldsymbol{c}\dot{r} - \boldsymbol{c}f(\boldsymbol{x})] \tag{3.163}$$

根据 Lyapunov 定理可知，为了保证系统稳定性，滑模控制律需满足：

$$\begin{cases} V = \dfrac{1}{2} S^{\mathrm{T}} S > 0 \\ \dot{V} = S^{\mathrm{T}} \dot{S} < 0 \end{cases} \tag{3.164}$$

可加入另一控制器达到系统稳定要求：

$$\dot{V} = S^{\mathrm{T}} \dot{S} = S^{\mathrm{T}} (\boldsymbol{c}\{[f(\boldsymbol{x}) + g(\boldsymbol{x})(u_{\mathrm{eq}} + u_{\mathrm{ss}})] - \dot{r}\}) < 0 \tag{3.165}$$

有

$$\begin{cases} S^{\mathrm{T}} \boldsymbol{c}g(\boldsymbol{x}) u_{\mathrm{ss}} < 0 \\ \qquad \Downarrow \\ u_{\mathrm{ss}} = -[\boldsymbol{c}g(\boldsymbol{x})]^{-1} \mathrm{sgn}(S) \end{cases} \tag{3.166}$$

故有非线性系统滑模控制律为

$$u = [\boldsymbol{c}g(\boldsymbol{x})]^{-1}[\boldsymbol{c}\dot{r} - \boldsymbol{c}f(\boldsymbol{x})] - [\boldsymbol{c}g(\boldsymbol{x})]^{-1} \mathrm{sgn}(\boldsymbol{S}) \tag{3.167}$$

下面分析滑模控制策略在非线性系统中的应用、系统滑模控制策略设计过程以及响应。设非线性系统状态方程为

$$\begin{cases} \dot{x}_1 = x_1 x_2^{\ 2} \\ \dot{x}_2 = x_1^{\ 2} + x_1 u \end{cases} \tag{3.168}$$

设状态 x_1、x_2 的期望值为 $r_1 = 1$，$r_2 = 0$，即 $e_1 = x_1 - 1$，$e_2 = x_2 - 0$。

令滑模函数为

$$S = ce_1 + e_2 \tag{3.169}$$

滑模面为

$$S = ce_1 + e_2 = c(x_1 - 1) - x_2 = 0 \tag{3.170}$$

则由 $\dot{S} = c\dot{x}_1 + \dot{x}_2 = 0$ 得出等效控制律为

$$\begin{aligned} \dot{S} &= c\dot{e}_1 + \dot{e}_2 = c\dot{x}_1 + \dot{x}_2 \\ &= cx_1 x_2^{\ 2} + x_1^{\ 2} + x_1 u = 0 \end{aligned} \tag{3.171}$$

设 $c = 3$ 则其滑模函数为

$$\begin{aligned} u_{\text{eq}} &= -cx_2^{\ 2} - x_1 \\ &= -3e_2^{\ 2} - e_1 + 1 \end{aligned} \tag{3.172}$$

设另一部分切换控制器为

$$u_{\text{ss}} = -(3x_1)^{-1} \kappa \operatorname{sgn}(S)，\ \kappa = 1.5；\ x_1 = 1 \tag{3.173}$$

非线性系统（3.168）在初始状态为[0.5, 0.5]时在滑模控制下的状态输出曲线为图 3.23，滑模控制器输出曲线为图 3.24。从图 3.23 可知，非线性系统在滑模控制下稳定，且两状态运行平稳、稳态误差均控制在 2%左右，控制品质较好。滑模控制器输出（图 3.24）具有较强的抖动，不容忽视[37]。

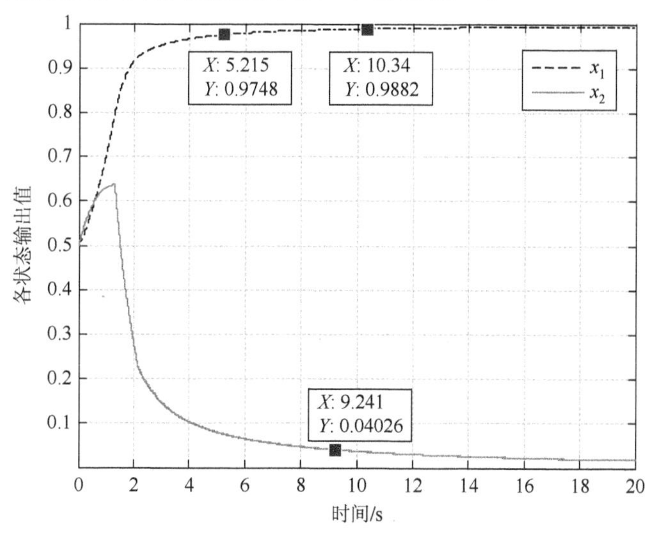

图 3.23　非线性系统滑模控制输出曲线

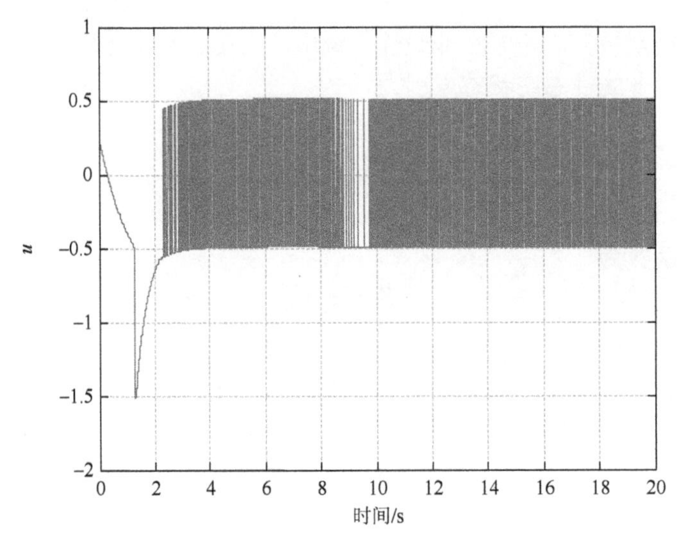

图 3.24　滑模控制器输出曲线

由于非线性系统的复杂性，其动力学方程分析困难，非线性系统控制理论仍处于研究阶段。滑模控制策略是适用于非线性系统的控制策略，非线性系统设置滑模面的条件如下。

（1）非线性系统具有一个平衡点为原点(0, 0)，对于多个平衡点的系统则只分析原点附近的平衡点。

（2）多将非线性系统分解为两部分进行滑模控制的设计，一部分用于等效控制器设计，另一部分则为切换控制器的设计。

（3）等效控制律（3.163）具有可解性。

3.3.4　滑模面抖动问题研究

滑模控制策略是针对非线性系统控制而设计的一种控制策略，且系统各状态的滑模运动与模型参数、外界干扰无关，使得此控制策略相对其他连续控制系统具有更好的控制品质与鲁棒性。理想状态下各状态运动趋近于滑模面，然而从式（3.143）可知，该控制策略是一种开关控制，其控制律的输出与切换函数符号有关，在实际运动中多种因素使得状态穿越于滑模面，控制率出现抖振现象（图 3.20、图 3.22、图 3.24），此抖振现象成为滑模控制在许多系统控制中的障碍[34]。

为了削弱滑模面上的抖振现象，人们提出了基于神经网络、模糊控制、状态反馈控制等的滑模控制方法[38]。文献[39]采用具有加权的神经网络滑模控制法对线性不确定系统进行控制，此方法通过有效控制不确定上界未知系统，降低抖振幅度。文献[40]采用具有模糊切换增益的滑模控制方法，通过模糊系统在线改变增益值来抑制系统的抖振现象。文献[41]采用状态反馈滑模控制（state feedback and sliding mode control，SFSMC）法，将滑模函数与其他状态方程联立构建状态反馈控制策略，使得滑模面上的各状态以指数形式衰减，从而在一定程度上消除了系统的抖振现象，详见第 5 章该控制策略在 AUV 运动控制中的应用。

滑模面的抖振会导致系统控制器输出的抖振，从而造成系统控制执行机构的抖振现象，此现象将会大大缩减系统控制执行机构的使用寿命。滑模控制器输出产生抖振现象的主要原因是：滑模控制是一种开关控制，必然由于时间、空间或系统惯性等因素导致各状态切换过程的不连贯，造成一些状态值直接切换到另一状态值下，形成抖振现象[32, 34]。如何消除滑模面的抖振现象是滑模控制策略设计的难题。

3.3.5 滑模控制策略在 UMV 系统运动中的应用

滑模控制策略较早应用于 UMV 系统的先进控制策略[42-45]，且在外场试验中得到证明[43, 44]。滑模控制已经得到 UMV 运动控制专家的充分认可[46-48]，这主要归功于滑模控制可解决 UMV 系统的非线性、强耦合性等难控制的问题[49-51]。本节将以 UMV 系统深度运动控制模型与航向运动控制模型为对象，分析传统滑模控制策略在 UMV 系统中的构建过程。

UMV 深度控制模型（3.84）与航向控制模型（3.104）的参数均含有纵向速度 u，该量为系统一个运动状态，故 UMV 控制模型参数具有不确定性，且为非线性系统，故可采用具有处理不确定非线性系统能力的滑模控制策略对 UMV 系统深度与航向进行控制。

UMV 航向滑模控制策略设计如下。

（1）航向控制模型为二阶系统，其模型可简化为

$$\begin{bmatrix} \dot{\psi} \\ \dot{r} \end{bmatrix} = \begin{bmatrix} 0 & 1 \\ 0 & \dfrac{N_r u}{I_{zz} - N_{\dot{r}}} \end{bmatrix} \begin{bmatrix} \psi \\ r \end{bmatrix} + \begin{bmatrix} 0 \\ \dfrac{N_\delta u^2}{I_{zz} - N_{\dot{r}}} \end{bmatrix} \delta_r(t) \tag{3.174}$$

（2）构建滑模函数：

$$S = c\psi + r, \quad c > 0 \tag{3.175}$$

（3）滑模面为

$$S = c\psi + r = 0 \tag{3.176}$$

滑模面上的运动为

$$S = c\psi + \dot{\psi} = 0 \Rightarrow \psi = \mathrm{e}^{-ct}\psi(t_0), \quad c > 0 \tag{3.177}$$

（4）求取等效控制律 $u_{\mathrm{eq}} = \delta_{r_{\mathrm{eq}}}(t)$：

$$\dot{S} = c\dot{\psi} + \dot{r} = 0 \tag{3.178}$$

将式（3.174）代入式（3.178）得

$$cr+\frac{N_r u}{I_{zz}-N_{\dot r}}r+\frac{N_\delta u^2}{I_{zz}-N_{\dot r}}\delta_{r_{eq}}(t)=0 \tag{3.179}$$

即有

$$\delta_{r_{eq}}(t)=-c\frac{I_{zz}-N_{\dot r}}{N_\delta u^2}r+\frac{N_r}{N_\delta u}r \tag{3.180}$$

根据切换控制器（3.166）有

$$\delta_{r_{ss}}(t)=-\frac{I_{zz}-N_{\dot r}}{cN_\delta u^2}\kappa\operatorname{sgn}(S),\quad \kappa>0 \tag{3.181}$$

为了避免纵向速度 u 过小导致控制器输出过大，在滑模控制策略应用过程中对 u 约束为

$$u=\begin{cases}1, & u\leqslant 1\\ u, & u>1\end{cases} \tag{3.182}$$

UMV 滑模控制策略为

$$\delta_{r_{eq}}(t)=-c\frac{I_{zz}-N_{\dot r}}{N_\delta u^2}r+\frac{N_r}{N_\delta u}r-\frac{I_{zz}-N_{\dot r}}{cN_\delta u^2}\kappa\operatorname{sgn}(S) \tag{3.183}$$

关于深度运动的滑模控制策略，本书采用的是 SFSMC，有关该控制策略的设计过程详见第 7 章。图 3.25～图 3.27 为滑模控制 AUV 系统湖泊试验输出曲线图。

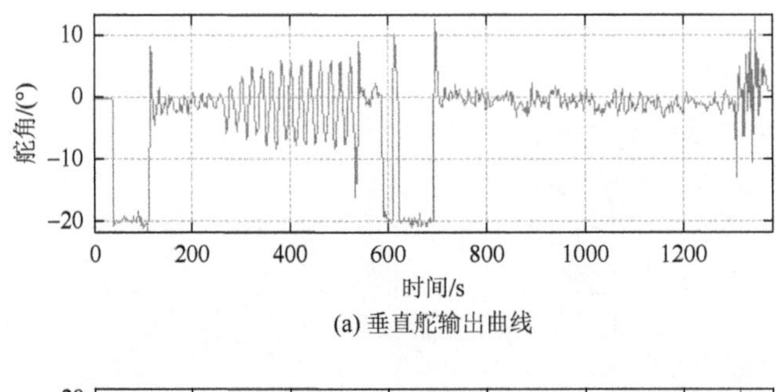

(a) 垂直舵输出曲线

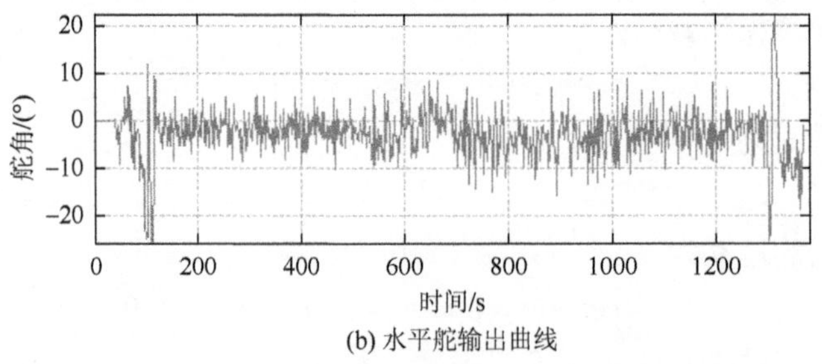

(b) 水平舵输出曲线

图 3.25　航向控制执行机构垂直舵高速下出现的抖振

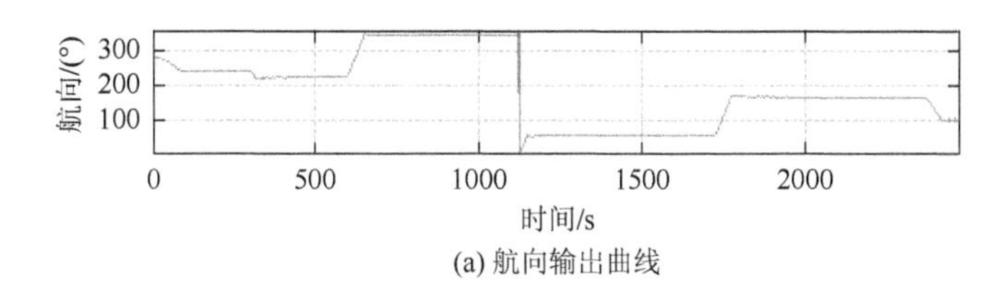

(a) 航向输出曲线

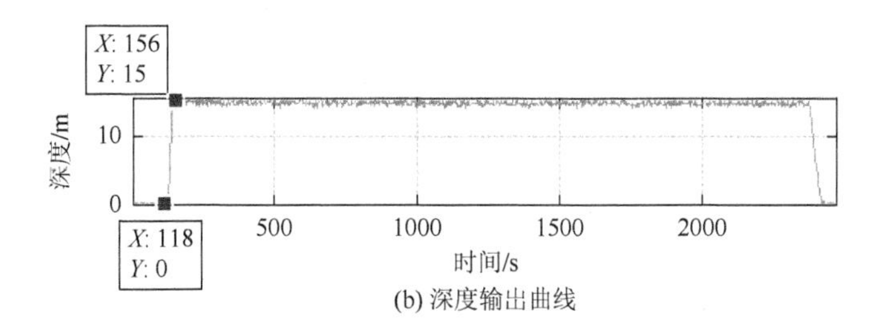

(b) 深度输出曲线

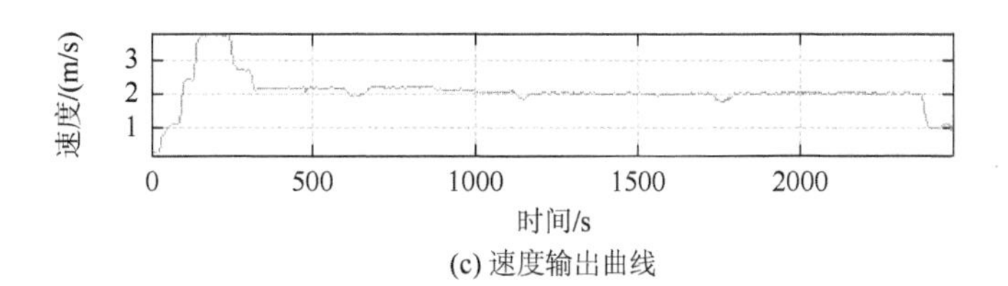

(c) 速度输出曲线

图 3.26 基于状态反馈的滑模控制 AUV 运动控制各状态输出曲线

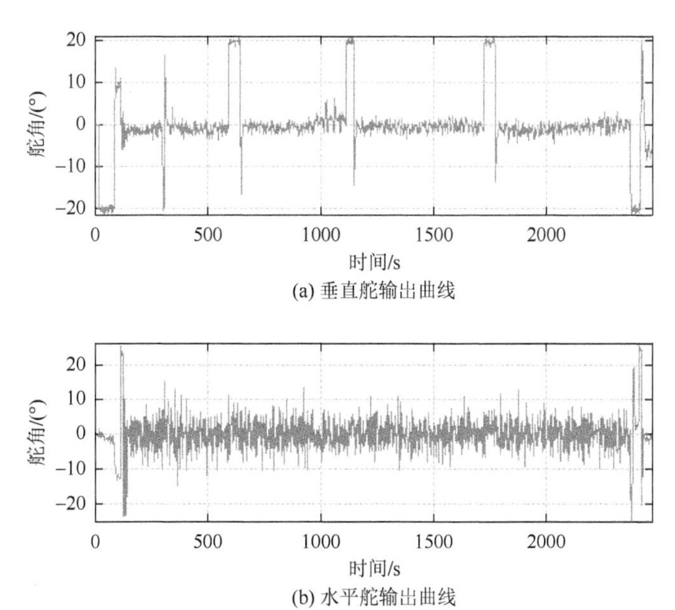

(a) 垂直舵输出曲线

(b) 水平舵输出曲线

图 3.27 基于状态反馈的滑模控制各状态执行机构输出曲线

图 3.25 所示为 AUV 系统纵向速度过大导致其切换控制器系数过小而出现不稳定，这使得系统航向控制执行机构垂直舵出现抖振现象（详见 7.1.3 节），同时导致系统不稳定。为了削弱抖振现象，在 AUV 湖泊试验中采用基于状态反馈的滑模控制法，使 AUV 具有良好的控制品质，如图 3.26 所示；各控制执行机构抖振幅度大大削弱，如图 3.27 所示。

3.4 本章小结

本章主要介绍已经在 UMV 系统外场试验中得到广泛应用的基本控制策略——PID 控制策略、状态反馈控制策略、滑模控制策略的基本构建过程。控制策略为被控对象控制品质服务，只有掌握了各控制策略所含各控制参数在系统控制中的作用与意义后，才有助于控制参数的调整，有目的地根据系统运动控制品质确定调节哪些控制参数，从而达到预期控制目的。

参 考 文 献

[1] 胡寿松. 自动控制原理[M]. 5 版. 北京：科学出版社，2007.

[2] 夏晨. 自动控制原理与系统[M]. 北京：北京理工大学出版社，2017.

[3] 仇慎谦. PID 调节规律和过程控制[M]. 南京：江苏科学技术出版社，1987.

[4] 王军，高秀梅，舒欣梅，等. 自动控制原理[M]. 北京：机械工业出版社，2012.

[5] 于海生，丁军航，潘松峰，等. 微型计算机控制技术[M]. 2 版. 北京：清华大学出版社，2009.

[6] 刘金琨. 先进 PID 控制及其 MATLAB 仿真[M]. 北京：电子工业出版社，2003.

[7] 陶永华. 新型 PID 控制及其应用[M]. 北京：机械工业出版社，1998.

[8] 方康玲. 过程控制系统[M]. 2 版. 武汉：武汉理工大学出版社，2007.

[9] 林锦国，张利，李丽娟. 过程控制[M]. 南京：东南大学出版社，2009.

[10] 刘文定，王东林. 过程控制系统的 MATLAB 仿真[M]. 北京：机械工业出版社，2009.

[11] 王建华，宋燕，魏国亮，等. 串级 PID 控制在水下机器人俯仰控制系统中的应用[J]. 上海理工大学学报，2017，39（3）：229-235.

[12] 胡志强，周焕银，林扬，等. 基于在线自优化 PID 算法的 USV 系统航向控制[J]. 机器人，2013，35（3）：263-269，275.

[13] Rout R，Subudhi B. Inverse optimal self-tuning PID control design for an autonomous underwater vehicle[J]. International Journal of Systems Science，2017，48（2）：367-375.

[14] Sarhadi P，Noei A R，Khosravi A. Model reference adaptive PID control with anti-windup compensator for an autonomous underwater vehicle[J]. Robotics and Autonomous Systems，2016，83：87-93.

[15] 谢克明. 现代控制理论基础[M]. 北京：北京工业大学出版社，2000.

[16] 贺良华. 现代控制理论及应用[M]. 武汉：中国地质大学出版社，2013.

[17] 陈维曾，韩璞. 线性控制系统中的矩阵理论[M]. 北京：中国水利水电出版社，2000.

[18] 孙亮，于建均，龚道雄. 线性系统理论基础[M]. 北京：北京工业大学出版社，2006.

[19] 郑大钟. 线性系统理论[M]. 北京：清华大学出版社，1990.

[20] 孙亮. MATLAB 语言与控制系统仿真[M]. 北京：北京工业大学出版社，2001.

[21] 张晓华. 控制系统数字仿真与 CAD[M]. 北京：机械工业出版，2010.

[22] 王宏健，陈子印，贾鹤鸣，等. 基于反馈增益反步法欠驱动无人水下航行器三维路径跟踪控制[J]. 控制理论与应用，2014，31（1）：66-77.

[23] Santhakumar M，Asokan T. Non-linear adaptive control system for an underactuated autonomous underwater vehicle using dynamic state feedback[J]. International Journal of Recent Trends in Engineering，2009，2（5）：380-384.

[24] Zhou H Y，Li Y P，Hu Z Q，et al. Identification state feedback control for the depth control of the studied underwater semi-submersible vehicle[C]. The 5th Annual IEEE International Conference on Cyber Technology in Automation，Control and Intelligent systems，Shenyang，2015：875-880.

[25] Fossen T I，Blanke M. Nonlinear output feedback control of underwater vehicle propellers using feedback form estimated axial flow velocity[J]. IEEE Journal of Oceanic Engineering，2000，25（2）：241-255.

[26] Maalouf D，Creuze V，Chemori A. State feedback control of an underwater vehicle for wall following[C]. 2012 20th Mediterranean Conference on Control & Automation（MED 2012），Barcelona，2012：542-547.

[27] Cheng X Q，Yan Z P，Bian X Q，et al. Application of linearization via state feedback to heading control for autonomous underwater vehicle[C]. 2008 IEEE International Conference on Mechatronics and Automation（ICMA 2008），Takamatsu，2008：477-482.

[28] Radzak M Y，Arshad M R. AUV controller design and analysis using full-state feedback[J]. WSEAS Transactions on Systems，2005，4（7）：1083-1086.

[29] Mahapatra S，Subudhi B. Nonlinear H_∞ state and output feedback control schemes for an autonomous underwater vehicle in the dive plane[J]. Transactions of the Institute of Measurement and Control，2018，40（6）：2024-2038.

[30] 周焕银，封锡盛，胡志强，等. 基于多辨识模型优化切换的 USV 系统航向动态反馈控制[J]. 机器人，2013，35（5）：552-558.

[31] Mahapatra S，Subudhi B. Design of a steering control law for an autonomous underwater vehicle using nonlinear H_∞ state feedback technique[J]. Nonlinear Dynamics，2017，90（2）：837-854.

[32] 胡跃明. 变结构控制理论与应用[M]. 北京：科学出版社，2003.

[33] 赵宏才，王永德，陈晓维. 双拇指手的位置伺服控制及抑制抖动研究[J]. 青岛理工大学学报，2010，31（4）：88-92，103.

[34] 刘金琨. 滑模变结构控制 MATLAB 仿真[M]. 北京：清华大学出版社，2005.

[35] 田宏奇. 滑模控制理论及其应用[M]. 武汉：武汉出版社，1995.

[36] 瞿少成. 不确定系统的滑模控制理论及应用研究[M]. 武汉：华中师范大学出版社，2008.

[37] 王丰尧. 滑模变结构控制[M]. 北京：机械工业出版社，1995.

[38] Mondal S，Mahanta C. Composite nonlinear feedback based discrete integral sliding mode controller for uncertain systems[J]. Communications in Nonlinear Science and Numerical Simulation，2012，17：1320-1331.

[39] 李文波，王耀南. 基于神经网络补偿的机器人滑模变结构控制[J]. 计算机工程与应用，2014，50（23）：251-255，260.

[40] 张碧陶，皮佑国. 永磁同步电机伺服系统模糊分数阶滑模控制[J]. 控制与决策，2012，27（12）：1776-1780，1786.

[41] Zhou H Y，Liu K Z，Feng X S. State feedback sliding mode control without chattering by constructing Hurwitz matrix for AUV movement[J]. International Journal of Automation and Computing，2011，8（2）：262-268.

[42] Dougherty F，Sherman T，Woolweaver G，et al. An autonomous underwater vehicle（AUV）flight control system using sliding mode control[C]. Oceans’88 Proceedings Partnership Marine Interest，Baltimore，1988：1265-1270.

[43] Innocenti M，Campa G. Robust control of underwater vehicles：Sliding mode vs. LMI synthesis[C]. Proceedings of the 1999 American Control Conference，San Diego，1999：3422-3426.

[44] Tanakitkorn K，Wilson P A，Turnock S R，et al. Sliding mode heading control of an overactuated，hover-capable autonomous underwater vehicle with experimental verification[J]. Journal of field robotics，2018，35（3）：396-415.

[45] Zhou H Y，Liu K Z，Li Y P，et al. Dynamic sliding mode control based on multiple for the depth control of autonomous underwater vehicles[J]. International Journal of Advanced Robotic Systems，2015，12（7）：1-10.

[46] Chatchanayuenyong T，Parnichkun M. Time optimal hybrid sliding mode-PI control for an autonomous underwater robot[J]. International Journal of Advanced Robotic Systems，2008，5（1）：91-98.

[47] Ruiz-Duarte J E，Loukianov A G. Higher order sliding mode control for autonomous underwater vehicles in the diving plane[J]. IFAC-PapersOnLine，2015，48（16）：49-54.

[48] Elmokadem T，Zribi M，Youcef-Toumi K. Terminal sliding mode control for the trajectory tracking of underactuated autonomous underwater vehicles[J]. Ocean Engineering，2017，129：613-625.

[49] Yan Y，Yu S H. Sliding mode tracking control of autonomous underwater vehicles with the effect of quantization[J]. Ocean Engineering，2018，151：322-328.

[50] Lakhekar G，Deshpande R. Diving control of autonomous underwater vehicles via fuzzy sliding mode technique[J]. 2014 International Conference on Circuit，Power and Computing Technologies（ICCPCT 2014），Nagercoil，2014：1027-1031.

[51] Bartolini G，Pisano A. Black-box position and attitude tracking for underwater vehicles by second-order sliding-mode technique[J]. International Journal of Robust and Nonlinear Control，2010，20：1594-1609.

4 UMV多模型控制技术及其优化

UMV在执行任务时，需要根据任务需求或环境的变化改变自身的控制模式，为了实现系统多模型间的稳定切换，必须根据切换过程中各子模型控制性能的表现形式设置对应的切换策略。当前许多新型 UMV 系统需要根据任务要求改变自身形体，该类系统在不同任务要求下的运动模型也有较大变化[1, 2]；一些半潜式海洋机器人系统可在水面航行也可半潜于水下航行，由于环境变化较大，此类系统在不同水域所受的外界干扰力也会有较大变化，系统运动模型也会发生较大变化[3, 4]。由于系统模型变化易导致系统运动控制品质变差，故根据系统模型的变化而调整系统控制参数或控制算法类型是必要的。为了保证这些控制参数在切换过程中的平滑性，需要根据系统模型的不同，设计不同的模型切换策略，此即多模型控制策略[5-7]。本章根据 UMV 系统模型集中各子模型特点，研究线性多模型切换策略、非线性多模型切换策略以及非完全同态多模型稳定切换策略的构建过程。

4.1 多模型控制技术国内外研究现状

当被控对象从一种任务状态转换为另一种任务状态时，或系统周围环境发生变化时，常引起系统控制模式的变化或造成系统一些参变量发生较大跳变，导致系统控制量输出的突变。多模型切换控制能够根据系统模式的变化而选择相应的控制策略，多模型切换控制在克服系统参数突变问题上具有较强的鲁棒性[8-12]。

针对线性系统的切换，本章提出基于权值范围设置的加权多模型切换策略的设计思路。基于权值的加权多模型切换已经得到广泛应用[13, 14]，但快速合理地确定模型的权重是加权多模型控制问题的难点。加权多模型控制权值的设置采用模糊策略分析设计[15]或自适应方法调整[16]，或在加权模型构建后再进行具体分析。由于多模型稳定性与多模型子系统模型稳定性的非等价性[17, 18]，多模型切换过程的稳定问题成为多模型控制设计的难点。针对多模型稳定性，学者多以共同 Lyapunov 函数法[19-22]、多 Lyapunov 函数法[23-25]、Lie 代数法[26-28]、驻留时间法[29-31]等进行分析研究。

多模型稳定切换策略各有优缺点[32, 33]：Lie 代数法虽然对研究多模型任意切换下的稳定性是一种不错的方法，却无法保证系统控制的鲁棒性[34]；驻留时间法要求模型转换时间足够长[35, 36]；多 Lyapunov 函数法是共同 Lyapunov 函数法的延伸，且降低了共同 Lyapunov 函数法的保守性，但所选取的类 Lyapunov 函数需具有右端单调性[37]；共同 Lyapunov 函数法的保守性主要体现在多模型各子系统必须为渐近稳定系统，且子系统矩阵具有可交换性或为可交换向量场[6, 38]。在非线性多模型切换过程中，由于共同 Lyapunov 函数法的过分保守性，需使切换系统满足许多苛刻约束条件才能实现切换稳定，当无法设计或系统没有共同 Lyapunov 函数时，多数学者采用多 Lyapunov 函数法[39]或通过约束切换控制策略的方式保证系统切换过程的稳定性[40, 41]。Cavalletti 等[42]采用基于神经网络的切换控制策略，将神经网络作为补偿器来避免多模型切换过程中的抖动，通过对 ROV 系统运载模式变化的仿真，验证了基于神经网络补偿的切换策略能够实现切换系统的稳定性。

多模型控制根据被控对象的不确定范围，设置不同模型集来逼近被控对象的全局动态特性，根据各子模型的特点设计相应控制策略，建立控制器集，通过模型间的稳定切换达到响应外界控制需求的目的[41, 42]。目前，多模型控制的优化研究多集中于模型集的优化，相关控制器集的优化研究相对薄弱[43]。系统控制性能的好坏取决于控制器鲁棒性的强弱，相对于模型集优化而言，控制器集的优化可直接提高复杂系统的控制性能[44, 45]。

多模型切换控制策略设计的难点是所有系统模型需统一到最高阶模型构建切换策略，这增加了系统切换策略设计的难度与计算量[5, 6, 46]。为了解决这一难点，人们提出了状态空间缩放法、非同维多模型切换控制法等。Wang 等[47]提出了状态空间缩放法并对非同维多模型切换系统稳定问题进行了研究。另外，多模型稳定性问题的理论研究主要以 Lyapunov 函数法为主，但 Lyapunov 函数法的保守性，使得所获得的切换稳定条件比较苛刻，故寻找其他稳定性判据以获得比较宽松的稳定性条件将是切换系统领域的重要研究内容。日本的 Zanma 等[48]针对控制输入、状态量与输出量的控制问题，采用切换控制器方法解决了由限制约束引起系统不稳定的问题，通过构架 moving-bank 法[49]解决状态空间不一致的切换问题。文献[50]通过对系统状态轨迹指数衰减的驻留时间法，解决状态空间变化的切换系统抖动问题。文献[51]针对存在未知侧滑和打滑扰动的轮式移动机器人采用横截函数法和标准 Lie 群运算，建立与原系统等价的输入和输出完全解耦的无奇异全驱动统一控制模型，提高了系统切换控制的鲁棒性。

UMV 系统模型复杂多变，且是一种强非线性系统，多模型切换控制虽然有诸多控制优势，但是其稳定切换策略的诸多约束条件限制了该控制算法在 UMV 系统外场试验中的广泛应用[52-54]。为了克服多模型切换控制的约束，UMV 运动控制专家根据 UMV 运动控制需要对多模型切换控制进行改进[55-57]。多模型在 UMV 运动控制中的约束条件主要体现为系统模型不一致性。UMV 系统在不同任务要求下的运动模型不一致性导致如当 UMV 系统从出坞、入海执行任务到任务完成入坞过程中，不仅系统模型维数会发生变化，而且所需的控制变量也不同[58]。非完全同态多模型能较精确地描述实际控制工程系统，根据此模型集设置的控制方法能更有效地提高系统的动态性能[59]。改善多模型控制策略，使其控制优势在 UMV 系统实际应用中得到充分发挥，有助于提高 UMV 系统在复杂多变环境中的自适应能力。

4.2 多模型控制技术基础理论

多模型控制主要解决不确定、强非线性、模型参数多变等复杂系统的难控问题，已在一些工程实践中得到应用，并取得了较好的控制效果。多模型控制策略研究内容以及设计步骤为[5, 6]：构建系统运动模型集；根据各子模型对应设置控制策略，构建控制库；根据各控制策略设置对应切换策略，保证各子模型切换瞬间的稳定性。多模型控制在复杂运动控制系统中具有如下控制优势：①将复杂系统解耦为多个子系统构成模型集，根据各子系统控制特点设计对应的控制算法，提高系统的自适应能力；②模型集的可扩充性，根据实际工程需要可增加相应子模型和对应控制器；③恰当的切换策略有助于系统根据不同的工况要求在线选取最佳控制策略。

多模型控制策略的构建主要分为：模型解耦为多个子模型从而构建出多模型集，根据各子模型特点设置对应控制策略构建控制器集，根据系统运行状态通过切换策略选取最佳控制器作为系统当前控制器。图 4.1 所示为多模型控制策略构建流程图。

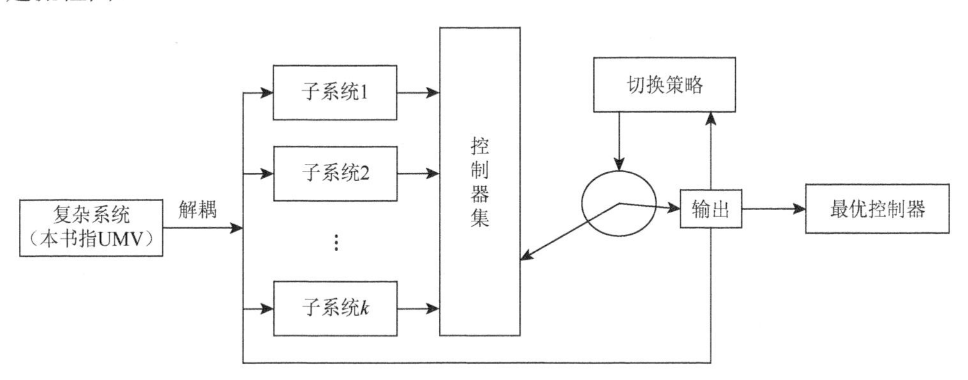

图 4.1　多模型控制策略构建流程图

4.2.1 模型集的构建

多模型控制是以多个模型来逼近复杂系统，根据多个模型特点设置不同控制器，因此模型集的建立、各子模型的多少直接影响控制的精度和性能。一般将系统模型分解为固定模型集与自适应模型集或辨识模型集来逼近不稳定系统或不确定系统。其中固定模型集由系统运动模型参数已确定部分构成，而其他模型集则作为补偿部分以更准确地逼近实际系统运动模型。

多模型控制各子模型数学表述形式为[6]

$$\begin{cases} \dot{\boldsymbol{x}} = \boldsymbol{f}_{\sigma(i)}[\boldsymbol{x}, \boldsymbol{u}(t)] \\ \boldsymbol{y} = \boldsymbol{g}_{\sigma(i)}[\boldsymbol{x}, \boldsymbol{u}(t)] \end{cases} \tag{4.1}$$

式中，$\boldsymbol{x} \in \mathbf{R}^n$ 表示系统的状态；$\boldsymbol{u}(t) \in \mathbf{R}^m$ 表示系统的控制输入或系统外部信号，$t \in [0, +\infty)$ 是一个分段常值函数；$\sigma(i)(i \in \{1, 2, \cdots, N\})$ 为切换信号或切换策略。

4.2.2 切换策略的设置

由于多模型控制技术一般将系统模型分解为多个子模型处理，切换系统由多个子系统以及切换策略构成，其中各子系统是切换系统的连续动态部分，切换策略使系统的逻辑/决策部分表现为离散状态。由于既包含连续动态又包含离散动态，所以切换系统具有特殊性和复杂性，恰当的切换信号能够将切换后的不稳定子系统转换为稳定子系统；相反，切换信号的设置也会将稳定的系统变为不稳定系统。

一个好的切换策略应具有如下性质：能够保持切换系统的稳定性，避免快速切换，最好有正的驻留时间，对系统中的扰动量（时变或非线性）具有较强的鲁棒性，用于切换设计的量应是可量测的信息。

切换策略较常用的表达形式是切换序列，即采用

$$S = \{x_0 : (i_0, \tau_0)(i_1, \tau_1)(i_2, \tau_2) \cdots (i_k, \tau_k)\} \tag{4.2}$$

式中，k 为构建模型子系统的个数。切换策略与系统方程完全描述了系统的轨迹。针对两个子系统的切换策略有周期切换策略：

$$S = \{X_0 : (A_1, \alpha), (A_2, T - \alpha); (A_1, \alpha), (A_2, T - \alpha) \cdots (A_1, \alpha), (A_2, T - \alpha) \cdots\} \tag{4.3}$$

式中，T 为周期长度。分段线性系统基于最小投影法的切换律定义为

$$\sigma = \arg \min_{\sigma \in \{1, 2, \cdots, m\}} \{\boldsymbol{x}^{\mathrm{T}} \boldsymbol{P} \boldsymbol{f}_{\sigma}(\boldsymbol{x})\} \tag{4.4}$$

其含义是

$$Q_\sigma = \left\{ x \in \mathbf{R}^n \mid \min_{\sigma \in \{1,2,\cdots,m\}} \{ \boldsymbol{x}^{\mathrm{T}} \boldsymbol{P} \boldsymbol{f}_\sigma(\boldsymbol{x}) \} < 0 \right\} \tag{4.5}$$

Q_σ 最小时子系统 $\boldsymbol{f}_\sigma(\boldsymbol{x})$ 工作。另外有些文献根据工程需要，采用切换律为马尔可夫链法、在线滚动优化法、统计法实现模型间的切换。

4.2.3 控制器间的转换与优化

控制器转换问题即模型间的切换问题，即如何通过切换策略的设置从某一控制策略平滑地转换到另一控制策略。关于切换策略构建问题，多数专家主要以直接切换为主[60, 61]，即预估各控制方法引起系统输出误差的程度，选择预估误差最小的控制策略，进行控制器的直接切换。直接切换策略法会导致系统运动控制执行机构的抖动，如电机转速的突然变化而引起系统运动位姿的变化，从数据分析主要表现为系统运动轨迹抖动[62]，甚至由控制算法初始值的设置不恰当引起系统运行的不稳定。为了实现控制器间的平滑转换，本书主要采用加权多模型切换控制法。

传统的加权多模型切换策略构建步骤：当由模型 1 向模型 2 转换时，两模型的过渡点向模型 2 提出请求，同时模型 2 的控制器 u_2 启动，模型 1 的控制器 u_1 的权值 α 逐步由 1 向 0 转换，而模型 2 的控制器的权值 β 则由 0 向 1 转换。切换瞬间切换策略的表述形式为

$$u(k+1) = \alpha(k)u_1(k) + \beta(k)u_2(k) \tag{4.6}$$

式中，$\alpha(k)$、$\beta(k)$ 分别为 u_1、u_2 两控制器在第 k 时刻的权值。

4.3 基于权值设置的线性多模型切换

本节针对线性加权多模型切换过程中权值难以确定的问题，根据加权多模型切换前后子系统模型的控制特点，提出多模型稳定切换的充分条件，依据这些充分条件可以确定加权多模型的权值范围和快速获取加权因子的取值，实现多模型的平滑切换。所提出的充分条件克服了一般共同 Lyapunov 函数法稳定切换的苛刻条件。对 UMV 多运动模型的切换过程的数字仿真表明，依据权值范围所给定的加权因子能够保证加权多模型切换过程的稳定性。

4.3.1 多模型切换过程中权值范围的设置

如果两系统矩阵 $\boldsymbol{A}_1$ 与 $\boldsymbol{A}_2$ 能够通过凸组合（权值和为 1 的模型组合）构建一个

Hurwitz 矩阵，那么子系统的状态空间表达式（4.1）即存在状态依赖型切换策略使得切换系统满足二次稳定条件。本节根据线性系统稳定的相关理论提出了五条确定加权多模型平稳切换的权值范围设置的推论。

下面的推论由圆盘定理引申而来[63]。

推论 4.1 切换系统：

$$\dot{\boldsymbol{x}}(t)=\boldsymbol{A}_{\delta}\boldsymbol{x}(t),\quad \delta\in\{1,2\} \tag{4.7}$$

设系统切换过程中权值为 ω_1 与 ω_2（$0\leqslant\forall\{\omega_1,\omega_2\}\leqslant1$），且加权多模型系统矩阵 $\boldsymbol{A}_{12}$ 可以描述为

$$\boldsymbol{A}_{12}=\omega_1\boldsymbol{A}_1+\omega_2\boldsymbol{A}_2 \tag{4.8}$$

式（4.8）为对角占优矩阵（行对角占优或列对角占优），矩阵 $\boldsymbol{A}_{12}$ 的对角元素都为负值，则加权模型稳定。

下面以行对角占优为例证明分析。

证明 设 $\boldsymbol{A}_1=\{a_{1ij}\}\in\mathbf{R}^{n\times n}$，$\boldsymbol{A}_2=\{a_{2ij}\}\in\mathbf{R}^{n\times n}$，则 $\boldsymbol{A}_{12}=\omega_1\boldsymbol{A}_1+\omega_2\boldsymbol{A}_2$ 各元素可以描述为

$$a_{1ij}^2=\omega_1a_{1ij}+\omega_2a_{2ij},\quad i,j=1,2,\cdots,n$$

根据圆盘定理进行分析：盖尔圆系列为 $C_i:\left|c_i-a_{1ii}^2\right|\leqslant R_i(i=1,2,\cdots,n)$，其中 $R_i=\sum\limits_{\substack{j=1\\j\neq i}}^{n}\left|\omega_1a_{1ij}+\omega_2a_{2ij}\right|$ $(j=1,2,\cdots,n)$；由于 $\boldsymbol{A}_{12}$ 系统为行对角占优，故 $\left|a_{1ii}^2\right|>\sum\limits_{\substack{j=1\\j\neq i}}^{n}\left|\omega_1a_{1ij}+\omega_2a_{2ij}\right|$；又由于 $a_{1ii}^2<0$ 则 $\boldsymbol{A}_{12}$ 的所有盖尔圆系列 $G=\bigcup\limits_{i=1}^{n}(C_i)$ 均在复平面的左半平面；由于 $\lambda_i\in G$，故 $\mathrm{Re}(\lambda_i)<0$；故加权多模型系统稳定。

图 4.2 描述了三阶系统特征根分布，特征根分布在 3 个圆域内。

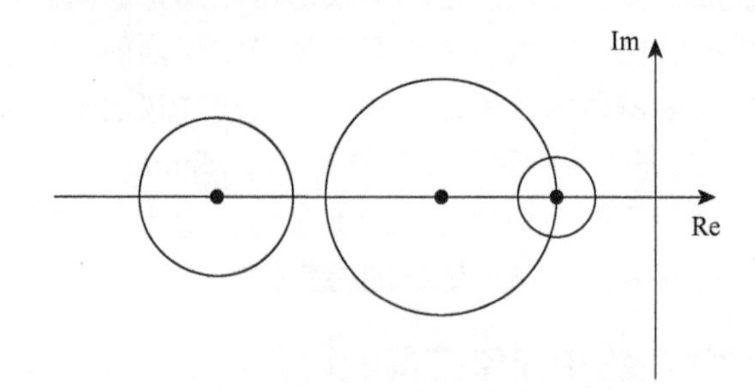

图 4.2 满足推论 4.1 条件的特征根分布

通过 Rayleigh 熵定义与定理引申出实现加权多模型平滑切换的充分条件，并设置对应的权值范围。

Rayleigh 熵定义：称 $R(\boldsymbol{X})=\dfrac{\boldsymbol{X}^{\mathrm{H}}\boldsymbol{A}\boldsymbol{X}}{\boldsymbol{X}^{\mathrm{H}}\boldsymbol{X}}$（$\forall \boldsymbol{X}(\neq 0)\in \mathbf{C}^{n}$）为 $\boldsymbol{A}$ 的 Rayleigh 熵。

定理 4.1 设 $\boldsymbol{A}$ 为 Hermite 阵，最大特征值是 λ_1，最小特征值是 λ_n，则对一切非零向量 $\boldsymbol{X}$ 有：$\lambda_n \leqslant R(\boldsymbol{X}) \leqslant \lambda_1$ 且 $\lambda_1=\max[R(\boldsymbol{X})]$，$\lambda_n=\min[R(\boldsymbol{X})]$（证明过程请参见文献[63]）。

设保证系统稳定的鲁棒因子 $0<\xi_{+}<1$，$\boldsymbol{H}_i$ 与 $\boldsymbol{H}_{i+1}$ 为稳定矩阵，$\vec{\boldsymbol{H}}_{i+1}$ 为切换过程矩阵，稳定性未知。

推论 4.2 设加权多模型子系统的系统矩阵为 $\boldsymbol{H}_i$ 与 $\vec{\boldsymbol{H}}_{i+1}$，切换顺序为 $\boldsymbol{H}_i \to \vec{\boldsymbol{H}}_{i+1}$，$\boldsymbol{H}_i$ 为 Hurwitz 矩阵（即切换前的子系统为稳定系统），满足 $\boldsymbol{H}_i^{\mathrm{T}}\boldsymbol{p}_i+\boldsymbol{p}_i\boldsymbol{H}_i=-\boldsymbol{Q}_i$（$\boldsymbol{Q}_i$ 为正实对称矩阵），并有 $\vec{\boldsymbol{H}}_{i+1}^{\mathrm{T}}\boldsymbol{p}_i+\boldsymbol{p}_i\vec{\boldsymbol{H}}_{i+1}=-\boldsymbol{Q}_i$。若满足如下条件：

$$\begin{cases}\dfrac{\omega_i}{\vec{\omega}_i}\geqslant 0, & \lambda_{\max}(\vec{\boldsymbol{Q}}_{i+1})<0\\ \dfrac{\omega_i}{\vec{\omega}_i}\geqslant \dfrac{\lambda_{\max}(\vec{\boldsymbol{Q}}_{i+1})}{(1-\xi_{+})\lambda_{\min}(\vec{\boldsymbol{Q}}_i)}, & \lambda_{\max}(\vec{\boldsymbol{Q}}_{i+1})>0\end{cases}\quad (0\leqslant \omega_j\leqslant 1(j=i,i+1)) \tag{4.9}$$

则加权多模型系统矩阵 $\omega_i\boldsymbol{H}_i+\vec{\omega}_i\vec{\boldsymbol{H}}_{i+1}$ 为稳定矩阵。

证明 由于 $\boldsymbol{H}_i$ 为 Hurwitz 矩阵，则有 $\boldsymbol{H}_i^{\mathrm{T}}\boldsymbol{p}_i+\boldsymbol{p}_i\boldsymbol{H}_i=-\boldsymbol{Q}_i$（$\boldsymbol{p}_i$、$\boldsymbol{Q}_i$ 为正对称矩阵）。又 $\vec{\boldsymbol{H}}_{i+1}^{\mathrm{T}}\boldsymbol{p}_i+\boldsymbol{p}_i\vec{\boldsymbol{H}}_{i+1}=\vec{\boldsymbol{Q}}_{i+1}$，则 $\vec{\boldsymbol{Q}}_{i+1}$ 为实对称矩阵，由定理 4.1 知 $\dfrac{\boldsymbol{x}_i^{\mathrm{T}}\vec{\boldsymbol{Q}}_{i+1}\boldsymbol{x}_i}{\boldsymbol{x}_i^{\mathrm{T}}\boldsymbol{x}_i}\leqslant \lambda_{\max}(\vec{\boldsymbol{Q}}_{i+1})$ 与 $\dfrac{\boldsymbol{x}_i^{\mathrm{T}}\boldsymbol{Q}_i\boldsymbol{x}_i}{\boldsymbol{x}_i^{\mathrm{T}}\boldsymbol{x}_i}\leqslant \lambda_{\min}(\boldsymbol{Q}_i)$，其中 $\boldsymbol{x}_i(\neq 0)\in \mathbf{C}^{n}$。

设加权多模型为 $\dot{\boldsymbol{x}}_i=(\omega_i\boldsymbol{H}_i+\vec{\omega}_i\vec{\boldsymbol{H}}_{i+1})\boldsymbol{x}_i$，系统在 $\boldsymbol{H}_i\to\vec{\boldsymbol{H}}_{i+1}$ 切换过程中各子系统满足 Lyapunov 函数 $v(\boldsymbol{x})=\dfrac{1}{2}\boldsymbol{x}^{\mathrm{T}}\boldsymbol{p}_i\boldsymbol{x}$；

若 $\lambda_{\max}(\vec{\boldsymbol{Q}}_{i+1})<0$ 则 $\boldsymbol{x}^{\mathrm{T}}\vec{\boldsymbol{Q}}_{i+1}\boldsymbol{x}<0$，$\dot{v}(\boldsymbol{x})=\boldsymbol{x}^{\mathrm{T}}(-\omega_i\boldsymbol{Q}_i+\vec{\boldsymbol{Q}}_{i+1})\boldsymbol{x}<0$，权值间无约束限制，即 $\dfrac{\omega_i}{\vec{\omega}_i}\geqslant 0$；

若 $\lambda_{\max}(\vec{\boldsymbol{Q}}_{i+1})>0$ 且满足 $\dfrac{\omega_i}{\vec{\omega}_i}\geqslant \dfrac{\lambda_{\max}(\vec{\boldsymbol{Q}}_{i+1})}{(1-\xi_{+})\lambda_{\min}(\boldsymbol{Q}_i)}$，则有

$$\dot{v}(x)=\boldsymbol{x}^{\mathrm{T}}(-\omega_i\boldsymbol{Q}_i+\vec{\boldsymbol{Q}}_{i+1})\boldsymbol{x}<\boldsymbol{x}^{\mathrm{T}}[-\omega_i\lambda_{\min}^{i}(1-\xi_{+})+\vec{\omega}_i\vec{\lambda}_{\max}^{i+1}]\boldsymbol{x}<0$$

在推论 4.2 所设权值 $0\leqslant \omega_j\leqslant 1(j=i,i+1)$ 范围内，可以保证加权多模型的稳定性，且系统切换过程中各子系统都满足 Lyapunov 函数 $v(\boldsymbol{x})=\dfrac{1}{2}\boldsymbol{x}^{\mathrm{T}}\boldsymbol{p}_i\boldsymbol{x}$。

推论 4.3 设加权多模型子系统的系统矩阵为 $\vec{\boldsymbol{H}}_{i+1}$ 与 $\boldsymbol{H}_{i+1}$，若 $\boldsymbol{H}_{i+1}$ 为 Hurwitz 矩阵（即切换后的子系统为稳定系统），有 $\boldsymbol{H}_{i+1}^{\mathrm{T}}\boldsymbol{p}_{i+1}+\boldsymbol{p}_{i+1}\boldsymbol{H}_{i+1}=-\boldsymbol{Q}_{i+1}<0$，$\vec{\boldsymbol{H}}_{i+1}^{\mathrm{T}}\boldsymbol{p}_{i+1}+\boldsymbol{p}_{i+1}\vec{\boldsymbol{H}}_{i+1}=-\boldsymbol{Q}_{i+1}$，若权值满足如下条件：

$$\begin{cases}\dfrac{\omega_{i+1}}{\vec{\omega}_i}\geqslant 0, & \lambda_{\max}(\vec{\boldsymbol{Q}}_{i+1})<0\\[2ex]\dfrac{\omega_{i+1}}{\vec{\omega}_i}\geqslant\dfrac{\lambda_{\max}(\vec{\boldsymbol{Q}}_{i+1})}{\lambda_{\min}(\vec{\boldsymbol{Q}}_{i+1})(1-\xi_+)}, & \lambda_{\max}(\vec{\boldsymbol{Q}}_{i+1})>0\end{cases}\quad(0\leqslant\omega_j\leqslant 1(j=i,i+1))\tag{4.10}$$

则加权多模型系统矩阵 $\vec{\omega}_i\vec{\boldsymbol{H}}_{i+1}+\omega_{i+1}\boldsymbol{H}_{i+1}$ 为稳定矩阵。

证明过程同推论 4.2。

推论 4.4 设加权多模型子系统的系统矩阵分别为 $\boldsymbol{H}_i$ 与 $\vec{\boldsymbol{H}}_{i+1}$，若 $\boldsymbol{H}_i$ 为 Hurwitz 矩阵（即切换前的系统为稳定系统），满足 $\boldsymbol{H}_i^{\mathrm{T}}\boldsymbol{p}_i+\boldsymbol{p}_i\boldsymbol{H}_i=-\boldsymbol{Q}_i$（$\boldsymbol{Q}_i>0$ 为对角阵），并有 $\vec{\boldsymbol{H}}_{i+1}^{\mathrm{T}}\boldsymbol{p}_i+\boldsymbol{p}_i\vec{\boldsymbol{H}}_{i+1}=-\boldsymbol{Q}_i$，若满足如下条件：

$$\begin{cases}\dfrac{\omega_i}{\vec{\omega}_i}\geqslant 0, & \displaystyle\sum_{j=1}^{n}\lambda_j(\vec{\boldsymbol{Q}}_i)<0\\[2ex]\dfrac{\omega_i}{\vec{\omega}_i}\geqslant\dfrac{\displaystyle\sum_{j=1}^{n}\lambda_j(\vec{\boldsymbol{Q}}_i)}{\displaystyle\sum_{j=1}^{n}\lambda_j(\boldsymbol{Q}_i)(1-\xi_+)}, & \displaystyle\sum_{j=1}^{n}\lambda_j(\vec{\boldsymbol{Q}}_i)>0\end{cases}\quad(0\leqslant\omega_j\leqslant 1(j=i,i+1))\tag{4.11}$$

则加权多模型系统矩阵 $\omega_i\boldsymbol{H}_i+\vec{\omega}_i\vec{\boldsymbol{H}}_{i+1}$ 为稳定矩阵。

证明 $\vec{\boldsymbol{Q}}_i$ 为实对称矩阵，根据相应的实对称矩阵性质可知 $\vec{\boldsymbol{P}}_i\vec{\boldsymbol{Q}}_i\vec{\boldsymbol{P}}_i^{\mathrm{T}}=\vec{\boldsymbol{\Lambda}}_i$ 且 $\boldsymbol{P}_i^{\mathrm{T}}\boldsymbol{P}_i=\boldsymbol{I}_{(n\times n)}$，则有 $\boldsymbol{x}^{\mathrm{T}}\vec{\boldsymbol{Q}}_i\boldsymbol{x}=(\vec{\boldsymbol{P}}_i\boldsymbol{x})^{\mathrm{T}}\vec{\boldsymbol{\Lambda}}_i(\vec{\boldsymbol{P}}\boldsymbol{x})=\sum_{j=1}^{n}\lambda_j(\vec{\boldsymbol{Q}}_i)(\vec{\boldsymbol{P}}_i\boldsymbol{x})^{\mathrm{T}}(\vec{\boldsymbol{P}}_i\boldsymbol{x})$。

又有 $\boldsymbol{Q}_i>0$ 为对角阵。

设 Lyapunov 函数 $v(\boldsymbol{x})=\dfrac{1}{2}\boldsymbol{x}^{\mathrm{T}}\boldsymbol{P}_i\boldsymbol{x}$，将此定理的相应条件代入函数导数有

$$\begin{aligned}\dot{v}(\boldsymbol{x})&=-\omega_i\boldsymbol{x}^{\mathrm{T}}\boldsymbol{Q}_i\boldsymbol{x}+\vec{\omega}_i\boldsymbol{x}^{\mathrm{T}}\vec{\boldsymbol{Q}}_i\boldsymbol{x}\\&=(\vec{\boldsymbol{P}}_i\boldsymbol{x})^{\mathrm{T}}\left[-\omega_i\sum_{j=1}^{n}\lambda_j(\boldsymbol{Q}_i)+\vec{\omega}_i\sum_{j=1}^{n}\lambda_j(\vec{\boldsymbol{Q}}_i)\right](\vec{\boldsymbol{P}}_i\boldsymbol{x})<0\end{aligned}$$

推论 4.5 设加权多模型子系统的系统矩阵分别为 $\vec{\boldsymbol{H}}_{i+1}$ 与 $\boldsymbol{H}_{i+1}=\vec{\boldsymbol{H}}_{i+1}-\boldsymbol{B}_{i+1}\boldsymbol{k}_{i+1}$（$\boldsymbol{k}_{i+1}$ 为状态反馈参数），若 $\boldsymbol{H}_{i+1}$ 为 Hurwitz 矩阵（即切换后的系统为稳定系统），满

足 $\boldsymbol{H}_{i+1}^{\mathrm{T}}\boldsymbol{p}_{i+1}+\boldsymbol{p}_{i+1}\boldsymbol{H}_{i+1}=-\boldsymbol{Q}_{i+1}$ （$\boldsymbol{Q}_{i+1}>0$ 为对角阵），有 $(\boldsymbol{B}_{i+1}\boldsymbol{k}_{i+1})^{\mathrm{T}}\boldsymbol{p}_{i+1}+\boldsymbol{p}_{i+1}(\boldsymbol{B}_{i+1}\boldsymbol{k}_{i+1})=\boldsymbol{Q}_{BK}$ 与 $\vec{\boldsymbol{H}}_{i+1}^{\mathrm{T}}\boldsymbol{p}_{i+1}+\boldsymbol{p}_{i+1}\vec{\boldsymbol{H}}_{i+1}=\boldsymbol{Q}_{i+1}$，若满足如下条件：

$$\begin{cases} 0\leqslant\vec{\omega}_i\leqslant 1, & \sum\limits_{j=1}^{n}\lambda_j(\boldsymbol{Q}_{BK})<0 \\ \vec{\omega}_i<\dfrac{\sum\limits_{j=1}^{n}\lambda_j(\boldsymbol{Q}_i)}{\sum\limits_{j=1}^{n}\lambda_j(\boldsymbol{Q}_{BK})(1-\xi_+)}, & \sum\limits_{j=1}^{n}\lambda_j(\boldsymbol{Q}_{BK})>0 \end{cases}\quad (0\leqslant\omega_j\leqslant 1(j=i,i+1)\text{且}\omega_{i+1}+\vec{\omega}_i=1) \tag{4.12}$$

则过渡系统矩阵 $\vec{\omega}_i\vec{\boldsymbol{H}}_{i+1}+\vec{\omega}_{i+1}\boldsymbol{H}_{i+1}$ 为稳定矩阵。

证明 由推论 4.5 所设条件可知：

$$\boldsymbol{H}_{i+1}^{\mathrm{T}}\boldsymbol{p}_{i+1}+\boldsymbol{p}_{i+1}\boldsymbol{H}_{i+1}=(\vec{\boldsymbol{H}}_{i+1}-\boldsymbol{B}_{i+1}\boldsymbol{k}_{i+1})^{\mathrm{T}}\boldsymbol{p}_{i+1}+\boldsymbol{p}_{i+1}(\vec{\boldsymbol{H}}_{i+1}-\boldsymbol{B}_{i+1}\boldsymbol{k}_{i+1})$$
$$\Rightarrow\vec{\boldsymbol{Q}}_{i+1}=-\boldsymbol{Q}_{i+1}+\boldsymbol{Q}_{BK}$$

设 Lyapunov 函数：$v(\boldsymbol{x})=\dfrac{1}{2}\boldsymbol{x}^{\mathrm{T}}\boldsymbol{p}_{i+1}\boldsymbol{x}$。

由于 $\boldsymbol{Q}_{i+1}$ 为预设的实对角阵，$\boldsymbol{Q}_{BK}$ 为实对称矩阵，故存在 $\boldsymbol{P}_{BK}$，满足 $\boldsymbol{P}_{BK}^{\mathrm{T}}\boldsymbol{Q}_{BK}\boldsymbol{P}_{BK}=\boldsymbol{\varLambda}_{BK(n\times n)}$ 且 $\boldsymbol{P}_{BK}^{\mathrm{T}}\boldsymbol{P}_{BK}=\boldsymbol{I}_{(n\times n)}$，根据推论 4.4 的证明过程可知

$$\begin{aligned}\dot{v}(\boldsymbol{x})&=\boldsymbol{x}^{\mathrm{T}}[(\vec{\omega}_i\vec{\boldsymbol{H}}_{i+1}+\omega_{i+1}\boldsymbol{H}_{i+1})^{\mathrm{T}}\boldsymbol{p}_i+\boldsymbol{p}_i(\vec{\omega}_i\vec{\boldsymbol{H}}_{i+1}+\omega_{i+1}\boldsymbol{H}_{i+1})]\boldsymbol{x}\\&=-\omega_{i+1}\boldsymbol{x}^{\mathrm{T}}\boldsymbol{Q}_{i+1}\boldsymbol{x}+\vec{\omega}_{i+1}\boldsymbol{x}^{\mathrm{T}}\vec{\boldsymbol{Q}}_{i+1}\boldsymbol{x}=-\omega_{i+1}\boldsymbol{x}^{\mathrm{T}}\boldsymbol{Q}_{i+1}\boldsymbol{x}+\vec{\omega}_{i+1}\boldsymbol{x}^{\mathrm{T}}(-\boldsymbol{Q}_{i+1}+\boldsymbol{Q}_{BK})\boldsymbol{x}\\&=-(\omega_{i+1}+\vec{\omega}_{i+1})\boldsymbol{x}^{\mathrm{T}}\boldsymbol{Q}_{i+1}\boldsymbol{x}+\vec{\omega}_i\boldsymbol{x}^{\mathrm{T}}(\boldsymbol{Q}_{BK})\boldsymbol{x}=-\boldsymbol{x}^{\mathrm{T}}\boldsymbol{Q}_{i+1}\boldsymbol{x}+\vec{\omega}_i\boldsymbol{x}^{\mathrm{T}}(\boldsymbol{Q}_{BK})\boldsymbol{x}\\&=-\left[\sum_{j=1}^{n}\lambda_j(\boldsymbol{Q}_{i+1})-\vec{\omega}_i\sum_{j=1}^{n}\lambda_j(\boldsymbol{Q}_{BK})\right](\boldsymbol{P}_{BK}\boldsymbol{x})^{\mathrm{T}}(\boldsymbol{P}_{BK}\boldsymbol{x})<0\end{aligned}$$

故推论 4.5 得证。

本节通过加权多模型切换前后的控制特点，以推论的形式确定了加权多模型切换的权值范围，为加权多模型切换过程权值的确定提供了理论依据。

4.3.2 基于 UMV 的多模型控制

根据各推论对权值范围进行了设计，线性多模型系统流程图如图 4.3 所示。

（1）判断多模型切换矩阵能否通过权值设置转换为对角占优阵，若能则根据推论 4.1 的条件设置权值，否则转步骤（2）。

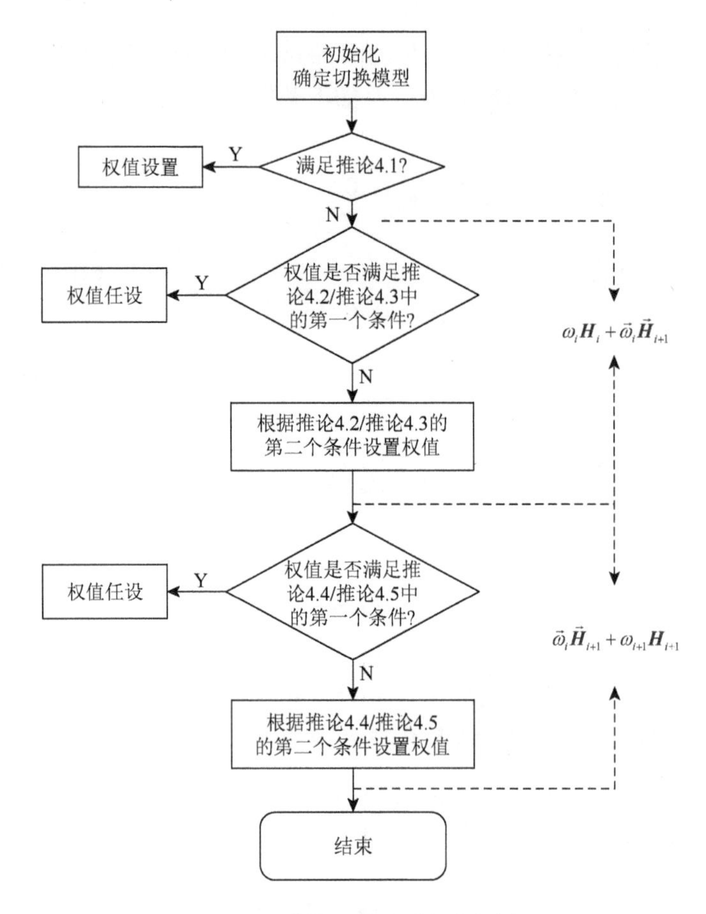

图 4.3　线性多模型系统流程图

（2）设保证系统稳定的鲁棒因子为ξ_+，加权多模型为$\omega_i \boldsymbol{H}_i + \vec{\omega}_i \vec{\boldsymbol{H}}_{i+1}$（$\boldsymbol{H}_i$为稳定系统矩阵）。根据推论 4.2 的条件判断$\lambda_{\max}(\vec{\boldsymbol{Q}}_{i+1}) < 0$是否满足或者根据推论 4.4 的条件判断$\sum_{j=1}^{n} \lambda_j(\vec{\boldsymbol{Q}}_i) > 0$是否满足，若满足，则可在$(0,1]$范围内任意设置两权值$\omega_i$与$\vec{\omega}_i$；否则，根据推论 4.2 的条件$\lambda_{\max}(\vec{\boldsymbol{Q}}_{i+1}) > 0$设计相应的权值关系$\dfrac{\omega_i}{\vec{\omega}_i} \geqslant \dfrac{\lambda_{\max}(\vec{\boldsymbol{Q}}_{i+1})}{(1-\xi_+)\lambda_{\min}(\vec{\boldsymbol{Q}}_i)}$或根据推论 4.4 的条件$\sum_{j=1}^{n} \lambda_j(\vec{\boldsymbol{Q}}_i) > 0$设置权值关系$\dfrac{\omega_i}{\vec{\omega}_i} \geqslant \dfrac{\sum_{j=1}^{n} \lambda_j(\vec{\boldsymbol{Q}}_i)}{\sum_{j=1}^{n} \lambda_j(\boldsymbol{Q}_i)(1-\xi_+)}$；根据加权因子的比例关系，设置加权多模型切换过程中的权值，直至所设$\omega_i \to 0$，转步骤（3）。

（3）确定加权多模型为$\vec{\omega}_i \vec{\boldsymbol{H}}_{i+1} + \omega_{i+1} \boldsymbol{H}_{i+1}$。首先根据推论 4.3 的判断条件$\lambda_{\max}(\vec{\boldsymbol{Q}}_{i+1}) < 0$

是否满足或者根据推论 4.5 的判断条件 $\sum_{j=1}^{n}\lambda_j(\boldsymbol{Q}_{BK})>0$ 是否满足，若满足，则可任意设置两权值 $\bar{\omega}_i$ 与 ω_{i+1}；否则，根据推论 4.3 的条件 $\lambda_{\max}(\vec{\boldsymbol{Q}}_{i+1})>0$ 设置相应的权值关系 $\dfrac{\omega_{i+1}}{\bar{\omega}_i}\geqslant\dfrac{\lambda_{\max}(\vec{\boldsymbol{Q}}_{i+1})}{\lambda_{\min}(\boldsymbol{Q}_{i+1})(1-\xi_+)}$ 或根据推论 4.5 的条件 $\sum_{j=1}^{n}\lambda_j(\boldsymbol{Q}_{BK})<0$ 设置过渡权值 $\bar{\omega}_i<\dfrac{\sum_{j=1}^{n}\lambda_j(\boldsymbol{Q}_i)}{\sum_{j=1}^{n}\lambda_j(\boldsymbol{Q}_{BK})(1-\xi_+)}$，直至 $\omega_{i+1}\to 1$ 或 $\bar{\omega}_i\to 0$。整个切换过程结束。

加权多模型各子系统切换顺序为 $\boldsymbol{H}_i\to\vec{\boldsymbol{H}}_{i+1}\to\boldsymbol{H}_{i+1}$，$\vec{\boldsymbol{H}}_{i+1}$ 稳定性未知，$\boldsymbol{H}_i$、$\boldsymbol{H}_{i+1}$ 为 Hurwitz 矩阵。若多模型切换顺序为 $\boldsymbol{H}_i\to\boldsymbol{H}_{i+1}$，直接采用步骤（1）与步骤（2）即可。

本节采用基于加权的 UMV 多运动控制线性模型。加权多模型控制 UMV 运动控制方框图如图 4.4 所示，首先构建多个模型的控制器，然后根据任务需要选择相应的控制器，从而确定加权多模型切换过程的权值范围，根据权值范围选取多模型的权值，构建加权多模型切换过程的控制器。本书主要研究多模型切换过程的稳定性问题。

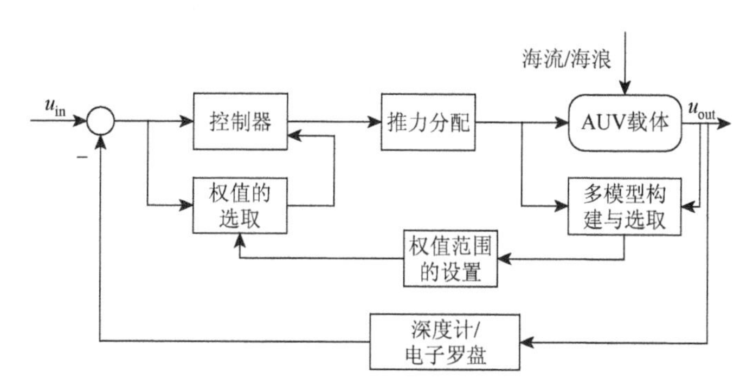

图 4.4　加权多模型控制 UMV 运动控制方框图

UMV 多运动控制模型采用深度控制模型（2.30d）。

$$\begin{cases}\dot{d}=-u\theta\\ \dot{\theta}=q\\ (I_y-M_{\dot{q}})\dot{q}-M_q q+hG\theta=M_{\text{ster}}u^2\delta_s\end{cases}\tag{4.13}$$

式中，d、θ、q 和 u 分别表示深度、纵倾角、纵倾角速度与纵向速度；$M_{\dot{q}}$、M_q、M_{ster} 为水动力系数；I_y 为刚体绕 y 轴的转动惯量；h 为稳心高；G 为 UMV 的质量；δ_s 为水平舵偏角，同时为系统控制量。

设切换过程控制量为

$$\vec{u}_{i,j} = \omega_i u_i + \omega_j u_j \tag{4.14}$$

式中，u_i 与 u_j 分别为第 i 个模型与第 j 个模型对应的控制量；ω_i 与 ω_j 分别为第 i 个模型与第 j 个模型切换过程的权值。

4.3.3 基于权值设置的加权多模型切换流程

设 $0<\xi_+<0.02$，采样时间为 0.05s，在第 1000 个采样点时，系统深度状态 d 由下潜至 6m 转换为下潜至 3m，假设系统中的一些水动力参数由于环境变化而发生跳变，深度控制模型系统矩阵由 $\vec{\boldsymbol{H}}_1$ 跳变为 $\vec{\boldsymbol{H}}_2$，输入矩阵由 $\boldsymbol{B}_1$ 跳变为 $\boldsymbol{B}_2$。

下面分两种切换顺序对加权多模型权值的设置进行分析。

设两模型切换前的系统矩阵为 $\vec{\boldsymbol{H}}_1 = \begin{bmatrix} 0 & -0.8000 & 0 \\ 0 & 0 & 1 \\ 0 & -0.0120 & -0.4188 \end{bmatrix}$，通过状态反馈极点配置后系统矩阵为 $\boldsymbol{H}_1 = \begin{bmatrix} 0 & -0.80000 & 0 \\ 0 & 0 & 1 \\ 0.0094 & -0.1300 & -0.6500 \end{bmatrix}$，系统极点为 $\lambda(\boldsymbol{H}_1) = [-0.1; -0.3; -0.25]$，系统输入矩阵为 $\boldsymbol{B}_1 = [0;0;-0.0155]$；高度变换后系统矩阵跳变为 $\vec{\boldsymbol{H}}_2 = \begin{bmatrix} 0 & -1.0800 & 0 \\ 0 & 0 & 1 \\ 0 & 0.0237 & -0.5581 \end{bmatrix}$，系统输入矩阵为 $\boldsymbol{B}_1 = [0;0;-0.0385]$。

通过状态反馈法获取系统矩阵为 $\boldsymbol{H}_2 = \begin{bmatrix} 0 & -1.0800 & 0 \\ 0 & 0 & 1 \\ 0.0116 & -0.2000 & -0.8500 \end{bmatrix}$，所配置极点为 $\lambda(\boldsymbol{H}_2) = [-0.1; -0.5; -0.25]$。

以下为加权多模型切换法切换顺序介绍。

1. 切换顺序为 $\boldsymbol{H}_1 \to \vec{\boldsymbol{H}}_2 \to \boldsymbol{H}_2$ 的权值分析

（1）ω_1 与 $\bar{\omega}_1$ 的取值无法使系统 $\omega_1 \boldsymbol{H}_1 + \bar{\omega}_1 \vec{\boldsymbol{H}}_2$ 转换为对角占优阵。

（2）设加权多模型系统矩阵为 $\omega_1 \boldsymbol{H}_1 + \bar{\omega}_1 \vec{\boldsymbol{H}}_2$。令 $\boldsymbol{Q}_1 = \boldsymbol{I}_{(3\times3)}$ 为单位矩阵则 $\lambda(\boldsymbol{Q}_1) = [1;1;1]$，根据 Lyapunov 函数 $\boldsymbol{H}_1^{\mathrm{T}} \boldsymbol{p}_1 + \boldsymbol{p}_1 \boldsymbol{H}_1 = -\boldsymbol{Q}_1$ 解得 $\boldsymbol{p}_1$。

获取矩阵 $\vec{\boldsymbol{Q}}_2 = \boldsymbol{A}_2^{\mathrm{T}} \boldsymbol{p}_1 + \boldsymbol{p}_1 \boldsymbol{A}_2$，解得其特征值 $\lambda(\vec{\boldsymbol{Q}}_2) = [-515.6946; 0.5694; 670.5275]$。由于 $\lambda_{\max}(\vec{\boldsymbol{Q}}_2) = 670.5275 > 0$ 且 $\sum_{j=1}^{3} \lambda_j(\vec{\boldsymbol{Q}}_2) = 155.4023>0$，根据推论 4.4 得加权因子比

值范围为$\frac{\omega_1}{\vec{\omega}_1} \geqslant \frac{155.4023}{3(1-\xi_+)}$，取$\frac{\omega_1}{\vec{\omega}_1} \geqslant 52$；据此设置权值向量$\omega_1 = [0.98 \quad 0.6 \quad 0.1]$；对应的$\vec{\omega}_1 = [0.0500 \quad 0.0100 \quad 0.001]$。

（3）加权多模型的系统矩阵为$\vec{\omega}_1\vec{\boldsymbol{H}}_2 + \omega_2\boldsymbol{H}_2$的权值分析与设定。

根据推论 4.5 可知$\sum_{j=1}^{3}\lambda_j(\vec{\boldsymbol{Q}}_{BK}) = 1230.9875 > 0$，则$\vec{\omega}_i \in \left[0, \frac{\sum_{j=1}^{n}\lambda_j(\boldsymbol{Q}_i)}{\sum_{j=1}^{n}\lambda_j(\boldsymbol{Q}_{BK})(1-\xi_+)}\right)$，

根据$\vec{\omega}_i$的范围取$\vec{\omega}_1 = [0.01\ 0.007\ 0.005\ \ 0], \omega_2 = [0.99\ 0.993\ 0.995\ 1.0]$，系统过渡模型$\vec{\boldsymbol{\omega}}_1\vec{\boldsymbol{H}}_2 + \boldsymbol{\omega}_2\boldsymbol{H}_2$稳定。

系统通过 7 个过渡模型（3 个$\omega_1\boldsymbol{H}_1 + \vec{\omega}_1\vec{\boldsymbol{H}}_2$与 4 个$\vec{\omega}_1\vec{\boldsymbol{H}}_2 + \omega_2\boldsymbol{H}_2$），由模型$\boldsymbol{H}_1$过渡到模型$\boldsymbol{H}_2$，状态控制曲线如图 4.5(a)所示。

2. 由$\boldsymbol{H}_1 \to \boldsymbol{H}_2$的切换过程

加权多模型的系统矩阵为$\omega_1\boldsymbol{H}_1 + \omega_2\boldsymbol{H}_2$的权值分析与设定如下。

根据前面方法所获取的$\boldsymbol{p}_1$，设$\boldsymbol{H}_2^{\mathrm{T}}\boldsymbol{p}_1 + \boldsymbol{p}_1\boldsymbol{H}_2 = \boldsymbol{Q}_2$，可得$\lambda(\boldsymbol{Q}_2) = [-170.5399; -1.4011; 9.6714]$，$\sum_{i=1}^{3}\lambda_i(\boldsymbol{Q}_2) = -162.2696 < 0$，由推论 4.4 得模型转换过程中两权值间的比值$\frac{\omega_i}{\vec{\omega}_i} \geqslant 0$，即$\forall\lambda(\omega_1\boldsymbol{H}_1 + \omega_2\boldsymbol{H}_2) < 0(0 \leqslant \omega_i \leqslant 1, i = 1,2)$。设 5 个过渡模型

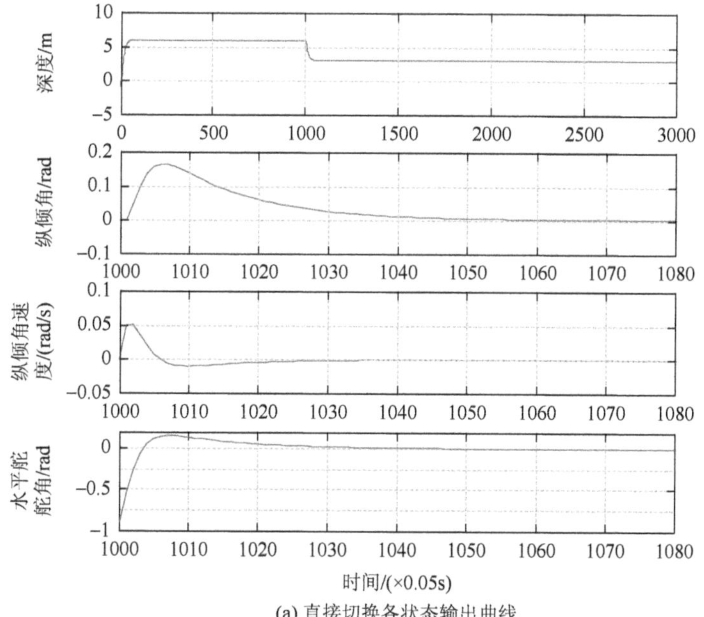

(a) 直接切换各状态输出曲线

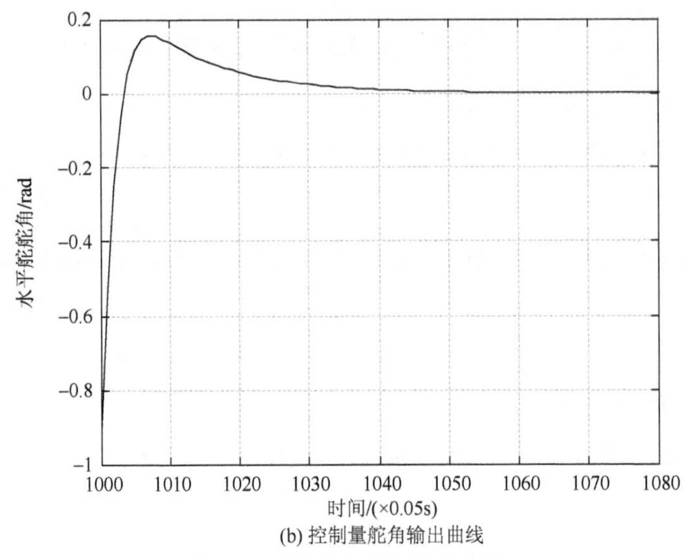

(b) 控制量舵角输出曲线

图 4.5 直接切换控制输出曲线

的权值设置为 $\omega_1=[0.98\ 0.7\ 0.4\ 0.1\ 0]$， $\omega_2=[0.02\ 0.3\ 0.7\ 0.9\ 1.0]$，模型仿真曲线如图 4.5(b)所示。

本书采用三种切换策略对 UMV 加权多深度控制模型的切换过程进行仿真。三种切换策略分别为：其一，直接切换法，当深度控制命令发生改变且模型参数发生跳变后，无过渡模型直接切换到相应模型，仿真结果如图 4.5 所示；其二，采用 $\boldsymbol{H}_1\rightarrow\vec{\boldsymbol{H}}_2\rightarrow\boldsymbol{H}_2$ 间接切换法，当系统深度控制命令发出时，通过加权法设置相应的过渡模型（本书用 7 个过渡模型）过渡到跳变后的模型，其仿真曲线如图 4.6 所示；其三，

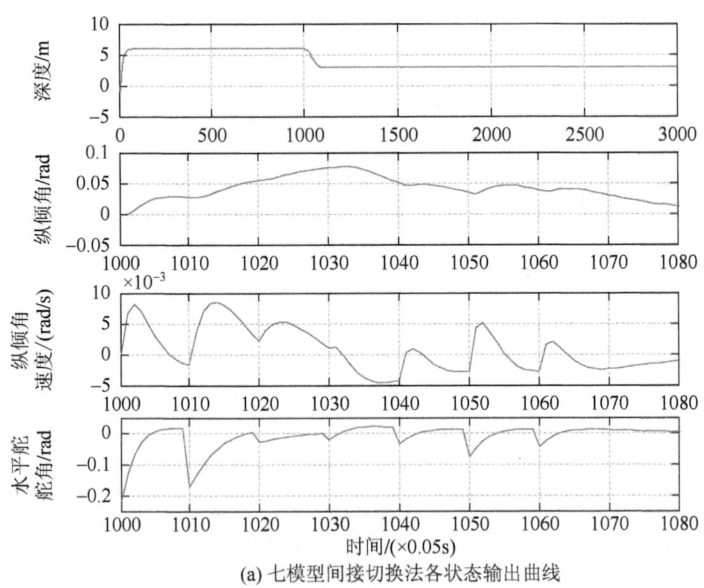

(a) 七模型间接切换法各状态输出曲线

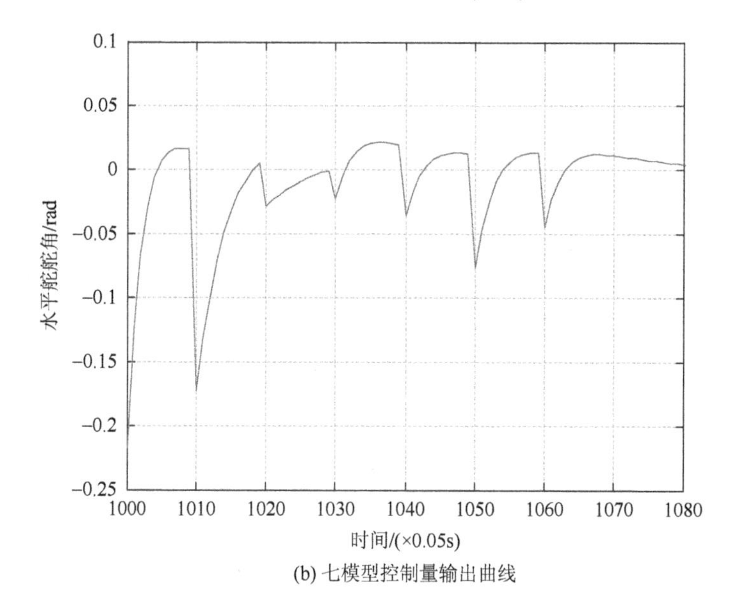

(b) 七模型控制量输出曲线

图 4.6　七模型间接切换曲线图

切换策略，采用 $H_1 \to H_2$ 设计权值范围，构建 5 个过渡模型完成切换任务，仿真曲线如图 4.7 所示。

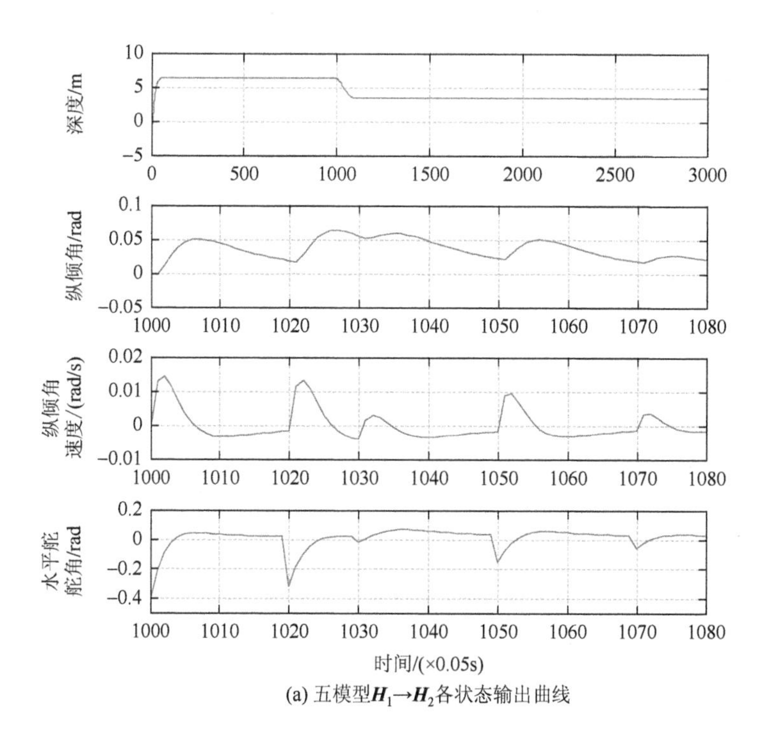

(a) 五模型 $H_1 \to H_2$ 各状态输出曲线

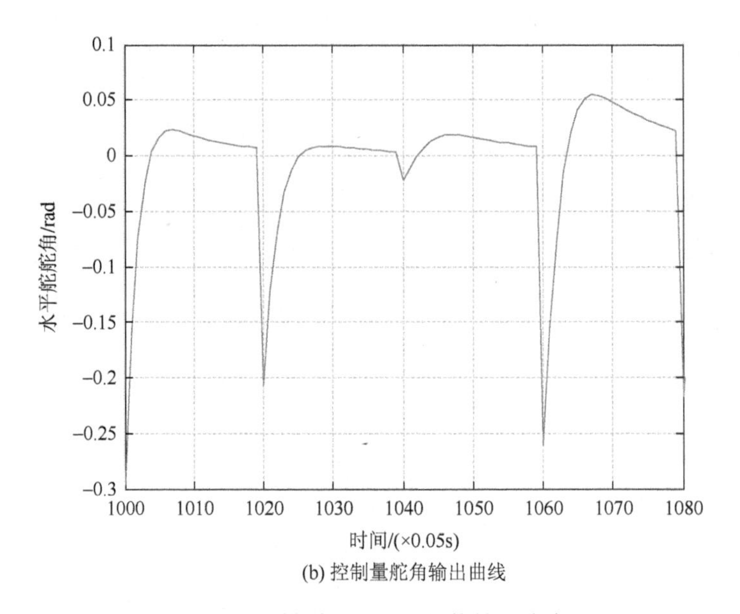

(b) 控制量舵角输出曲线

图 4.7　五模型 $\boldsymbol{H}_1 \rightarrow \boldsymbol{H}_2$ 切换输出曲线

从仿真曲线可以看出系统切换过渡模型越多，控制输出量与各状态变量控制曲线抖动幅度越小。在切换过渡过程中采用 7 个模型的图 4.6(b)控制量的水平舵舵角 δ_s 抖动角最小，其最大抖动 $\delta_s \approx 0.2\text{rad}$；采用 5 个切换子模型由 $\boldsymbol{H}_1 \rightarrow \boldsymbol{H}_2$ 切换的图 4.7(b)次之，其水平舵舵角最大抖动 $\delta_s \approx 0.3\text{rad}$；而直接切换法图 4.5(a)最差，其水平舵舵角最大抖动为 $\delta_s \approx 0.9\text{rad}$ 。

图 4.6(a)与图 4.7(a)的深度控制变化曲线相对于图 4.5(a)的变化曲线最大峰值小得多。直接切换如图 4.5(a)所示，在切换过程中，纵倾角的抖动幅度达到了 12°即 0.2rad 左右，而多模型控制中纵倾角速度的抖动幅度远小于此值。

本节给定了加权多模型切换过程中的权值范围，保证了权值的快速获取以及线性多模型切换过程的稳定性；通过二次 Lyapunov 稳定函数验证了加权多模型在所设置的权值范围内的收敛性；通过 UMV 加权多深度模型实例验证了所获取的权值能够保证加权多模型切换过程的渐近稳定性。若切换过程中有一模型为稳定模型，且所设置的加权因子个数越多即切换过程的过渡模型越多，切换过程状态的抖动幅度越小。本节所提出的权值设置为多模型切换过程中的权值的自适应调整提供了一定的理论依据，为非线性系统的多线性模型的逼近开拓了思路。本节主要研究 UMV 在运行环境发生变化时模型参数发生突变的问题，仿真实验表明，当 UMV 线性模型发生改变时只要模型切换前后有一模型为稳定模型，即可通过计算权值范围的设置保证系统切换过程的稳定性。

4.4 基于控制策略设置的非线性多模型优化切换

UMV 系统是一种非线性系统且各状态变量间耦合性强，为了避免或改善系统某些状态的变化而引起系统其他状态变量的变化，本节采用控制策略设置的方式保证系统在切换过程中的稳定性。在线性多模型加权因子切换策略研究的基础上，根据权值因子的设置特点确定控制策略以保证加权非线性多模型切换过程的 Lyapunov 能量函数衰减，保证非线性多模型切换系统的稳定性。

4.4.1 基于加权因子的非线性多模型切换

设非线性切换系统为

$$\dot{\boldsymbol{x}} = \boldsymbol{f}_{\sigma}(\boldsymbol{x}), \quad \sigma = 1,2,\cdots,m \tag{4.15}$$

式中，σ 为系统切换策略。本节以切换序列形式描述系统的切换过程。

根据所构建的 UMV 系统多模型集可知各子系统模型间具有如下的共同状态空间表达式：

$$\dot{\boldsymbol{x}} = \boldsymbol{A}_i(u)\boldsymbol{x} + \boldsymbol{h}_i(\boldsymbol{x}) + \boldsymbol{f}_i(\boldsymbol{x})\boldsymbol{\delta}_i \tag{4.16}$$

即 UMV 系统的运动控制模型可以转化为线性模型部分与非线性模型部分。$\boldsymbol{A}_i(u)$ 为由系统水动力参数确定的系统矩阵且为完全可控矩阵；$\boldsymbol{h}_i(\boldsymbol{x})$ 为系统非线性部分，包含系统外界干扰量；$\boldsymbol{f}_i(\boldsymbol{x})$ 为与系统某一或某些运动状态相关的非线性输入矩阵。

设切换系统在切换过程中满足如下假设条件。

（1）各子系统为可控系统，各子模型在其相应控制策略下稳定。

（2）所选取的切换策略 σ 在一定时间内为有限切换。

由假设（1）知，系统可通过控制策略的设置将 UMV 系统模型（4.16）转换为切换模型（4.17）的形式。

$$\dot{\boldsymbol{x}} = \tilde{\boldsymbol{A}}_i\boldsymbol{x} + \tilde{\boldsymbol{h}}_i(\boldsymbol{x})\boldsymbol{x} + \boldsymbol{f}_i(\boldsymbol{x})\boldsymbol{\delta}_{\sigma_i} \tag{4.17}$$

式中，$\tilde{\boldsymbol{A}}_i$ 为稳定矩阵；$\boldsymbol{\delta}_{\sigma_i}$ 为第 i 个系统模型的控制策略。

本节所研究系统的切换序列为

$$s = x_i(t_0) \to x_j(t_0) \tag{4.18}$$

设系统从第 i 个模型切换到第 j 个模型的控制切换策略为 $\boldsymbol{\delta}_{\sigma_{ij}}$，切换系统可描述为

$$\begin{cases}\dot{\boldsymbol{x}}=\boldsymbol{A}_i\boldsymbol{x}+\tilde{\boldsymbol{h}}_i(\boldsymbol{x})\boldsymbol{x}+\boldsymbol{f}_i(\boldsymbol{x})\boldsymbol{\delta}_i\\ \dot{\boldsymbol{x}}=\boldsymbol{A}_j\boldsymbol{x}+\tilde{\boldsymbol{h}}_j(\boldsymbol{x})\boldsymbol{x}+\boldsymbol{f}_j(\boldsymbol{x})\boldsymbol{\delta}_j\end{cases} \tag{4.19}$$

设两模型切换的控制策略为

$$\boldsymbol{\delta}_{\sigma_{ij}}=\alpha\boldsymbol{\delta}_{\sigma_i}+\beta\boldsymbol{\delta}_{\sigma_j} \tag{4.20}$$

式中，α 与 β 为系统模型切换过程的切换因子，则系统切换过程的模型为

$$\dot{\boldsymbol{x}}=(\alpha\boldsymbol{A}_i+\beta\boldsymbol{A}_j)\boldsymbol{x}+[\alpha\tilde{\boldsymbol{h}}_i(\boldsymbol{x})+\beta\tilde{\boldsymbol{h}}_i(\boldsymbol{x})]+[\alpha\boldsymbol{f}_i(\boldsymbol{x})+\beta\boldsymbol{f}_j(\boldsymbol{x})]\boldsymbol{\delta}_{\sigma_{ij}} \tag{4.21}$$

为了研究方便将系统简化为

$$\dot{\boldsymbol{x}}=\boldsymbol{A}_{ij}(\boldsymbol{x})\boldsymbol{x}+\tilde{\boldsymbol{h}}_{ij}(\boldsymbol{x})\boldsymbol{x}+\boldsymbol{f}_{ij}(\boldsymbol{x})\boldsymbol{\delta}_{\sigma_{ij2}} \tag{4.22}$$

式中，$\boldsymbol{A}_{ij}(\boldsymbol{x})=\alpha\boldsymbol{A}_i+\beta\boldsymbol{A}_j$；$\tilde{\boldsymbol{h}}_{ij}(\boldsymbol{x})=\alpha\tilde{\boldsymbol{h}}_i(\boldsymbol{x})+\beta\tilde{\boldsymbol{h}}_j(\boldsymbol{x})$；$\boldsymbol{f}_{ij}(\boldsymbol{x})=\alpha\boldsymbol{f}_i(\boldsymbol{x})+\beta\boldsymbol{f}_j(\boldsymbol{x})$。

4.4.2 非线性多模型控制策略

由于共同 Lyapunov 函数法条件苛刻，满足共同 Lyapunov 函数法的非线性切换模型较少，有关非线性多模型的切换多通过构建合适的切换策略保证系统切换过程的稳定性。本节通过对非线性模型加权因子与控制策略的共同构建，保证系统在切换过程的稳定性，从而在一定条件下拓宽了非线性多模型稳定切换的范围。

定义 4.1 根据线性系统共同 Lyapunov 函数的定义知，若切换系统（4.15）满足如下条件：

（1）$\boldsymbol{A}_1^{\mathrm{T}}\boldsymbol{P}_1+\boldsymbol{P}_1\boldsymbol{A}_1=-\boldsymbol{P}_0$；

（2）$\boldsymbol{A}_i^{\mathrm{T}}\boldsymbol{P}_i+\boldsymbol{P}_i\boldsymbol{A}_i=-\boldsymbol{P}_{i-1}$。

则系统具有共同 Lyapunov 函数法意义下的稳定性。

共同 Lyapunov 函数法要求为各子模型寻找一个具有严格要求的类 Lyapunov 函数，而满足此类型的切换模型较少。通常通过多 Lyapunov 函数法或切换策略的设置来实现多模型切换系统的稳定。

定义 4.2 多 Lyapunov 函数法稳定判据：如果各切换子系统渐近稳定且各子系统的 Lyapunov 函数渐近衰减，则切换系统（4.15）稳定。

通常非线性多模型切换策略设置的一般要求需满足如下两个条件：

（1）系统（4.15）具有全局 Lipschitz 连续性，即 $\|\boldsymbol{f}_\sigma(\boldsymbol{x})-\boldsymbol{f}_\sigma(\boldsymbol{y})\|\leqslant\Lambda_k\|\boldsymbol{x}-\boldsymbol{y}\|$ $\forall(\boldsymbol{x},t),(\boldsymbol{y},t)\in\Re$，其中 $\Lambda_k>0$，$\Re$ 为系统所定义的开集。

（2）在有限时间内仅切换有限次。

本书所研究的非线性切换系统满足以上两假设条件。

引理 4.1[6] 切换系统（4.15）满足 $\boldsymbol{f}_{\sigma}(0)=\mathbf{0}$，且 $\boldsymbol{f}_{\sigma}(\boldsymbol{x})$ 是连续可微函数，若存在正数 α 与 β 使得系统 $\dot{\boldsymbol{x}}=\alpha\boldsymbol{f}_i(\boldsymbol{x})+\beta\boldsymbol{f}_j(\boldsymbol{x})$ 渐近稳定，则存在切换律使得切换系统（4.9）渐近稳定。

推论 4.6 若存在光滑函数 $\alpha(\boldsymbol{x})$ 与 $\beta(\boldsymbol{x})$ 使得系统（4.22）渐近稳定，则切换系统稳定。

推论 4.7 若切换系统（4.22）在切换过程中满足如下条件：

（1）切换系统的线性子系统

$$\dot{\boldsymbol{x}}=(\alpha\boldsymbol{A}_i+\beta\boldsymbol{A}_j)\boldsymbol{x}+[\alpha\boldsymbol{f}_i(\boldsymbol{x})+\beta\boldsymbol{f}_j(\boldsymbol{x})]\boldsymbol{\delta}_{\sigma_{ij}} \tag{4.23}$$

为完全可控系统。

（2）系统（4.23）的输入矩阵 $\boldsymbol{f}_{ij}(\boldsymbol{x})=\alpha\boldsymbol{f}_i(\boldsymbol{x})+\beta\boldsymbol{f}_j(\boldsymbol{x})$ 存在伪逆矩阵。

（3）非线性子系统（其中包含系统的不确定部分）可辨识，且具有一定的阈值范围，即

$$\left\|\alpha\tilde{\boldsymbol{h}}_i(\boldsymbol{x})+\beta\tilde{\boldsymbol{h}}_j(\boldsymbol{x})\right\|<\boldsymbol{\xi}_{ij}(\boldsymbol{x}) \tag{4.24}$$

则可通过切换控制策略

$$\boldsymbol{\delta}_{\sigma_{ij}}=\boldsymbol{k}(\boldsymbol{x})\boldsymbol{x}-[\boldsymbol{f}_{ij}^{\mathrm{T}}(\boldsymbol{x})\boldsymbol{f}_{ij}(\boldsymbol{x})]^{-1}\boldsymbol{f}_{ij}^{\mathrm{T}}(\boldsymbol{x})\boldsymbol{\xi}_{ij}(\boldsymbol{x}) \tag{4.25a}$$

实现系统切换过程的渐近稳定。式中，$\boldsymbol{k}(\boldsymbol{x})$ 为保证系统（4.24）稳定的控制参数。

证明 根据条件（1），由于系统为完全可控系统，则系统可通过状态反馈法式（4.25b）保证系统（4.22）的渐近稳定性：

$$\boldsymbol{\delta}_{\sigma_{ij1}}=\boldsymbol{k}(\boldsymbol{x})\boldsymbol{x} \tag{4.25b}$$

将系统的切换控制策略（4.25a）代入式（4.22）得

$$\dot{\boldsymbol{x}}=\boldsymbol{A}_{ij}(\boldsymbol{x})\boldsymbol{x} \tag{4.26}$$

切换系统（4.21）经部分切换控制策略控制后，可得

$$\dot{\boldsymbol{x}}=\boldsymbol{A}_{ij}(\boldsymbol{x})\boldsymbol{x}+[\alpha\tilde{\boldsymbol{h}}_i(\boldsymbol{x})+\beta\tilde{\boldsymbol{h}}_i(\boldsymbol{x})]\boldsymbol{x}+[\alpha\boldsymbol{f}_i(\boldsymbol{x})+\beta\boldsymbol{f}_j(\boldsymbol{x})]\boldsymbol{\delta}_{\sigma_{ij2}} \tag{4.27}$$

由于系统矩阵 $\boldsymbol{A}_{ij}(\boldsymbol{x})$ 为稳定矩阵，则根据 Lyapunov 稳定定理可知存在正定矩阵 $\boldsymbol{P}$ 满足 Lyapunov 函数：

$$\boldsymbol{A}_{ij}^{\mathrm{T}}(\boldsymbol{x})\boldsymbol{P}+\boldsymbol{P}\boldsymbol{A}_{ij}(\boldsymbol{x})=-\boldsymbol{Q} \tag{4.28}$$

构建 Lyapunov 函数（4.28）判断系统在控制切换策略下的稳定性。

$$V=\boldsymbol{x}^{\mathrm{T}}\boldsymbol{P}\boldsymbol{x} \tag{4.29}$$

对 Lyapunov 函数求导，研究系统的稳定性。

$$\begin{aligned}\dot{V} &= \dot{\boldsymbol{x}}^{\mathrm{T}}\boldsymbol{P}\boldsymbol{x}+\boldsymbol{x}^{\mathrm{T}}\boldsymbol{P}\dot{\boldsymbol{x}} \\ &= \boldsymbol{x}^{\mathrm{T}}\boldsymbol{P}\boldsymbol{A}_{ij}\boldsymbol{x}+\boldsymbol{x}^{\mathrm{T}}\boldsymbol{A}_{ij}^{\mathrm{T}}\boldsymbol{P}\boldsymbol{x}+2\boldsymbol{x}^{\mathrm{T}}\boldsymbol{P}\tilde{\boldsymbol{h}}_{ij}(\boldsymbol{x})\boldsymbol{x}+2\boldsymbol{x}^{\mathrm{T}}\boldsymbol{P}\boldsymbol{f}_{ij}(\boldsymbol{x})\boldsymbol{\delta}_{\sigma_{ij2}}\end{aligned} \tag{4.30}$$

将式（4.28）代入式（4.30）中：

$$\dot{V} < -\boldsymbol{x}^{\mathrm{T}}\boldsymbol{Q}_{ij}\boldsymbol{x}+2\boldsymbol{x}^{\mathrm{T}}\boldsymbol{P}\boldsymbol{\xi}_{ij}(\boldsymbol{x})\boldsymbol{x}+2\boldsymbol{x}^{\mathrm{T}}\boldsymbol{P}\boldsymbol{f}_{ij}(\boldsymbol{x})\boldsymbol{\delta}_{\sigma_{ij2}} \tag{4.31}$$

根据条件（2）可知光滑正函数 $\alpha(\boldsymbol{x})$ 与 $\beta(\boldsymbol{x})$ 能够保证 $\boldsymbol{f}_{ij}(\boldsymbol{x})$ 存在伪逆矩阵，则系统控制切换策略（4.25b）存在，并将其代入式（4.31）中：

$$\dot{V} < -\boldsymbol{x}^{\mathrm{T}}\boldsymbol{Q}_{ij}\boldsymbol{x} < 0$$

即有 $\lim\limits_{t\to\infty}V(t)\to 0$，则控制切换策略（4.25b）能够实现模型切换过程中的渐近稳定性。

推论 4.8 若存在光滑函数 $\alpha(\boldsymbol{x})$ 与 $\beta(\boldsymbol{x})$ 使得系统（4.22）的系统矩阵 $\alpha\boldsymbol{A}_i+\beta\boldsymbol{A}_j$ 渐近稳定，则切换策略可设置为

$$\boldsymbol{\delta}_{\sigma_{ij}} = [\boldsymbol{f}_{ij}^{\mathrm{T}}(\boldsymbol{x})\boldsymbol{f}_{ij}(\boldsymbol{x})]^{-1}\boldsymbol{f}_{ij}^{\mathrm{T}}(\boldsymbol{x})\boldsymbol{\xi}_{ij}(\boldsymbol{x}) \tag{4.32}$$

即可保证系统切换过程的稳定性。

证明同推论 4.7。在线性加权多模型切换策略设置中已经证明，系统切换模型中的一个子模型为稳定模型即可通过相应的权值设置保证切换系统的稳定性。

引理 4.2[6] 若切换系统（4.15）为全局渐近稳定系统，存在 Lyapunov 函数 $V_p>0$，p 为切换序列，若对每一切换时间对 $(t_i,t_j)\ (i<j)$，都存在正定连续函数 W_p，满足如下条件：

$$V_p[\boldsymbol{x}(t_j)]-V_p[\boldsymbol{x}(t_i)] = -W_p[\boldsymbol{x}(t_j)] \tag{4.33}$$

则切换系统在切换过程中全局渐近稳定。

推论 4.9 若系统（4.22）各子系统构建的能量函数为光滑连续函数：

$$\mu(\|\boldsymbol{x}\|) < V_\sigma(\boldsymbol{x}) < \varsigma(\|\boldsymbol{x}\|),\quad (\mu,\varsigma)\in\kappa_\infty,\quad \sigma=i,j \tag{4.34}$$

且满足如下条件：

$$V_j[\boldsymbol{x}(t_j)] < V_{ij}[\boldsymbol{x}(t_{ij})] < V_i[\boldsymbol{x}(t_i)],\quad i<j \tag{4.35}$$

则切换系统稳定。

此推论可根据多 Lyapunov 函数法与引理 4.2 推导验证。

4.4.3 UMV 运动控制模型特点

以第 2 章固定模型集中的航向控制模型集中的子模型（2.28b）为例进行非线

性多模型切换系统的分析。由于 UMV 系统下潜 10m 对系统的水动力参数会有一定的影响，另外当多模型系统型号发生变化时，系统的转动惯量也会发生变化，这些都将影响系统的控制性能，在一定条件下需要进行模型的切换。

本书采用的系统航向控制模型为

$$\begin{bmatrix}\dot{r}\\ \dot{\psi}\end{bmatrix}=\begin{bmatrix}\dfrac{N_r u}{I_{zz}-N_{\dot{r}}} & 0\\ 1 & 0\end{bmatrix}\begin{bmatrix}r\\ \psi\end{bmatrix}+\begin{bmatrix}\dfrac{N_\delta u^2}{I_{zz}-N_{\dot{r}}}\\ 0\end{bmatrix}\delta_r(t)+\begin{bmatrix}\dfrac{N_{r|r|}|r|}{I_{zz}-N_{\dot{r}}}+\dfrac{N_{|v|r}|v|}{I_{zz}-N_{\dot{r}}}\\ 0\end{bmatrix}\begin{bmatrix}r\\ \psi\end{bmatrix} \tag{4.36}$$

当系统绕 z 轴的转动惯量 I_{zz} 发生变化或系统的某些水动力参数 N_{**} 发生变化时，系统模型中的各参数都发生变化。系统控制参数构建中将纵向速度 u 视为可变的模型参数，航向角速度 r 与航向角 ψ 为状态变量。

将系统的水动力参数与转动惯量代入模型（4.36）中，则有

$$\begin{bmatrix}\dot{r}\\ \dot{\psi}\end{bmatrix}=\begin{bmatrix}-0.4188u & 0\\ 1 & 0\end{bmatrix}\begin{bmatrix}r\\ \psi\end{bmatrix}+\begin{bmatrix}0.0275u^2\\ 0\end{bmatrix}\delta_r(t)+\begin{bmatrix}-1.4257|r|+0.1740|v|\\ 0\end{bmatrix}\begin{bmatrix}r\\ \psi\end{bmatrix} \tag{4.37}$$

系统转动惯量与水动力参数发生变化后，系统模型转化为

$$\begin{bmatrix}\dot{r}\\ \dot{\psi}\end{bmatrix}=\begin{bmatrix}-0.5668u & 0\\ 1 & 0\end{bmatrix}\begin{bmatrix}r\\ \psi\end{bmatrix}+\begin{bmatrix}0.0373u^2\\ 0\end{bmatrix}\delta_r(t)+\begin{bmatrix}-1.9293|r|+0.2355|v|\\ 0\end{bmatrix}\begin{bmatrix}r\\ \psi\end{bmatrix} \tag{4.38}$$

航向控制模型（4.36）为可控系统，可通过状态法保证系统矩阵的稳定。若侧向速度 v 与横滚角速度 r 不全为零，系统矩阵具有伪逆矩阵。令切换系统（4.36）中的非线性部分量有界，采用推论 4.7 进行控制切换策略的设计。

根据模型（4.37）与模型（4.38）系统矩阵特点可知两矩阵均为不稳定矩阵，无法通过权值的设置实现系统矩阵的稳定性。两模型切换过程中权值设置为 α 与 β，则系统的模型转化为

$$\begin{aligned}\begin{bmatrix}\dot{r}\\ \dot{\psi}\end{bmatrix}=&\begin{bmatrix}-(0.4188\alpha+0.5668\beta)u & 0\\ \alpha+\beta & 0\end{bmatrix}\begin{bmatrix}r\\ \psi\end{bmatrix}+\begin{bmatrix}(0.0275\alpha+0.0373\beta)u^2\\ 0\end{bmatrix}\vec{\delta}_r(t)\\ &+\begin{bmatrix}-(1.4257\alpha+1.9293\beta)|r|+(0.1740\alpha+0.2355\beta)|v|)\\ 0\end{bmatrix}\begin{bmatrix}r\\ \psi\end{bmatrix}\end{aligned} \tag{4.39}$$

切换系统非线性部分：

$$\tilde{h}(v,r)=\begin{bmatrix}-(1.4257\alpha+1.9293\beta)|r|+(0.1740\alpha+0.2355\beta)|v|)\\ 0\end{bmatrix} \tag{4.40}$$

且系统非线性部分的阈值可确定为

$$\|\tilde{h}(v,r)\| \leqslant \begin{bmatrix} |-\min(1.4257\alpha, 1.9293\beta)|r| + \max(0.1740\alpha, 0.2355\beta)|v|| \\ 0 \end{bmatrix} = \xi(r,v) \tag{4.41}$$

切换策略的设置如下。首先预设状态反馈后系统矩阵的期望极点为 $\lambda_1 = -0.4$ 与 $\lambda_2 = -0.8$，设置状态反馈切换策略：

$$\vec{\delta}_{r1}(t) = \frac{\lambda_1 + \lambda_2 + (0.4188\alpha + 0.5668\beta)u}{(0.0275\alpha + 0.0373\beta)u^2} r - \frac{\lambda_1 \lambda_2}{(\alpha+\beta)(0.0275\alpha + 0.0373\beta)u^2} \psi \tag{4.42}$$

设加权因子 $\alpha = 0.5$ 与 $\beta = 0.5$，控制策略（4.35）表明加权因子的设置并不影响系统切换过程的稳定性，可以在区间 $\alpha, \beta \in (0,1]$ 范围内任意取值。则有 $\xi(r,v) = \begin{bmatrix} |-0.7128|r| + 0.1178|v|| \\ 0 \end{bmatrix}$，系统非线性部分的切换策略为

$$\vec{\delta}_{r2} = -\frac{|-0.7128|r| + 0.1178|v||}{(0.0275\alpha + 0.0373\beta)u^2} \tag{4.43}$$

则系统的切换策略可以表述为

$$\vec{\delta}_r = \vec{\delta}_{r1} + \vec{\delta}_{r2} \tag{4.44}$$

通过 Lyapunov 稳定判据验证系统切换过程渐近稳定。

多模型切换仿真验证说明如下。系统在纵向速度 $u = 2$ 时，系统航向控制模型发生变化，由模型（4.37）切换为模型（4.38），同时系统切换控制策略（4.42）启动，当航向控制误差 $e_\psi < 1.0$ 时，系统控制策略切换到模型（4.38）预设的控制策略下进行航向控制。采用控制切换策略的航向控制曲线如图 4.8 所示。仿真结果表明系统航向控制输出曲线平滑，故所设计的切换策略能够保证切换系统稳定。

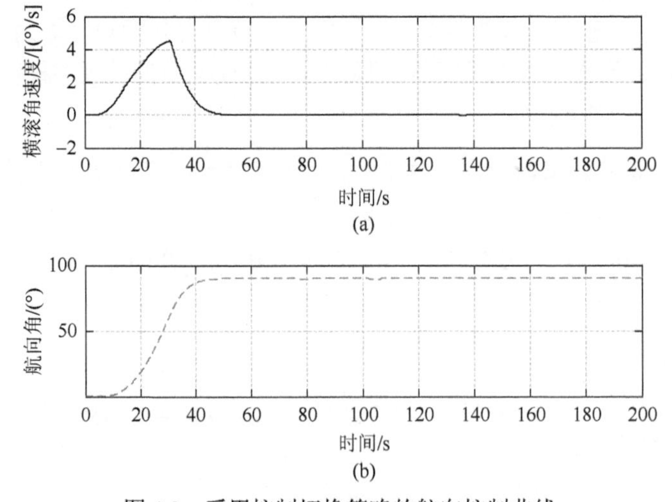

图 4.8　采用控制切换策略的航向控制曲线

本节根据 UMV 系统运动控制模型的特点，提出采用加权因子与切换控制策略共同设置，保证非线性多模型切换过程的稳定性。通过多 Lyapunov 函数法的相关理论分析，以保证多模型切换过程能量函数衰减的设计思路，延伸了相关加权因子与切换控制策略如何设置的相关推论。最后通过 UMV 系统航向运动控制多模型仿真验证了所设计的切换控制策略能够保证多模型切换控制的稳定性，仿真表明本节所设计的切换控制策略能够保证系统航向运动控制的多模型切换稳定。

4.5 基于能量函数的非完全同态多模型优化切换

4.5.1 UMV 运动控制模型的特点

UMV 系统所构建的多固定模型集表明系统各子模型间的维数与状态并不完全一致，在 UMV 系统试验过程中，为了控制需要增加或减少某些运动状态量以提高系统运动控制特性。为了实现多模型切换过程中的平滑切换，本节提出非完全同态多模型控制切换策略的设计思路。

相对于子模型状态量完全一致的多模型控制稳定切换问题，非完全同态多模型控制子模型间的切换策略更难设计，非完全同态多模型控制研究涉及非同维系统间的映射、非同维子系统间的平滑切换等问题。许多学者在研究非完全同态多模型切换时，多将子模型转换为高阶的同维模型后再进行模型切换问题的研究，这在一定意义上削弱了多模型切换控制的意义，使得所设计的切换策略比较繁杂。本节将根据切换子模型的控制性能在不改变系统原有模型维数的基础上进行切换稳定性分析，提出根据能量函数相关概念对非完全同态多模型切换前后各子模型的特点进行控制策略的分析与设计。本节主要针对线性系统的非完全同态多模型切换问题以及模型切换过程中子模型状态变量的增加与减少的非完全同态切换问题进行研究。

4.5.2 非完全同态多模型切换稳定定义

由于非完全同态研究相对于一般的多模型切换问题的研究较少，且没有统一的切换稳定概念。本节根据线性多模型与非线性多模型稳定切换的定义，延伸了非完全同态多模型稳定切换的概念。下面对非完全同态多模型的相关概念进行说明。

本书所提状态空间表达式所含变量是在相同坐标系下对运动载体位姿的描述。同态是指切换子模型的状态空间表达式具有相同的状态变量，即切换前后各子模型状态空间相同。非完全同态是指切换前后各子模型的状态变量不完全相同，即其状态空间不相同。下面对非完全同态多模型切换控制策略的设计进行定义以及相关探索性的研究说明。

非完全同态两切换子系统模型描述为如下形式。

$$M_i:\quad \dot{\boldsymbol{x}}_i = f_i(\boldsymbol{x}_1) + g_i(\boldsymbol{x}_1)\delta_i \tag{4.45}$$

$$M_j:\quad \dot{\boldsymbol{x}}_j = f_j(\boldsymbol{x}_1) + g_j(\boldsymbol{x}_2)\delta_j \tag{4.46}$$

模型切换顺序为从模型 M_i 切换到模型 M_j 时系统状态变量发生变化，由状态向量组 $\boldsymbol{x}_1$ 切换到状态向量组 $\boldsymbol{x}_2$，即系统从一种运动控制模式切换为另一种运动控制模式后系统状态变量发生变化。

定义 4.3 非完全同态的多模型切换是指多模型控制中模型集中的各子模型的阶次（维数）不完全相同或系统切换时模型的状态变量不完全相同。如 UMV 系统固定多模型集中的深度控制模型集的子模型（2.30a）与子模型（2.30b）的控制状态不完全相同。

定义 4.4 基于状态变量增加的多模型切换是指当系统由模型 M_i 切换到模型 M_j 过程中状态向量组 $\boldsymbol{x}_1$ 包含于状态向量组 $\boldsymbol{x}_2$，即 $\boldsymbol{x}_1 \subset \boldsymbol{x}_2$，而状态变量减少则为切换后的状态向量组 $\boldsymbol{x}_2$ 包含于状态向量组 $\boldsymbol{x}_1$，即 $\boldsymbol{x}_2 \subset \boldsymbol{x}_1$。在 UMV 多模型运动控制中，状态变量增加或减少的多模型切换适用于所构建的同一模型集内各子模型间的模型切换。

定义 4.5 同维非同态的多模型切换是指当系统模型由模型 M_i 切换到模型 M_j 过程中状态向量的维数未发生变化，而系统状态变量发生变化。同维非同态的多模型切换用于水下机器人垂直面与水平面的联合控制，如水下机器人的回转运动控制等。

定义 4.6 非同态多模型切换过程中，若控制信号连续即无跳跃行为，则称系统控制输出信号平稳。

定义 4.7 非同态多模型切换过程中，若系统运动状态无跳跃且状态在预设范围内连续平滑运行，则称系统切换稳定。若状态在预设范围内逐渐趋于切换后期望的预设值，则称系统切换渐近稳定。

非完全同态多模型稳定切换的充分条件：若模型（4.45）与模型（4.46）构建的能量函数为光滑连续函数：

$$\mu(\|\boldsymbol{x}_\sigma\|) < V_\sigma(\boldsymbol{x}) < \varsigma(\|\boldsymbol{x}_\sigma\|),\quad (\mu,\varsigma)\in\kappa_\infty,\quad \sigma = i,j \tag{4.47}$$

且满足如下两个条件：

$$V_{ij}[\boldsymbol{x}(t_{ij})] < V_i[\boldsymbol{x}(t_i)], \quad i < j \tag{4.48}$$

$$V_j[\boldsymbol{x}(t_j)] < V_{ij}[\boldsymbol{x}(t_{ij})], \quad i < j \tag{4.49}$$

则切换系统稳定。

状态变量的变化是指切换过程中两切换模型的状态变量减少或增加。设多模型系统作如下切换 $M_1 \to M_2$，其中 $\to$ 表示切换的方向。

$$\begin{cases} M_1: \quad \dot{\boldsymbol{x}} = \boldsymbol{A}_1\boldsymbol{x}_1 + \boldsymbol{C}_1\boldsymbol{x}_2 + \boldsymbol{B}_1\delta_1 \\ M_2: \quad \dot{\boldsymbol{x}} = \boldsymbol{C}_2\boldsymbol{x}_1 + \boldsymbol{A}_2\boldsymbol{x}_2 + \boldsymbol{B}_2\delta_2 \end{cases} \tag{4.50}$$

设模型 M_1 所采用的控制律为

$$\delta_1 = \boldsymbol{k}_{11}(\tilde{\boldsymbol{x}}_1)\tilde{\boldsymbol{x}}_1 + \boldsymbol{k}_{12}(\boldsymbol{x}_2)\boldsymbol{x}_2 \tag{4.51}$$

模型 M_2 所采用的控制律为

$$\delta_2 = \boldsymbol{k}_{21}(\tilde{\boldsymbol{x}}_1)\tilde{\boldsymbol{x}}_1 + \boldsymbol{k}_{22}(\boldsymbol{x}_2)\boldsymbol{x}_2 \tag{4.52}$$

下面针对系统运动控制过程中状态变量组变化的多模型切换问题进行研究。

4.5.3 基于状态变量减少的多模型切换策略

模型切换过程中，系统的状态量减少，即 $\boldsymbol{x}_1 = \tilde{\boldsymbol{x}}_1 \cup \boldsymbol{x}_2$，其中 $\tilde{\boldsymbol{x}}_1$ 为模型切换后减少的状态变量，如第 2 章中的航向控制模型集中的两子模型，从模型（2.28a）切换到模型（2.28b）后减少了系统状态变量侧向速度 v。定义如下状态变量减少的多模型。

切换前的模型为

$$M_{1d}: \quad \dot{\boldsymbol{x}} = \begin{bmatrix} \boldsymbol{A}_{11} & \boldsymbol{A}_{12} \\ \boldsymbol{A}_{21} & \boldsymbol{A}_{22} \end{bmatrix} \begin{bmatrix} \tilde{\boldsymbol{x}}_1 \\ \boldsymbol{x}_2 \end{bmatrix} + \boldsymbol{B}_1\delta_1 \tag{4.53}$$

切换后的模型为

$$M_{2d}: \quad \dot{\boldsymbol{x}}_2 = \boldsymbol{A}_2\boldsymbol{x}_2 + \boldsymbol{B}_2\delta_2 \tag{4.54}$$

设模型 M_{1d} 的控制律为

$$\delta_1 = \boldsymbol{k}_{11}(\tilde{\boldsymbol{x}}_1)\tilde{\boldsymbol{x}}_1 + \boldsymbol{k}_{12}(\boldsymbol{x}_2)\boldsymbol{x}_2 \tag{4.55}$$

模型 M_{2d} 的控制律为

$$\delta_2 = \tilde{\boldsymbol{k}}(\boldsymbol{x}_2)\boldsymbol{x}_2 \tag{4.56}$$

下面根据状态变量减少的多模型系统的控制切换策略进行理论推导。

状态变量减少的非完全同态多模型切换的共同 Lyapunov 函数法定义如下。

若系统各子模型在其控制律作用下，满足如下两个条件：

（1）存在正定对称矩阵 $\boldsymbol{P}=\begin{bmatrix}\boldsymbol{P}_{11} & \boldsymbol{P}_{12}\\ \boldsymbol{P}_{12}^{\mathrm{T}} & \boldsymbol{P}_{22}\end{bmatrix}$ 与 $\boldsymbol{Q}$，满足 $V_1=\boldsymbol{x}^{\mathrm{T}}\boldsymbol{P}\boldsymbol{x}$ 与 $\dot{V}_1=-\dot{\boldsymbol{x}}^{\mathrm{T}}\boldsymbol{Q}\boldsymbol{x}$；

（2）存在正定对称矩阵 $\boldsymbol{P}_2$，满足 $V_2=\boldsymbol{x}_2^{\mathrm{T}}\boldsymbol{P}_2\boldsymbol{x}_2$ 与 $\dot{V}_2=-\boldsymbol{x}_2^{\mathrm{T}}\boldsymbol{P}_2\boldsymbol{x}_2$。

则称状态变量减少的非完全同态多模型具有共同 Lyapunov 函数。

推论 4.10 具有共同 Lyapunov 函数的状态变量减少的非完全同态多模型切换系统具有任意切换条件下的稳定性。

推论 4.11 对于切换系统 $M_{1d}\to M_{2d}$，若满足如下条件：

（1）模型切换过程中 $\tilde{\boldsymbol{x}}_1^{\mathrm{T}}\tilde{\boldsymbol{x}}_1<\xi$，其中 ξ 为预设阈值；

（2）模型 M_{2d} 在控制律 δ_2 控制下稳定。

则基于状态变量减少的多模型切换系统稳定。

证明 由于模型 M_{2d} 稳定则存在正定函数 $V_2=\boldsymbol{x}_2^{\mathrm{T}}\boldsymbol{P}_2\boldsymbol{x}_2$ 使得 $\dot{V}_2<0$，构建多模型切换过程的 Lyapunov 函数 V_1：

$$V_1=\boldsymbol{x}_2^{\mathrm{T}}\boldsymbol{P}_2\boldsymbol{x}_2+\tilde{\boldsymbol{x}}_1^{\mathrm{T}}\tilde{\boldsymbol{x}}_1 \tag{4.57}$$

由于 $\tilde{\boldsymbol{x}}_1^{\mathrm{T}}\tilde{\boldsymbol{x}}_1<\xi$，则

$$V_1<\boldsymbol{x}_2^{\mathrm{T}}\boldsymbol{P}_2\boldsymbol{x}_2+\xi \tag{4.58}$$

系统（4.57）满足能量函数衰减，则

$$V_2<V_1 \tag{4.59}$$

沿模型 M_{2d} 对函数求导，有

$$\dot{V}_2=\dot{\boldsymbol{x}}_2^{\mathrm{T}}\boldsymbol{P}_2\boldsymbol{x}_2+\boldsymbol{x}_2^{\mathrm{T}}\boldsymbol{P}_2\dot{\boldsymbol{x}}_2+\dot{\boldsymbol{x}}_1^{\mathrm{T}}\boldsymbol{x}_1<0 \tag{4.60}$$

则多模型系统可以直接切换且切换系统稳定。

对于满足推论 4.11 各条件的切换系统，能否采用直接切换策略的分析如下。

（1）若各子模型对应的控制策略满足 $\left\|\tilde{\boldsymbol{k}}(\boldsymbol{x}_2)\boldsymbol{x}_2-\boldsymbol{k}(\boldsymbol{x}_2)\boldsymbol{x}_2\right\|<\varsigma$（随着切换时间的逐渐衰减，$\varsigma$ 为预设的任意小的正数），则切换前后系统控制器的输出基本稳定，可通过直接切换法进行切换。

（2）若系统切换前后控制器输出有大的振幅跳动，则不宜采用直接切换法，以免系统控制器大的跳动造成各运动状态运行不平滑，使一些运动状态偏离预设轨迹。

为了避免控制器直接切换过程中控制输出的抖动，需设置模型切换控制律：

$$\delta=\alpha\delta_1+\beta\delta_2 \tag{4.61}$$

推论 4.12 切换系统 $M_{1d} \to M_{2d}$，若满足如下条件：

（1）各子系统在各控制律作用下稳定；

（2）系统能量函数 $\Omega_i := \{\boldsymbol{x} : V_i(\boldsymbol{x}) = \boldsymbol{x}^{\mathrm{T}} \boldsymbol{P} \boldsymbol{x} > 0\}$ $(i=1,2)$($\boldsymbol{P}$为正定矩阵) 右连续；

（3）在模型驻留时间τ内切换律$\delta = \alpha\delta_1 + \beta\delta_2$能够保证系统切换过程中的能量函数满足$V_i(t_i) < V_{i+\tau}(t_{i+\tau}) < V_j(t_j)$。

则系统在具有约束的加权控制策略下稳定。

证明 由于各子系统为右连续函数，各子系统在控制律作用下稳定，则系统的运动控制状态将被控制在预期目标下，从而系统的能量函数Ω_i有界。在切换策略控制下系统能量函数$V_i(t_i) < V_{i+\tau}(t_{i+\tau}) < V_j(t_j)$，这意味着系统能量函数逐渐衰减，根据 Lyapunov 稳定判据可知切换系统稳定。

推论 4.13 切换系统$M_{1d} \to M_{2d}$可实现加权值无约束的多模型切换条件如下。

（1）各子系统在各控制律作用下稳定，各子系统运动状态的控制执行机构未变；

（2）切换控制策略$\alpha \boldsymbol{k}_{11}(\tilde{\boldsymbol{x}}_1)$能够保证系统状态$\tilde{\boldsymbol{x}}_1$稳定；

（3）系统能量函数$\Omega_i := \{\boldsymbol{x} : V_i(\boldsymbol{x}) = \boldsymbol{x}^{\mathrm{T}} \boldsymbol{P}_i \boldsymbol{x} > 0\}$ $(i=1,2)$ [$\boldsymbol{P}_i (i=1,2)$为正定矩阵]右连续，且有$\dot{\Omega}_i := \{\boldsymbol{x} : \dot{V}_i(\boldsymbol{x}) < 0\} (i=1,2)$。

加权切换控制律$\delta = \alpha\delta_1 + \beta\delta_2 (\alpha + \beta = 1)$作用下切换系统稳定。

证明 设切换过程的模型为

$$M_{12d}: \quad \dot{\boldsymbol{x}} = \boldsymbol{A}_{1d\to 2d} \begin{bmatrix} \tilde{\boldsymbol{x}}_1 \\ \boldsymbol{x}_2 \end{bmatrix} + \alpha \begin{bmatrix} \boldsymbol{B}_{11} \\ \boldsymbol{B}_{12} \end{bmatrix} \delta_1 + \begin{bmatrix} 0 \\ \beta \boldsymbol{B}_2 \end{bmatrix} \delta_2 \tag{4.62}$$

根据条件（1）可将系统描述为

$$M_{12d}: \quad \dot{\boldsymbol{x}} = \boldsymbol{A}_{1d\to 2d} \begin{bmatrix} \tilde{\boldsymbol{x}}_1 \\ \boldsymbol{x}_2 \end{bmatrix} + \alpha \begin{bmatrix} \boldsymbol{B}_{11} \\ 0 \end{bmatrix} \delta_1 + \begin{bmatrix} 0 \\ \boldsymbol{B}_2 \end{bmatrix} \delta_2 \tag{4.63}$$

根据条件（2）可知系统切换控制策略$\alpha \boldsymbol{k}_{11}(\tilde{\boldsymbol{x}}_1)$能够保证系统状态稳定，则子系统能量函数满足：

$$\Omega_1 := \{\boldsymbol{x} : V_1(\tilde{\boldsymbol{x}}_1) = \tilde{\boldsymbol{x}}_1^{\mathrm{T}} \boldsymbol{P} \tilde{\boldsymbol{x}}_1 < \varsigma\} (\boldsymbol{P}\text{为正定矩阵}) \tag{4.64}$$

子系统M_{2d}在控制律δ_2控制下状态$\boldsymbol{x}_2$稳定，故子系统M_{2d}能量函数满足：

$$\dot{\Omega}_2 := \{\boldsymbol{x} : \dot{V}_2(\boldsymbol{x}_2) < 0\} \tag{4.65}$$

故系统在切换过程中能量函数Ω_{12}渐近衰减。

由于系统权值未受限制，所以可实现多模型的任意切换。为了避免系统控制律出现过大的抖动，模型切换权值设置为$\beta(t)=\dfrac{t}{\tau}$与$\alpha(t)=1-\dfrac{t}{\tau}$，其中$t\in(0,\tau)$，$\tau$为驻留时间，从而保证多模型切换稳定性以及切换过程中控制策略的平滑性。

4.5.4 状态变量增加的非完全同态多模型切换

状态变量增加的多模型切换是指系统切换后有新的状态变量需要控制，其切换模型可描述如下。

切换前的模型为M_{1I}：

$$M_{1I}:\quad \dot{\boldsymbol{x}}_1=\boldsymbol{A}_1\boldsymbol{x}_1+\boldsymbol{B}_1\delta_1 \tag{4.66}$$

切换后的模型为M_{2I}：

$$M_{2I}:\quad \dot{\boldsymbol{x}}=\begin{bmatrix}\boldsymbol{A}_{11} & \boldsymbol{A}_{12}\\ \boldsymbol{A}_{21} & \boldsymbol{A}_{22}\end{bmatrix}\begin{bmatrix}\boldsymbol{x}_1\\ \tilde{\boldsymbol{x}}_2\end{bmatrix}+\boldsymbol{B}_2\delta_2 \tag{4.67}$$

设模型M_{1I}的控制律为

$$\delta_1=\boldsymbol{k}(\boldsymbol{x}_1)\boldsymbol{x}_1 \tag{4.68}$$

模型M_{2I}的控制律为

$$\delta_2=\boldsymbol{k}_{11}(\boldsymbol{x}_1)\boldsymbol{x}_1+\boldsymbol{k}_{12}(\tilde{\boldsymbol{x}}_2)\tilde{\boldsymbol{x}}_2 \tag{4.69}$$

式中，$\tilde{\boldsymbol{x}}_2$为模型切换后新增状态变量，各子系统在其控制律控制下稳定。

状态变量增加的多模型共同 Lyapunov 函数法如下。

若各子系统在其对应控制律作用下满足如下两个条件：

（1）存在正定函数$V_1=\boldsymbol{x}_1^{\mathrm{T}}\boldsymbol{P}_1\boldsymbol{x}_1$($\boldsymbol{P}_1$为正定矩阵) 且有$\dot{V}_1<0$；

（2）存在正定矩阵$\boldsymbol{P}_2=\begin{bmatrix}\boldsymbol{P}_{11} & \boldsymbol{P}_{12}\\ \boldsymbol{P}_{12}^{\mathrm{T}} & \boldsymbol{P}_{22}\end{bmatrix}$与正定矩阵$Q=\begin{bmatrix}\boldsymbol{P}_1 & *\\ * & *\end{bmatrix}$，满足$V_2=\boldsymbol{x}^{\mathrm{T}}\boldsymbol{P}_2\boldsymbol{x}>0$且$\dot{V}_2=-\boldsymbol{x}^{\mathrm{T}}\boldsymbol{Q}\boldsymbol{x}$。

则称多模型系统具有共同 Lyapunov 稳定函数。

状态变量增加的多模型切换策略设计的目的为保证所设计的控制切换策略的系统能量函数与控制执行机构的输出在切换瞬间的平滑性，如图 4.9 所示。

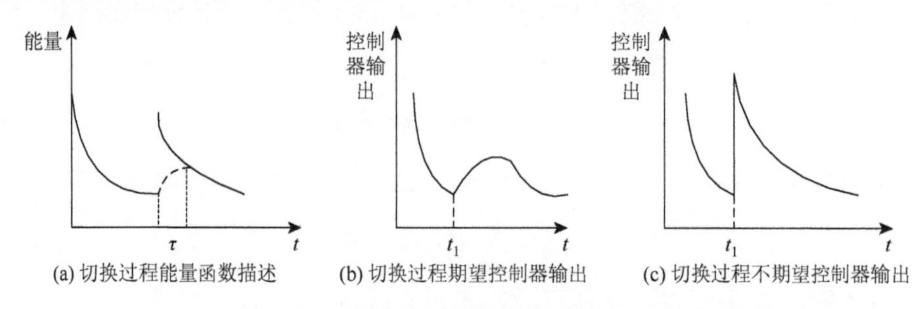

图 4.9 状态变量增加的多模型切换能量函数与控制器输出描述

推论 4.14 满足共同 Lyapunov 函数法的状态变量增加的多模型切换系统在任意切换策略下系统保持稳定。

推论 4.15 状态变量增加的多模型控制切换系统的新增状态变量 $\tilde{\boldsymbol{x}}_2$ 为欠驱动系统，即执行机构通过对 $\boldsymbol{x}_1$ 的控制间接控制状态 $\tilde{\boldsymbol{x}}_2$，且切换前后控制执行机构未变，多模型切换系统满足如下条件。

存在切换控制策略 $\delta_\sigma = \boldsymbol{k}_\sigma(\boldsymbol{x}_1, \boldsymbol{x}_2)$，系统切换过程的能量函数满足：

$$V_{t_1+\tau}(\boldsymbol{x}) = \boldsymbol{x}^{\mathrm{T}}\boldsymbol{P}\boldsymbol{x} < V_{t_2}(\boldsymbol{x}) = \boldsymbol{x}^{\mathrm{T}}\boldsymbol{P}\boldsymbol{x}, \quad \boldsymbol{P} > 0$$

则切换系统稳定。

推论 4.16 若状态变量增加的多模型控制切换系统新增状态变量 $\tilde{\boldsymbol{x}}_2$ 为欠驱动，存在切换控制策略 $\delta_\sigma = \boldsymbol{k}_{22}(\boldsymbol{x}_1, \boldsymbol{x}_2)$，可保证系统切换过程的能量函数满足：

$$V_{t_1+\tau}(\boldsymbol{x}) = \tilde{\boldsymbol{x}}_2^{\mathrm{T}}\boldsymbol{P}\tilde{\boldsymbol{x}}_2 < \varsigma, \quad \boldsymbol{P} > 0 \text{（}\varsigma\text{ 为能量阈值）}$$

则多模型切换系统稳定。

推论 4.17 若切换后子系统为全驱动系统且切换后子系统的控制策略能够保证原状态 $\boldsymbol{x}_1$ 的稳定性，则切换系统可实现任意条件下的切换，切换过程平滑。

4.5.5 数字仿真实验分析

采用航向控制模型集中的子模型（2.28a）与子模型（2.28b）为非完全同态多模型系统。从模型（2.28a）切换到模型（2.28b）即状态变量减少的多模型切换，相反则为状态变量增加的多模型切换。切换策略为基于状态反馈控制法，各子模型运动状态在相应控制策略控制下指数衰减到期望值。

在模型切换过程中，新增加或减少的状态变量为侧向速度，其可以通过垂直舵的舵角控制且垂直舵能够将侧向速度控制在一定的范围内，根据状态变量减少的推论 4.17 及状态变量增加的多模型切换策略推论 4.16 可知，切换策略可以实现任意切换条件下的切换。

图 4.10 为基于直接切换策略设计的状态变量减少的多模型切换输出曲线，在切换瞬间控制器的输出幅度有大的跳跃。图 4.11 采用加权多模型切换策略后，垂直舵的舵角无大的抖动。图 4.12 为采用直接切换策略的状态变量增加的多模型切换输出曲线，可以看出垂直舵的舵角在切换瞬间有大的跳跃。图 4.13 为加权多模

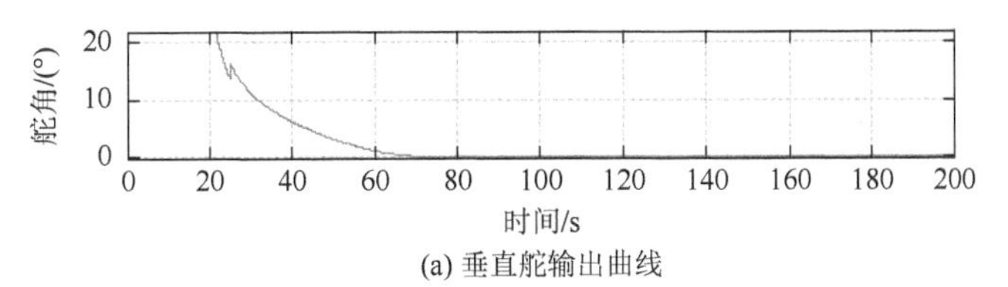

(a) 垂直舵输出曲线

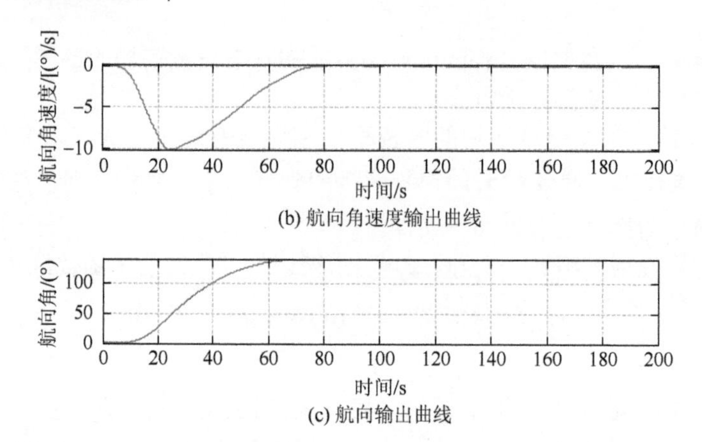

(b) 航向角速度输出曲线

(c) 航向输出曲线

图 4.10　直接切换策略控制下的状态变量减少的多模型切换输出曲线

型切换策略的状态变量增加的多模型切换输出曲线，通过改进切换策略，系统控制器的输出变得平滑。

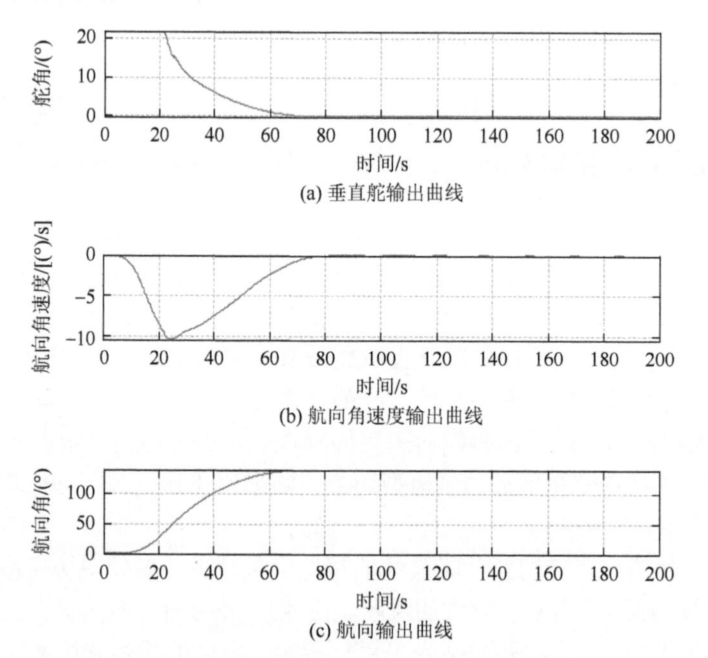

(a) 垂直舵输出曲线

(b) 航向角速度输出曲线

(c) 航向输出曲线

图 4.11　加权多模型切换策略控制下的状态变量减少的多模型切换输出曲线

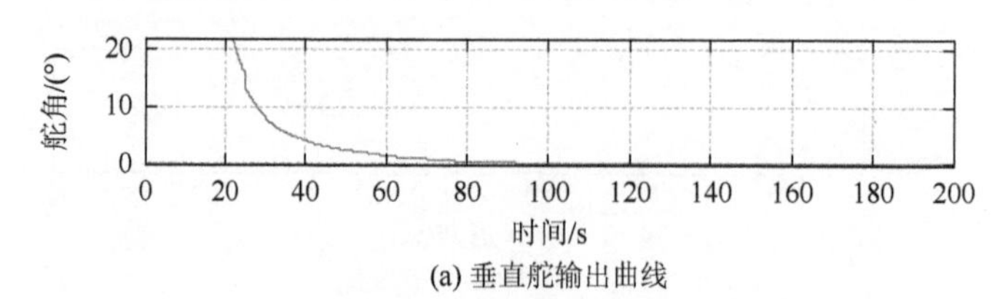

(a) 垂直舵输出曲线

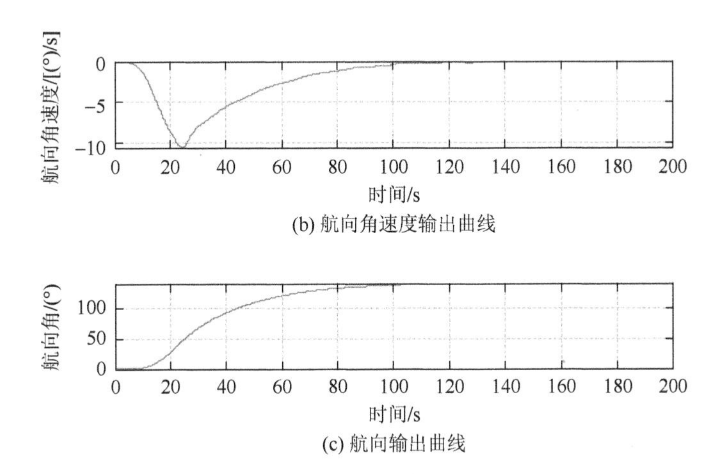

(b) 航向角速度输出曲线

(c) 航向输出曲线

图 4.12　直接切换策略控制下的状态变量增加的多模型切换输出曲线

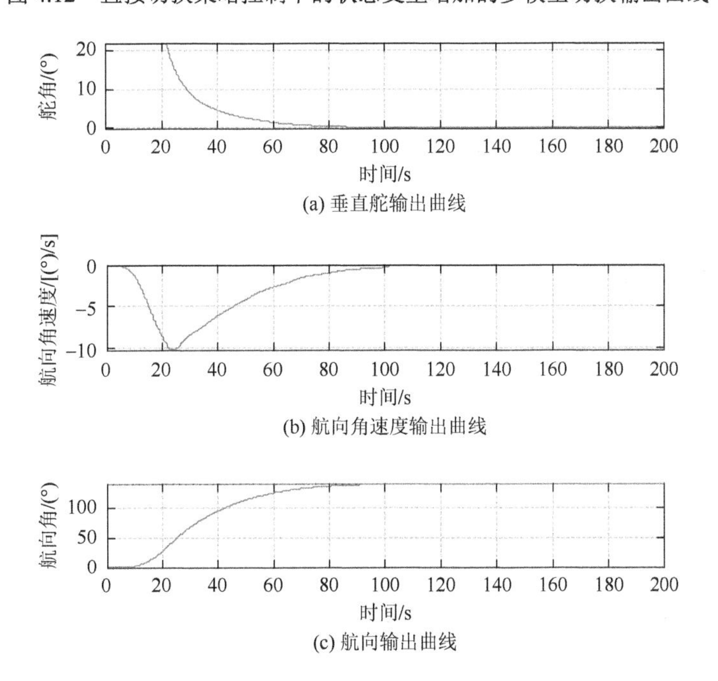

(a) 垂直舵输出曲线

(b) 航向角速度输出曲线

(c) 航向输出曲线

图 4.13　加权多模型切换策略控制下的状态变量增加的多模型切换输出曲线

本书根据 UMV 系统控制模型集各子模型的特点提出了非完全同态多模型控制切换策略设计的思路。根据一般多模型稳定切换的相关理论延伸并推导出了非完全同态多模型切换策略的设计思路。本节主要针对模型切换过程中状态变量的增加或减少进行探讨，并根据系统稳定时能量函数的变化推导稳定切换过程的控制策略，以避免系统在切换瞬间出现控制器输出过高而影响某些运动状态变化的现象。

4.6 本章小结

本章首先通过对线性加权多模型系统矩阵的分析指出只要模型转换前后有一模型为稳定模型，总有相应的权值范围保证加权多模型转换过程的稳定性，保证加权多模型切换过程各子系统具有 Lyapunov 函数稳定性，从而弥补了共同 Lyapunov 函数法保守性的缺点；根据切换前后模型的特点提出了五条推论以确定加权多模型权值范围的设置；通过 UMV 系统不同运动模型的仿真验证了由这些充分条件所确定的权值能够保证加权多模型切换过程的一致稳定性以及系统良好的动态性能。

然后设计了基于能量衰减的非线性多模型切换策略，通过对多 Lyapunov 函数的研究延伸出了切换过程能量衰减的相关控制策略设计条件，从而保证系统在切换过程中的稳定性。

最后根据 UMV 系统运动模型集中子模型状态不完全相同的特点，提出了非完全同态多模型切换的概念，并根据线性多模型切换策略的相关概念延伸了共同 Lyapunov 函数法以及切换策略的设置；根据非完全同态多模型特点提出了通过设置各子模型控制策略的权值以避免或减少模型切换过程中控制器输出的抖动现象，保证模型切换过程中控制器输出的平滑性。

参考文献

[1] Shafiei M H，Binazadeh T. Movement control of a variable mass underwater vehicle based on multiple-modeling approach[J]. Systems Science and Control Engineering，2014，2（1）：335-341.

[2] Farivarnejad H，Moosavian S，Ali A. Multiple impedance control for object manipulation by a dual arm underwater vehicle-manipulator system[J]. Ocean Engineering，2014，89（10）：82-98.

[3] 周焕银，封锡盛，胡志强，等. 基于多辨识模型优化切换的 USV 系统航向动态反馈控制[J]. 机器人，2013，35（5）：552-558.

[4] 胡志强，周焕银，林扬，等. 基于在线自优化 PID 算法的 USV 系统航向控制[J]. 机器人，2013，35（3）：263-269，275.

[5] 付主木，费树岷. 切换系统的 H_∞控制[M]. 北京：科学出版社，2009.

[6] Liberzon D. Switching in Systems and Control[M]. Boston：Birkhauser，2003.

[7] Sun Z D. Combined stabilizing strategies for switched linear systems[J]. IEEE Transactions on Automatic Control，2006，51（4）：666-674.

[8] Wen J，Shi Y H，Lu X Y. Stabilizing a class of mixed states for stochastic quantum systems via switching control[J]. Journal of the Franklin Institute，2018，355（5）：2562-2582.

[9] Hespanha J P，Liberzon D，Morse A S. Bounds on the number of switchings with scale-independent hysteresis：Applications to supervisory control[C]. Proceedings of the 39th IEEE Conference on Decision and Control，

Sydney，2000：3622-3627.

[10] 刘毅，赵军. 一类不确定切换模糊组合系统的分散鲁棒镇定[J]. 控制与决策，2010，25（2）：259-262.

[11] 邵雷，雷虎民，赵宗宝. 一种基于滑动库的多模型在线建模方法[J]. 控制与决策，2010，25（1）：121-125.

[12] 翟军勇，费树岷. 基于动态模型库的多模型切换控制[J]. 控制理论与应用，2009，26（12）：1410-1414.

[13] 李晓理，王伟. 基于不同加权因子的随机多模型自适应控制[J]. 控制与决策，2008，23（11）：1226-1230.

[14] Abbaszadeh A，Khaburi D A，Mahmoudi H，et al. Simplified model predictive control with variable weighting factor for current ripple reduction[J]. IET Power Electronics，2017，10（10）：1165-1174.

[15] Villarroel F，Espinoza J R，Rojas C A，et al. Multiobjective switching state selector for finite-states model predictive control based on fuzzy decision making in a matrix converter[J]. IEEE Transactions on Industrial Electronics，2013，60（2）：589-599.

[16] Ahmadian N，Khosravi A，Sarhadi P. A new approach to adaptive control of multi-input multi-output systems using multiple models[J]. Journal of Dynamic Systems，Measurement and Control，Transactions of the ASME，2015，137（9）：1-10.

[17] 程代展，郭宇骞. 切换系统进展[J]. 控制理论与应用，2005，22（6）：954-960.

[18] 满永超，刘允刚. 高阶不确定非线性系统切换自适应镇定[J]. 系统科学与数学，2013，33（6）：661-670.

[19] Shorten R，Narendra K S，Mason O. A result on common quadratic Lyapunov functions[J]. IEEE Transactions on Automatic Control，2003，48（1）：110-113.

[20] Mason O，Shorten R. A result on the existence of common quadratic Lyapunov functions for pairs of stable discrete-time LTI systems[C]. Proceedings of the American Control Conference，Denver，2003：4471-4475.

[21] Vu L，Liberzon D. Common Lyapunov functions for families of commuting nonlinear systems[J]. System and Control Letters，2005，54（5）：405-416.

[22] Chen Z，Gao Y. On common linear copositive Lyapunov functions for pairs of stable positive linear systems[J]. Nonlinear Analysis：Hybrid Systems，2009，3（4）：467-474.

[23] Mozelli L A，Palhares R M，Avellar G S C. A systematic approach to improve multiple Lyapunov function stability and stabilization conditions for fuzzy systems[J]. Information Sciences，2009，179（8）：1149-1162.

[24] Wang M，Feng J X，Dimirovski G M，et al. Stabilization of switched nonlinear systems using multiple Lyapunov function method[C]. 2009 American Control Conference（ACC-09），Piscataway，2009：1778-1782.

[25] Lian J，Dimirovski G M，Zhao J. Robust H_∞ control of uncertain switched delay systems using multiple Lyapunov functions[J]. Circuits，Systems，and Signal Processing，2010，29（6）：1089-1102.

[26] Agrachev A A，Liberzon D. Lie-algebraic stability criteria for switched systems[J]. SIAM Journal on Control and Optimization，2002，40（1）：253-269.

[27] Margaliot M，Liberzon D. Lie-algebraic stability conditions for nonlinear switched systems and differential inclusions[J]. Systems and Control Letters，2006，55（1）：8-16.

[28] Agrachev A A，Baryshnikov Y，Liberzon D. Towards robust Lie-algebraic stability conditions for switched linear systems[C]. Proceedings of the 49th IEEE Conference on Decision and Control，Atlanta，2010：408-413.

[29] Ishii H，Francis B A. Stabilizing a linear system by switching control with dwell time[C]. Proceedings of the American Control Conference，Arlington，2001：1876-1881.

[30] Jiang Z Y，Yan P. Asynchronous switching control of discrete impulsive switched delay systems with average dwell time[J]. IET Control Theory & Applications，2018，12（7）：992-999.

[31] Kim J S，Yoon T W，de Persis C. Discrete-time supervisory control of input-constrained neutrally stable linear systems via state-dependent dwell-time switching[J]. Systems and Control Letters，2007，56（7-8）：484-492.

[32] Liberzon D，Morse A S. Basic problems in stability and design of switched systems[J]. Lecture Notes，1999，19（5）：59-70.

[33] 翟军勇. 基于多模型切换的智能控制研究[D]. 南京：东南大学，2006.

[34] Akar M，Paul A，Safonov M G，et al. Conditions on the stability of a class of second-order switched systems[J]. IEEE Transactions on Automatic Control，2006，51（2）：338-340.

[35] Mancilla-Aguilar J L. Condition for the stability of switched nonlinear systems[J]. IEEE Transactions on Automatic Control，2000，45（11）：2077-2079.

[36] Hespanha J P，Morse A S. Stability of switched systems with average dwell-time[C]. Proceedings of the 38th IEEE Conference on Decision and Control，Phoenix，1999：2655-2660.

[37] Branicky M S. Stability of hybrid systems：State of the art[C]. Proceedings of the 36th IEEE Conference on Decision and Control，San Diego，1997：120-125.

[38] Shorten R，Cairbre F Ó. A proof of global attractivity for a class of switching systems using a non-quadratic Lyapunov approach[J]. IMA Journal of Mathematical Control and Information，2001，18（3）：341-353.

[39] Wu J，Chen W，Li J，et al. Stabilization for a class of stochastic nonlinear systems with arbitrary switching via the common Lyapunov function method[J]. International Journal of Control，Automation and Systems，2013，11（5）：926-937.

[40] Shorten R N，Narendra K S. On the stability and existence of common Lyapunov functions for stable linear switching systems[C]. Proceedings of the 37th IEEE Conference on Decision and Control，Tampa，1998：3723-3724.

[41] Peng Y，Han J. Tracking control of unmanned trimaran surface vehicle：Using adaptive unscented Kalman filter to estimate the uncertain parameters[C]. 2008 IEEE International Conference on Robotics，Automation and Mechatronics，Piscataway，2008：901-906.

[42] Cavalletti M，Ippoliti G，Longhi S. Lyapunov-based switching control using neural networks for a remotely operated vehicle[J]. International Journal of Control，2007，80（7）：1077-1091.

[43] 潘天红，薛振框，李少远. 基于减法聚类的多模型在线辨识算法[J]. 自动化学报，2009，35（2）：220-224.

[44] 林金星，费树岷. 基于模型集动态优化的具有有界扰动系统多模型自适应控制[J]. 东南大学学报（自然科学版），2010，40（S1）：98-102.

[45] Zhou H Y，Liu K Z，Feng X S. Selected optimal control from controller database according to diverse AUV motions[C]. 2011 World Congress on Intelligent Control and Automation（WCICA 2011），Taipei，2011：425-430.

[46] Zhai G，Lin H，Xu X，et al. Analysis of switched normal discrete-time systems[J]. Nonlinear Analysis Theory Methods and Applications，2007，66（8）：1788-1799.

[47] Wang P K C，Hadaegh F Y. Stability analysis of switched dynamical systems with state-space dilation and contraction[J]. Journal of Guidance，Control，and Dynamics，2008，31（2）：395-401.

[48] Zanma T，Suzuki T，Okuma S. A design of switched controllers for force control system[C]. International Workshop on Advanced Motion Control，Nagoya，2000：258-263.

[49] Gustafson J A，Maybeck P S. Flexible space structure control via moving-bank multiple model algorithms[J]. IEEE Transactions on Aerospace and Electronic Systems，1994，30（3）：750-757.

[50] Malloci I，Lin Z，Yan G. Stability of interconnected impulsive switched systems subject to state dimension variation[J]. Nonlinear Analysis-Hybrid Systems，2012，6（4）：960-971.

[51] 叶锦华. 不确定非完整轮式移动机器人的运动控制研究[D]. 广州：华南理工大学，2013.

[52] Fossen T I. Guidance and Control of Ocean Vehicles[M]. London：John Willey & Sons Ltd，1994.

[53] Smallwood D A. Advances in dynamical modeling and control for underwater robotic vehicles[D]. Baltimore：The Johns Hopkins University，2003.

[54] 周焕银，刘亚平，胡志强，等. 基于辨识模型集的无人半潜水下机器人系统深度动态滑模控制切换策略研究[J]. 兵工学报，2017，38（11）：2198-2206.

[55] Aguiar A P，Hespanha J P. Logic-based switching control for trajectory-tracking and path-following of underactuated autonomous vehicles with parametric modeling uncertainty[C]. Proceedings of the American Control Conference，Piscataway，2004：3004-3010.

[56] Sayyaadi H，Ura T. Multi input-multi output system identification of AUV systems by neural network[C]. MTS/IEEE Conference on Riding the Crest Into the 21st Century（OCEANS 99），Piscataway& Washington，1999：201-208.

[57] Aguiar A P，Pascoal A M. Global stabilization of an underactuated autonomous underwater vehicle via logic-based switching[C]. Proceedings of the 41st IEEE Conference on Decision and Control，Las Vegas，2002：3267-3272.

[58] Xia C Y，Wang P K C，Hadaegh F Y. Optimal formation reconfiguration of multiple spacecraft with docking and undocking capability[J]. Journal of Guidance Control and Dynamics，2007，30（3）：694-702.

[59] 周焕银，李一平，刘开周，等. 基于 AUV 垂直面运动控制的状态增减多模型切换[J]. 哈尔滨工程大学学报，2017，38（8）：1309-1315.

[60] Mu X W，Yang Z，Liu K，et al. Containment control of general multi-agent systems with directed random switching topology[J]. Journal of the Franklin Institute，2015，352（10）：4067-4080.

[61] Watanabe T，Ishibashi Y，Fukushima N，et al. Dynamic switching control of haptic transmission direction in remote control system[C]. 2010 IEEE Haptics Symposium，Waltham，2010：207-213.

[62] 袁小芳，王耀南，吴亮红. 发电机组的一种多模型自学习控制[J]. 控制理论与应用，2008，25（1）：46-52.

[63] 张明淳. 工程矩阵理论[M]. 南京：东南大学出版社，2002.

5 AUV 运动控制技术仿真分析

UMV 模型的研究是 UMV 系统运动控制律设计的前提，模型构建的好坏在一定程度上影响系统运动控制律的构建，完全依赖于模型的控制律不再适于实际应用，但一种好的控制策略是保证系统具有良好动态性能与鲁棒性的先决条件。本章根据第 2 章 UMV 各模型集中子模型的特点以及外场试验中出现的运动控制问题，对基于神经网络补偿控制的动态反馈法、滑模控制以及基于控制库的运动控制算法进行探讨，并根据 UMV 运动控制的特点对这些控制算法进行优化。

5.1 基于神经网络补偿的 AUV 动态反馈控制

AUV 系统具有非线性强耦合性，同时所处环境复杂多变，使得 AUV 系统运动控制受到广泛关注[1, 2]。动态反馈控制是线性控制理论中应用较为成熟的一种控制方法，其不仅在非线性系统理论中得到了不断的研究与探讨[3-6]，而且在 AUV 运动控制中也得到了较深入的改进与应用。为了获取 AUV 系统的降阶运动模型又不失系统的稳定控制，文献[7]通过状态反馈法与模糊滑模控制的叠加实现了对欠驱动 AUV 系统运动轨迹的控制，并通过仿真实验证明了此算法具有较强的抗干扰能力。文献[8]通过线性状态反馈法提高了 AUV 航向控制精度。然而海洋环境以及海水密度变化等因素引起 AUV 系统水动力参数变化[9]，极易造成系统运动状态不稳定。神经网络控制是解决不确定、未知环境中的复杂非线性系统稳定控制的一种有效方法。神经网络控制技术对系统不确定项具有较强的辨识和控制能力，在水下机器人运动控制研究中得到了较为广泛的应用[10-13]。文献[14]将基于动态模糊神经网络的自适应反馈法应用于 AUV 控制，通过动态神经网络对非线性不确定项进行在线估计，提高了系统的抗干扰能力与控制精度。

本节综合动态反馈控制在线性系统与神经网络控制在非线性系统控制中的优

势，提出了一种基于神经网络补偿的动态反馈控制算法以提高 AUV 系统在复杂多变环境中运动控制的鲁棒性和抗干扰能力。首先将 AUV 系统数学模型分为两部分（即扩展的近似线性部分与非线性不确定部分）进行分析，前者采用动态反馈进行控制，后者采用神经网络补偿控制器进行控制。为了描述方便在后面的介绍中将扩展的近似线性部分统称为系统线性部分。非线性不确定部分包括未包含在系统线性部分的非线性项、外界干扰力等。

5.1.1 AUV 运动轨迹误差模型

AUV 的数学模型：在载体坐标系下系统的运动方程为[15]

$$\begin{cases} \boldsymbol{M}\dot{\boldsymbol{v}}+\boldsymbol{C}(\boldsymbol{v})\boldsymbol{v}+\boldsymbol{D}(\boldsymbol{v})\boldsymbol{v}+\boldsymbol{g}(\boldsymbol{\eta})=\boldsymbol{\tau} \\ \dot{\boldsymbol{\eta}}=\boldsymbol{J}(\boldsymbol{\eta})\boldsymbol{v} \end{cases} \tag{5.1}$$

根据文献[15]可知，AUV 系统的非线性方程（5.1）具有如下特性。

（1）惯性矩阵 $\boldsymbol{M}$ 为正定阵；

（2）$\boldsymbol{C}(\boldsymbol{v})=-\boldsymbol{C}^{\mathrm{T}}(\boldsymbol{v})$ 为斜对称阵；

（3）$\boldsymbol{D}(\boldsymbol{v})$ 为正定阵；

（4）转换矩阵 $\|\boldsymbol{J}(\boldsymbol{\eta})\|\neq 0$ 为可逆矩阵。

另外假设系统满足以下条件。

条件 1：AUV 的水动力参数已知，且参数受海洋扰动变化范围有限。

条件 2：AUV 受外界干扰幅值有界。

设 $\boldsymbol{\eta}_{\mathrm{d}}$ 为 AUV 系统在地面坐标系下的期望位姿向量，$\boldsymbol{v}_{\mathrm{d}}$ 为载体坐标系下期望速度向量，将 AUV 运动方程（5.1）转换为运动轨迹误差方程：

$$\begin{cases} \tilde{\boldsymbol{\eta}}=\boldsymbol{\eta}-\boldsymbol{\eta}_{\mathrm{d}} \\ \tilde{\boldsymbol{v}}=\boldsymbol{v}-\boldsymbol{v}_{\mathrm{d}} \end{cases} \tag{5.2}$$

构建系统运动轨迹误差方程：

$$\begin{cases} \dot{\tilde{\boldsymbol{\eta}}}=\boldsymbol{J}(\boldsymbol{\eta})\tilde{\boldsymbol{v}}+[\boldsymbol{J}(\boldsymbol{\eta})-\boldsymbol{J}(\boldsymbol{\eta}_{\mathrm{d}})]\boldsymbol{v}_{\mathrm{d}} \\ \dot{\tilde{\boldsymbol{v}}}=-\boldsymbol{M}^{-1}[\boldsymbol{C}(\boldsymbol{v})+\boldsymbol{D}(\boldsymbol{v})]\tilde{\boldsymbol{v}}-\boldsymbol{M}^{-1}[\boldsymbol{C}(\boldsymbol{v})+\boldsymbol{D}(\boldsymbol{v})]\boldsymbol{v}_{\mathrm{d}}-\boldsymbol{M}^{-1}\boldsymbol{g}(\boldsymbol{\eta})-\dot{\boldsymbol{v}}_{\mathrm{d}}+\boldsymbol{M}^{-1}\boldsymbol{\tau} \end{cases} \tag{5.3}$$

将式（5.3）扩展为矩阵形式进行描述：

$$\begin{bmatrix} \dot{\tilde{\boldsymbol{\eta}}} \\ \dot{\tilde{\boldsymbol{v}}} \end{bmatrix}=\begin{bmatrix} \boldsymbol{0} & \boldsymbol{J}(\boldsymbol{\eta}) \\ \boldsymbol{0} & \boldsymbol{M}_{cd} \end{bmatrix}\begin{bmatrix} \tilde{\boldsymbol{\eta}} \\ \tilde{\boldsymbol{v}} \end{bmatrix}+\begin{bmatrix} \boldsymbol{0} \\ \boldsymbol{M}^{-1} \end{bmatrix}\boldsymbol{\tau}+\begin{bmatrix} \boldsymbol{\rho}_{\eta} \\ \boldsymbol{\rho}_{\upsilon} \end{bmatrix} \tag{5.4}$$

设系统非线性不确定项为

$$\boldsymbol{\rho}_{\eta}=\Delta\boldsymbol{J}(\boldsymbol{\eta})\boldsymbol{v}_{\mathrm{d}}$$

$$\boldsymbol{\rho}_{\upsilon}=-\boldsymbol{M}_{cd}\boldsymbol{v}_{\mathrm{d}}-\boldsymbol{M}^{-1}\boldsymbol{g}(\boldsymbol{\eta})-\dot{\boldsymbol{v}}_{\mathrm{d}}$$

式中，$\Delta\boldsymbol{J}(\boldsymbol{\eta})=\boldsymbol{J}(\boldsymbol{\eta})-\boldsymbol{J}(\boldsymbol{\eta}_{\mathrm{d}})$；$\boldsymbol{M}_{cd}=-\boldsymbol{M}^{-1}(\boldsymbol{C}+\boldsymbol{D})$。

$\boldsymbol{\rho}_\eta$、$\boldsymbol{\rho}_\upsilon$ 为系统的不确定部分，根据假设条件 1 和条件 2 设不确定部分的范数上限为 $\|\boldsymbol{\rho}_\eta(\boldsymbol{v},t)\| \leqslant \bar{\boldsymbol{\rho}}_\eta$，$\|\boldsymbol{\rho}_\upsilon\| \leqslant \bar{\boldsymbol{\rho}}_\upsilon$。

为了解决系统的非线性强耦合性问题，这里将系统数学模型（5.1）分为近似线性模型部分和非线性不确定模型部分进行控制算法的设计，将系统控制变量 $\boldsymbol{\tau}$ 设为 $\boldsymbol{\tau} = \boldsymbol{\tau}_0 + \tilde{\boldsymbol{\tau}}$，$\boldsymbol{\tau}_0$ 为系统线性模型的控制律，$\tilde{\boldsymbol{\tau}}$ 为不确定非线性模型控制律。图 5.1 为基于神经网络补偿的动态反馈 AUV 运动控制系统。

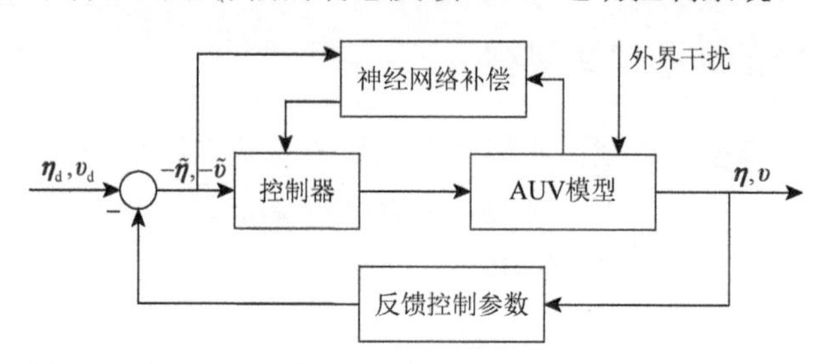

图 5.1 基于神经网络补偿的动态反馈 AUV 运动控制系统

1. 动态状态反馈控制器

将系统模型中的一部分模型视为系统线性模型，设计动态状态反馈控制律。

$$\begin{bmatrix} \dot{\tilde{\boldsymbol{\eta}}} \\ \dot{\tilde{\boldsymbol{v}}} \end{bmatrix} = \begin{bmatrix} \boldsymbol{0} & \boldsymbol{J}(\boldsymbol{\eta}) \\ \boldsymbol{0} & \boldsymbol{M}_{cd} \end{bmatrix} \begin{bmatrix} \tilde{\boldsymbol{\eta}} \\ \tilde{\boldsymbol{v}} \end{bmatrix} + \begin{bmatrix} \boldsymbol{0} \\ \boldsymbol{M}^{-1} \end{bmatrix} \boldsymbol{\tau}_0 \tag{5.5}$$

定理 5.1 若 $\boldsymbol{\tau}_0 = [\tau_{01} \quad \tau_{02} \quad \cdots \quad \tau_{06}]^{\mathrm{T}}$ 中的任一控制输入量不为零，即可保证系统（5.5）的完全能控性。

证明 由于 $\boldsymbol{\tau}_0$ 中的所有元素不为空，故可构建系统的可控阵 $\boldsymbol{C}_{rb} = \begin{bmatrix} \boldsymbol{0} & \boldsymbol{J}(\boldsymbol{\eta})\boldsymbol{M}^{-1} \\ \boldsymbol{M}^{-1} & \boldsymbol{M}_{cd}\boldsymbol{M}^{-1} \end{bmatrix}$ 判断系统的能控性[16]。

由于 $\boldsymbol{M}$ 与 $\boldsymbol{J}(\boldsymbol{\eta})$ 均为可逆矩阵，根据 Sylvester 定理知 $\boldsymbol{J}(\boldsymbol{\eta})\boldsymbol{M}^{-1}$ 的秩为 6 即满秩，根据 Frobenius 不等式及其相关引理知 $\boldsymbol{C}_{rb}$ 为满秩矩阵，故系统（5.5）具有完全能控性。

由于系统可控阵为满秩阵，故系统能够通过状态反馈法实现运动轨迹的渐近稳定。将系统的极点配置为 $\lambda_i < 0 \ (i = 1,2,\cdots,12)$，组成极点配置向量 $\boldsymbol{\lambda} = [\lambda_1 \quad \lambda_2 \quad \cdots \quad \lambda_{12}]$，得系统的状态反馈控制系数 $\boldsymbol{K}_1$、$\boldsymbol{K}_2$ 均为 6×6 泛函矩阵，故动态状态反馈控制律为

$$\boldsymbol{\tau}_0 = \boldsymbol{K}_1\tilde{\boldsymbol{\eta}} + \boldsymbol{K}_2\tilde{\boldsymbol{v}} \tag{5.6}$$

式中，$\boldsymbol{K}_1 = \boldsymbol{F}_1(\lambda, \hat{\gamma}(t), t)$；$\boldsymbol{K}_2 = \boldsymbol{F}_2(\lambda, \hat{\gamma}(t), t)$；系统的运行状态变量 $\hat{\gamma}(t)$ 作为 $\boldsymbol{K}_1$、$\boldsymbol{K}_2$ 的自变量，为了避免反馈参数的频繁调整，自变量参数 $\hat{\gamma}(t)$ 为过渡平缓的状态量。

将式（5.6）代入式（5.5）得式（5.7），其中矩阵$\begin{bmatrix} \mathbf{0} & \boldsymbol{J}(\boldsymbol{\eta}) \\ \boldsymbol{M}^{-1}\boldsymbol{K}_1 & \boldsymbol{M}^{-1}\boldsymbol{K}_2+\boldsymbol{M}_{cd} \end{bmatrix}$为Hurwitz 矩阵：

$$\begin{bmatrix} \dot{\tilde{\boldsymbol{\eta}}} \\ \dot{\tilde{\boldsymbol{v}}} \end{bmatrix} = \begin{bmatrix} \mathbf{0} & \boldsymbol{J}(\boldsymbol{\eta}) \\ \boldsymbol{M}^{-1}\boldsymbol{K}_1 & \boldsymbol{M}^{-1}\boldsymbol{K}_2+\boldsymbol{M}_{cd} \end{bmatrix} \begin{bmatrix} \tilde{\boldsymbol{\eta}} \\ \tilde{\boldsymbol{v}} \end{bmatrix} \tag{5.7}$$

2. 神经网络补偿器

将控制律式（5.6）代入式（5.1）得如下方程：

$$\begin{bmatrix} \dot{\tilde{\boldsymbol{\eta}}} \\ \dot{\tilde{\boldsymbol{v}}} \end{bmatrix} = \begin{bmatrix} \mathbf{0} & \boldsymbol{J}(\boldsymbol{\eta}) \\ \boldsymbol{M}^{-1}\boldsymbol{K}_1 & \boldsymbol{M}^{-1}\boldsymbol{K}_2+\boldsymbol{M}_{cd} \end{bmatrix} \begin{bmatrix} \tilde{\boldsymbol{\eta}} \\ \tilde{\boldsymbol{v}} \end{bmatrix} + \begin{bmatrix} \mathbf{0} \\ \boldsymbol{M}^{-1} \end{bmatrix} \tilde{\boldsymbol{\tau}} + \begin{bmatrix} \boldsymbol{\rho}_\eta \\ \boldsymbol{\rho}_\upsilon \end{bmatrix} \tag{5.8}$$

设系统矩阵为$\boldsymbol{A}_c = \begin{bmatrix} \mathbf{0} & \boldsymbol{J}(\boldsymbol{\eta}) \\ \boldsymbol{M}^{-1}\boldsymbol{K}_1 & \boldsymbol{M}^{-1}\boldsymbol{K}_2+\boldsymbol{M}_{cd} \end{bmatrix}$；输入矩阵为$\boldsymbol{B} = \begin{bmatrix} \mathbf{0} \\ \boldsymbol{M}^{-1} \end{bmatrix}$。$\tilde{\boldsymbol{\tau}}$ 作为补偿器对系统的两个不确定部分$\boldsymbol{\rho}_\eta$、$\boldsymbol{\rho}_\upsilon$进行控制。

本章采用径向基函数神经网络（radial basis function neural network，RBFNN）[17]，$\boldsymbol{X}=[\tilde{\boldsymbol{\eta}},\tilde{\boldsymbol{v}}]$ 为网络输入向量；网络输出函数为 $\boldsymbol{\rho}=\boldsymbol{W}^{\mathrm{T}}\phi(\boldsymbol{\eta},\boldsymbol{v})$， $\boldsymbol{\rho}=[\boldsymbol{\rho}_\eta^{\mathrm{T}},\boldsymbol{\rho}_\upsilon^{\mathrm{T}}]^{\mathrm{T}}$，$\boldsymbol{\rho}\in\mathbf{R}^{12\times1}$；基函数$\phi(\boldsymbol{\eta},\boldsymbol{v})$所含元素$\phi_j(\boldsymbol{\eta},\boldsymbol{v})$为高斯函数，$\phi_j(\boldsymbol{\eta},\boldsymbol{v})=\exp\left(-\dfrac{\|\boldsymbol{X}-m_j\boldsymbol{I}\|^2}{\sigma_j^2}\right)$，$\boldsymbol{I}$为单位矩阵，$m_j$与$\sigma_j$分别为第 j 个神经元的中心位置与宽度；权值矩阵的各元素$\omega_{i,j}$为第 j 个基函数与第 i 个网络输出间的权值。

神经网络控制主要针对系统的两个不确定部分构建优化的准则函数进行自适应控制补偿。

第一个非线性不确定部分为$\boldsymbol{\rho}_\eta=\Delta\boldsymbol{J}(\boldsymbol{\eta})\boldsymbol{v}$，网络函数描述为$\boldsymbol{\rho}_\eta=\boldsymbol{W}_\eta^{\mathrm{T}}\phi_\eta(\boldsymbol{\eta},\boldsymbol{v})$。

第二个非线性不确定部分为$\boldsymbol{\rho}_\upsilon=-\boldsymbol{M}_{cd}\boldsymbol{v}_{\mathrm{d}}-\boldsymbol{M}^{-1}\boldsymbol{g}(\boldsymbol{\eta})-\dot{\boldsymbol{v}}_{\mathrm{d}}$，网络函数描述为$\boldsymbol{\rho}_\upsilon=\boldsymbol{W}_\upsilon^{\mathrm{T}}\phi_\upsilon(\boldsymbol{\eta},\boldsymbol{v})$。

根据假设条件 1 和条件 2 可知网络输出函数$\boldsymbol{\rho}$为有界输出，设其有界输出阈值估计为$\boldsymbol{\rho}=[\bar{\boldsymbol{\rho}}_\eta^{\mathrm{T}},\bar{\boldsymbol{\rho}}_\upsilon^{\mathrm{T}}]^{\mathrm{T}}$，且满足：

$$\bar{\boldsymbol{\rho}}_i-|\boldsymbol{\rho}_i|=\boldsymbol{o}_i(t)>0 \tag{5.9}$$

神经网络权值优化满足：$\bar{\boldsymbol{\rho}}_\eta=\boldsymbol{W}_\eta^{*\mathrm{T}}\phi_\eta(\boldsymbol{\eta},\boldsymbol{v})$，$\bar{\boldsymbol{\rho}}_\upsilon=\boldsymbol{W}_\upsilon^{*\mathrm{T}}\phi_\upsilon(\boldsymbol{\eta},\boldsymbol{v})$，$\bar{\boldsymbol{\rho}}_i=\boldsymbol{W}_i^{*\mathrm{T}}\phi(\boldsymbol{\eta},\boldsymbol{v})=\sum_{j=1}^{n}\omega_{i,j}^*\phi_j(\boldsymbol{\eta},\boldsymbol{v})$。

$\boldsymbol{W}^{*\mathrm{T}}$为第 i 个输出补偿器的优化权值向量，且$\boldsymbol{W}^{*\mathrm{T}}\phi\in\mathbf{R}^{12\times1}$；设$\tilde{\boldsymbol{W}}=\boldsymbol{W}-\boldsymbol{W}^*$，其在线自适应调节律为

$$\dot{\tilde{\boldsymbol{W}}}^{\mathrm{T}}=\boldsymbol{E}_P\phi=[\|e_{p1}\|\phi \quad \|e_{p2}\|\phi \quad \cdots \quad \|e_{p12}\|\phi] \tag{5.10}$$

令 $\boldsymbol{e}=[\tilde{\boldsymbol{\eta}}^{\mathrm{T}} \quad \tilde{\boldsymbol{v}}^{\mathrm{T}}]^{\mathrm{T}}$，有 $\boldsymbol{e}^{\mathrm{T}}\boldsymbol{P}=[e_{p1} \quad e_{p2} \quad \cdots \quad e_{p12}]$，$\boldsymbol{P}$ 为正定对称矩阵，$\boldsymbol{E}_P=[\| e_{p_1} \| \quad \| e_{p_2} \| \quad \cdots \quad \| e_{p_{12}} \|]$。

由于 $\boldsymbol{A}_c$ 为 Hurwitz 矩阵，故正定对称矩阵 $\boldsymbol{P}$ 可以根据给定的正定对称矩阵 $\boldsymbol{Q}$ 通过 Lyapunov 稳定方程（5.11）获得。

$$\boldsymbol{A}_c^{\mathrm{T}}\boldsymbol{P}+\boldsymbol{P}\boldsymbol{A}_c=-\boldsymbol{Q} \tag{5.11}$$

定理 5.2 若系统（5.8）的神经网络补偿控制输出 $\tilde{\boldsymbol{\tau}}$ 满足如下公式：

$$\tilde{\boldsymbol{\tau}}=\frac{(\boldsymbol{PB})^{\mathrm{T}}}{2\|\boldsymbol{PB}\|_2^2}\boldsymbol{Qe}-\frac{(\boldsymbol{PB})^{\mathrm{T}}\boldsymbol{P}}{\|\boldsymbol{PB}\|_2^2}\boldsymbol{W}^{*\mathrm{T}}\phi \tag{5.12}$$

且神经网络权值自适应调节参数 $\tilde{\boldsymbol{W}}$ 满足公式：

$$\dot{\tilde{\boldsymbol{W}}}=\boldsymbol{E}_P\phi \tag{5.13}$$

则系统（5.8）稳定。

证明 构建 Lyapunov 函数：

$$V=\boldsymbol{e}^{\mathrm{T}}\boldsymbol{Pe}+\tilde{\boldsymbol{W}}^{\mathrm{T}}\tilde{\boldsymbol{W}} \tag{5.14}$$

进行系统稳定性分析，将补偿器式（5.12）代入 Lyapunov 函数的微分方程：

$$\begin{aligned}
\dot{V}&=\dot{\boldsymbol{e}}^{\mathrm{T}}\boldsymbol{Pe}+\boldsymbol{e}^{\mathrm{T}}\boldsymbol{P}\dot{\boldsymbol{e}}+\dot{\tilde{\boldsymbol{W}}}^{\mathrm{T}}\tilde{\boldsymbol{W}}+\tilde{\boldsymbol{W}}^{\mathrm{T}}\dot{\tilde{\boldsymbol{W}}}\\
&=(\boldsymbol{A}_c\boldsymbol{e}+\boldsymbol{B}\tilde{\boldsymbol{\tau}}+\boldsymbol{\rho})^{\mathrm{T}}\boldsymbol{Pe}+\boldsymbol{e}^{\mathrm{T}}\boldsymbol{P}(\boldsymbol{A}_c\boldsymbol{e}+\boldsymbol{B}\tilde{\boldsymbol{\tau}}+\boldsymbol{\rho e})+\dot{\tilde{\boldsymbol{W}}}^{\mathrm{T}}\tilde{\boldsymbol{W}}+\tilde{\boldsymbol{W}}^{\mathrm{T}}\dot{\tilde{\boldsymbol{W}}}\\
&=-\boldsymbol{e}^{\mathrm{T}}\boldsymbol{Qe}+(\boldsymbol{B}\tilde{\boldsymbol{\tau}}+\boldsymbol{\rho})^{\mathrm{T}}\boldsymbol{Pe}+\boldsymbol{e}^{\mathrm{T}}\boldsymbol{P}(\boldsymbol{B}\tilde{\boldsymbol{\tau}}+\boldsymbol{\rho})+\dot{\tilde{\boldsymbol{W}}}^{\mathrm{T}}\tilde{\boldsymbol{W}}+\tilde{\boldsymbol{W}}^{\mathrm{T}}\dot{\tilde{\boldsymbol{W}}}\\
&=-\boldsymbol{e}^{\mathrm{T}}\boldsymbol{PW}^{*\mathrm{T}}\phi+\boldsymbol{e}^{\mathrm{T}}\boldsymbol{P\rho}-(\boldsymbol{W}^{*\mathrm{T}}\phi)^{\mathrm{T}}\boldsymbol{Pe}+\boldsymbol{\rho}^{\mathrm{T}}\boldsymbol{Pe}+\dot{\tilde{\boldsymbol{W}}}^{\mathrm{T}}\tilde{\boldsymbol{W}}+\tilde{\boldsymbol{W}}^{\mathrm{T}}\dot{\tilde{\boldsymbol{W}}}\\
&=-\boldsymbol{e}^{\mathrm{T}}\boldsymbol{P}(\boldsymbol{W}^{*\mathrm{T}}\phi-\boldsymbol{\rho})-(\boldsymbol{W}^{*\mathrm{T}}\phi)^{\mathrm{T}}\boldsymbol{Pe}+\boldsymbol{\rho}^{\mathrm{T}}\boldsymbol{Pe}+\dot{\tilde{\boldsymbol{W}}}^{\mathrm{T}}\tilde{\boldsymbol{W}}+\tilde{\boldsymbol{W}}^{\mathrm{T}}\dot{\tilde{\boldsymbol{W}}}\\
&=-\boldsymbol{e}^{\mathrm{T}}\boldsymbol{P}(\boldsymbol{W}^{*\mathrm{T}}\phi-\boldsymbol{W}^{\mathrm{T}}\phi)-(\boldsymbol{W}^{*}-\boldsymbol{W})^{\mathrm{T}}\dot{\tilde{\boldsymbol{W}}}\\
&\quad+[-\boldsymbol{e}^{\mathrm{T}}\boldsymbol{P}(\boldsymbol{W}^{*\mathrm{T}}-\boldsymbol{W}^{\mathrm{T}})\phi-(\boldsymbol{W}^{*}-\boldsymbol{W})^{\mathrm{T}}\dot{\tilde{\boldsymbol{W}}}]^{\mathrm{T}}
\end{aligned} \tag{5.15}$$

将式（5.9）、式（5.10）与式（5.12）代入式（5.15）得

$$\dot{V}=(-\boldsymbol{e}^{\mathrm{T}}\boldsymbol{P}-\boldsymbol{E}_P)(\overline{\boldsymbol{\rho}}-\boldsymbol{\rho})+[(-\boldsymbol{E}_P-\boldsymbol{e}^{\mathrm{T}}\boldsymbol{P})(\boldsymbol{W}^{*\mathrm{T}}-\boldsymbol{W}^{\mathrm{T}})\phi]^{\mathrm{T}}<0$$

故补偿器（5.12）能够保证系统（5.8）稳定。

为了运算方便，令 $\boldsymbol{Q}=\boldsymbol{I}$，而 $\boldsymbol{P}$ 由方程 $\boldsymbol{A}_c^{\mathrm{T}}\boldsymbol{P}+\boldsymbol{PA}_c=-\boldsymbol{I}$ 获取，神经网络补偿控制器输出 $\tilde{\boldsymbol{\tau}}$ 为

$$\tilde{\boldsymbol{\tau}}=\frac{(\boldsymbol{PB})^{\mathrm{T}}}{2\|\boldsymbol{PB}\|_2^2}\boldsymbol{e}-\frac{(\boldsymbol{PB})^{\mathrm{T}}\boldsymbol{P}}{\|\boldsymbol{PB}\|_2^2}\boldsymbol{W}^{*\mathrm{T}}\phi \tag{5.16}$$

将动态反馈控制律（5.6）与神经网络控制补偿器（5.12）叠加得基于神经网络补偿的动态反馈控制律：

$$\boldsymbol{\tau}=\boldsymbol{Ke}+\frac{(\boldsymbol{PB})^{\mathrm{T}}}{2\|\boldsymbol{PB}\|_2^2}\boldsymbol{e}-\frac{(\boldsymbol{PB})^{\mathrm{T}}\boldsymbol{P}}{\|\boldsymbol{PB}\|_2^2}\boldsymbol{W}^{*\mathrm{T}}\phi,\quad \boldsymbol{e}=[\tilde{\boldsymbol{\eta}}^{\mathrm{T}} \quad \tilde{\boldsymbol{v}}^{\mathrm{T}}]^{\mathrm{T}} \tag{5.17}$$

5.1.2 所研究 AUV 运动控制模型的特点

本章所研究的 AUV 系统的控制器主要由尾部推进器、两垂直艉舵和两水平艉舵组成，分别实现对 AUV 纵向速度u、水平航向ψ与纵倾角θ的控制。根据 AUV 水动力特性的对称性，通过解耦一些关联性不大的自由度[18]，将系统分解为纵向速度控制模型、垂直面控制模型与水平面控制模型进行研究分析，并根据各控制模型的特点设计相应的控制律。

本章以垂直面的定深运动控制为例对所设计的控制算法进行分析。根据所研究 AUV 系统的特点，将方程（5.18）作为垂直面的运动控制方程，采用第 2 章深度控制模型中的式（2.29a）～式（2.29d）。

在讨论垂直面运动时，设水平面的相关状态量v、p、r、ϕ均近似为 0，系统升降运动基本稳定且平缓，变化率可以忽略不计，即近似$\dot{w}\approx 0$。AUV 深度主要由纵倾角变化实现。深度控制模型集中的子模型（2.30d）可以简化为以下方程[19]：

$$\begin{cases}\dot{z}=-u\sin\theta+w\cos\theta\\ \dot{\theta}=q\\ (I_y-M_{\dot{q}})\dot{q}=-(z_G G-z_B B)\sin\theta+M_q uq+M_w uw+M_{\delta_s}u^2\delta_s\end{cases}\tag{5.18}$$

设 AUV 期望深度为z_{d}，纵倾角期望值$\theta_{\mathrm{d}}=0$；纵倾角角速度期望值$q_{\mathrm{d}}=0$，则有$e_1=z-z_{\mathrm{d}},e_2=\theta,e_3=q$，据此将运动方程表达式（5.18）转化为运动误差表达式（5.19）：

$$\begin{cases}\dot{e}_1=-ue_2+u\theta-\sin\theta+w\cos\theta-\dot{z}_{\mathrm{d}}\\ \dot{e}_2=e_3\\ (I_y-M_{\dot{q}})\dot{e}_3=-(z_G G-z_B B)e_2+M_q ue_3+M_{\delta_s}u^2\delta_s-(z_G G-z_B B)(\sin\theta-\theta)+M_w uw\end{cases}\tag{5.19}$$

将纵向速度u作为可变系统参数处理。

由式（5.19）得系统惯性矩阵$\boldsymbol{M}=\begin{bmatrix}1&0&0\\0&1&0\\0&0&I_y-M_{\dot{q}}\end{bmatrix}$；系统矩阵$\boldsymbol{A}=\boldsymbol{M}^{-1}\cdot\begin{bmatrix}0&-u&0\\0&0&1\\0&z_G G-z_B B&M_q u\end{bmatrix}$；输入矩阵$\boldsymbol{B}=\boldsymbol{M}^{-1}[0\quad 0\quad M_{\delta}u^2]^{\mathrm{T}}$；不确定矩阵$\boldsymbol{\rho}=\begin{bmatrix}u(\theta-\sin\theta)+w\cos\theta-\dot{z}_{\mathrm{d}}\\0\\M_w uw-(z_G G-z_B B)(\sin\theta-\theta)\end{bmatrix}$。

在纵向速度$u(t)\neq 0$的情况下，根据定理 5.1 可知系统（5.18）具有完全可控性，分析系统（5.19）对$(\boldsymbol{A},\boldsymbol{B})$的秩知系统完全可控。深度控制模型可以实现极点的任意配置$\boldsymbol{\lambda}=[\lambda_1 \quad \lambda_2 \quad \lambda_3]$。极点配置中将$u(t)$作为状态反馈参数的因变量进行处理，状态反馈参数泛函为$k_i = f_i(\lambda,u(t),t),\quad i=1,2,3$，故系统的状态反馈控制器为

$$\delta_{s0}=\sum_{i=1}^{3}k_i e_i-\sum_{i=1}^{3}\beta_i,\quad i=1,2,3 \tag{5.20}$$

极点配置后的系统矩阵：

$$\boldsymbol{A}_c=\boldsymbol{A}+\boldsymbol{BK}$$

式中，$\boldsymbol{A}_c$为 Hurwitz 矩阵。

根据 Lyapunov 稳定方程$\boldsymbol{A}_c^{\mathrm{T}}\boldsymbol{P}+\boldsymbol{P}\boldsymbol{A}_c=-\boldsymbol{Q}$，令$\boldsymbol{Q}=\boldsymbol{I}$，获得正定对称矩阵$\boldsymbol{P}$。

下面对两个不确定项进行神经网络补偿器设计。

（1）第一个不确定项网络控制输出函数为$\boldsymbol{\rho}_1=\boldsymbol{\omega}_1^{\mathrm{T}}\boldsymbol{\phi}$，$\boldsymbol{\rho}_1=u(\theta-\sin\theta)+w\cos\theta-\dot{z}_{\mathrm{d}}$；设其上限为$\boldsymbol{\rho}_1=\|u\theta+w-\dot{z}_{\mathrm{d}}\|$；相应权值设置为$\boldsymbol{\omega}_1=[\omega_{1,1} \quad \omega_{1,2} \quad \cdots \quad \omega_{1,20}]^{\mathrm{T}}$；权值优化为$\bar{\boldsymbol{\rho}}_1=\boldsymbol{\omega}_1^{*}\boldsymbol{\phi}$，其中纵倾角满足$-\dfrac{\pi}{6}<\theta<\dfrac{\pi}{6}$。

（2）第二个不确定项网络输出函数为$\boldsymbol{\rho}_3=\boldsymbol{\omega}_3^{\mathrm{T}}\boldsymbol{\phi}$，$\boldsymbol{\rho}_3=M_w uw+(z_G G-z_B B)\cdot(\theta-\sin\theta)$；输出不定项上限阈值为$\bar{\boldsymbol{\rho}}_3=\|M_w uw\|+\|(z_G G-z_B B)(\theta-\sin\theta)\|$；隐含层权值输出为$\boldsymbol{\phi}$；权值$\boldsymbol{\omega}_3=[\omega_{3,1} \quad \omega_{3,2} \quad \cdots \quad \omega_{3,20}]^{\mathrm{T}}$；权值优化为$\bar{\boldsymbol{\rho}}_3=\boldsymbol{\omega}_1^{*}\boldsymbol{\phi}$。

各神经网络权值在线自适应调节律：$\dot{\boldsymbol{\omega}}_i=\|e_{pi}\|\phi_i\ (i=1,2,3)$，$\|\boldsymbol{e}^{\mathrm{T}}\boldsymbol{P}\|=[\|e_{p1}\| \quad \|e_{p2}\| \quad \|e_{p3}\|]$。

将相关项代入神经网络补偿器式(5.16)。设$\dfrac{(\boldsymbol{PB})^{\mathrm{T}}}{2\|\boldsymbol{PB}\|_2^2}=[\alpha_1 \quad \alpha_2 \quad \alpha_3]$，$\dfrac{(\boldsymbol{PB})^{\mathrm{T}}\boldsymbol{P}}{\|\boldsymbol{PB}\|_2^2}=[\beta_1 \quad \beta_2 \quad \beta_3]$，$\boldsymbol{\omega}_2^{*}\boldsymbol{\phi}=0$，得补偿器为

$$\tilde{\delta}_s=\sum_{i=1}^{3}\alpha_i e_i-\sum_{i=1}^{3}\beta_i\boldsymbol{\omega}_i^{*}\boldsymbol{\phi},\quad i=1,2,3 \tag{5.21}$$

将动态状态反馈控制律（5.6）与神经网络控制补偿器（5.21）叠加，系统控制律为$\delta_s=\delta_{s0}+\tilde{\delta}_s$。

5.1.3 半物理仿真验证

仿真过程中，动态反馈控制所配置极点为$\boldsymbol{\lambda}=[-0.1 \quad -0.5 \quad -0.26]$。神经网络补偿控制器网络结构为：4 个输入量，隐含层有 20 个神经元，两个函数输出。4 个输入为$\boldsymbol{X}=[u \quad \theta \quad w \quad z_{\mathrm{d}}]$，两个输出针对两个不确定项进行控制补偿，各神经元中心初始值m_j均设为 0.56，宽度σ_j均为 0.7。

1. MATLAB 数字仿真实验

将相应的水动力参数代入式（5.19），纵向速度u_d为 1.5m/s，期望深度为 8m，加入干扰海流，流速为 0.8m/s。

由于本书研究的 AUV 入水后主要靠纵倾角变化来实现深度变化，而纵倾角的大小是由水平舵的控制输出决定的。图 5.2 描述了垂直面控制中的深度与纵倾角两状态变量的控制输出曲线以及控制器水平舵舵角的控制输出曲线。仿真过程中的深度控制曲线，实线为期望深度，虚线为实际深度曲线。同时从图 5.2 中可以看出纵倾角变化平缓，只有期望深度发生突变时发生一些较小抖动，表明神经网络补偿器能够给动态反馈控制器快速补偿；水平舵控制器的输出由于干扰力的作用有一些微弱抖动，神经网络能够对外界干扰进行辨识，并对控制器控制参数进行调整，故本节所提基于神经网络补偿器的动态反馈控制器具有较强的鲁棒性。

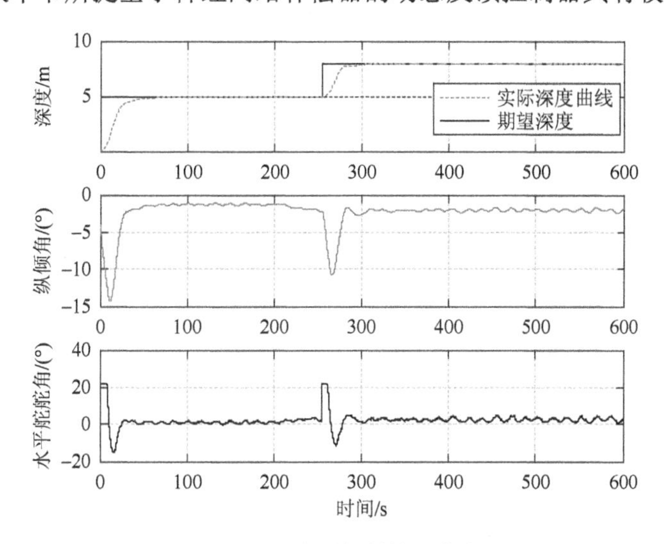

图 5.2　垂直面控制输出曲线

2. 半物理仿真实验

本节所采用的半物理仿真平台为远程自主水下机器人仿真平台，此平台较逼真地模拟了海洋环境，对于调试一套稳定可靠的控制系统具有一定的实践指导意义[20]。

本章在此半物理仿真平台上分别进行 PID 控制算法与所提控制算法的实验。PID 控制器的控制参数由本章所研究的 AUV 系统在多次湖泊试验与海洋试验运行调试中获取的一系列的经验控制参数组成；本章所提控制算法参数同数字仿真过程中所设控制参数。

半物理仿真前 50s 为 AUV 系统入水调试阶段，50～400s 为系统执行任务阶段，400s 后为系统任务完成后的出水阶段。仿真任务要求为定深定向耦合运动控制，目标要求期望深度值为 8m，加入干扰流振幅为 0.5m，周期为 5s。半物理仿真平台深度控制输出曲线如图 5.3 所示。通过图 5.3(a)中所描述的水平舵舵角控制输出曲线可知，本章所提控制算法水平舵舵角输出相对 PID 控制算法水平舵舵角输出曲线变化速度平缓；图 5.3(b)为深度变化曲线对比图，可以看出本章所提控制算法对深度控制具有更优的动态性能，即超调小、调节时间短等；图 5.3(c)为纵倾角变化曲线，本章所提控制算法纵倾角变化幅度相对于 PID

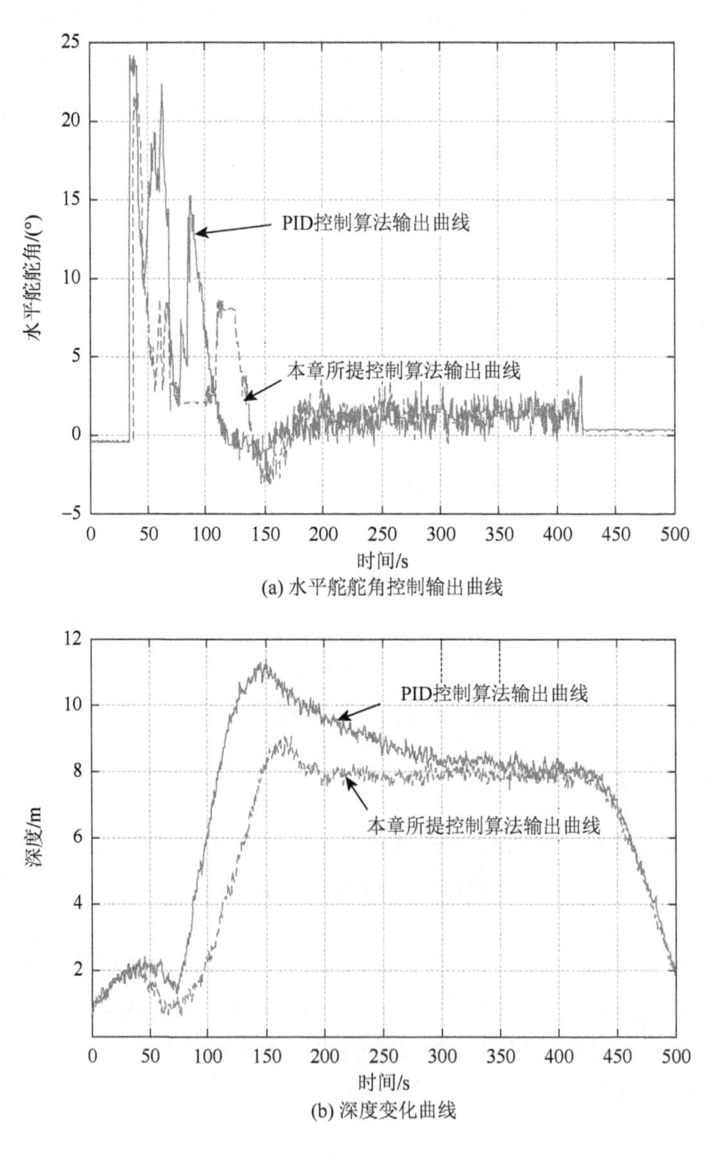

(a) 水平舵舵角控制输出曲线

(b) 深度变化曲线

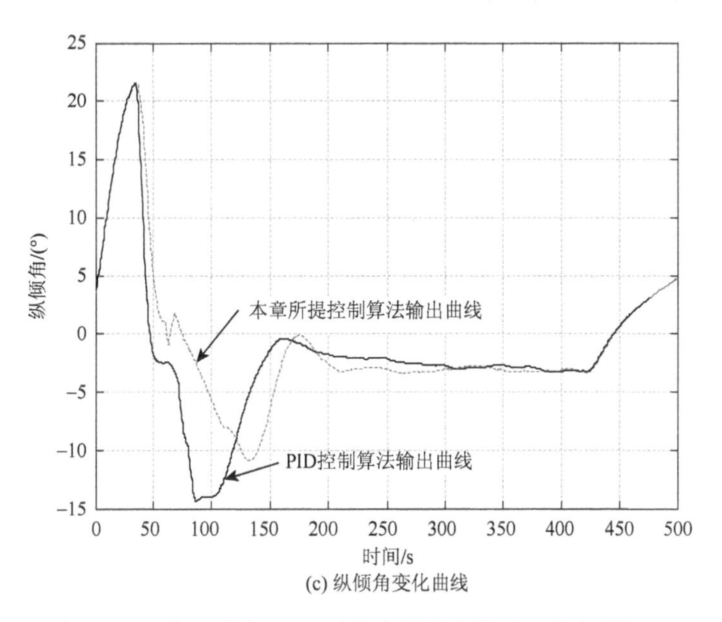

(c) 纵倾角变化曲线

图 5.3　半物理仿真平台深度控制输出曲线（见书后彩图）

控制算法要小。综上所述，本章所提控制算法具有更佳的控制性能和更强的鲁棒性。

此算法主要针对 AUV 模型的非线性特点与受外界海洋不确定干扰影响等特性而设计，通过理论分析证明神经网络动态状态反馈控制器算法具有收敛性。通过 MATLAB 数字仿真平台验证了本章所提控制算法具有较强的抗干扰能力，同时神经网络补偿器能够根据环境变化对非线性不确定部分进行辨识，并给予动态反馈控制快速补偿。本章最后通过半物理仿真平台实验表明基于神经网络补偿器的动态反馈控制算法相对于 PID 控制算法具有更好的动态性能和较强的抗干扰能力，提高了系统的鲁棒性。此控制方法为 AUV 系统适应复杂多变的海洋环境提供了一定的理论依据。

5.2　基于 AUV 运动控制的状态反馈滑模控制法

状态反馈滑模控制法对未知干扰项具有较强的鲁棒性[21, 22]，本节采用此方法在控制中的优越性将其应用于 AUV 运动控制中。为了防止运动控制在滑模面上的抖动现象[23, 24]，本节提出采用状态反馈参数与滑模面间的关联关系构建系统滑模面的方法。

本节主要针对 AUV 运动控制模型特点[25]以及滑模控制算法在控制中的局限性[26]，提出状态反馈滑模控制算法的概念。Salgado-Jiménez 采用高阶微分法削弱了滑模控制法在 AUV 深度控制中的抖动[27]。AUV 运动控制的局限性主要体现在 AUV 数学模型难以表述等，滑模控制法中滑模面的抖动是其控制设置的局限性，人们多采用自适应控制[28]、模糊控制[29]等削弱抖振现象。本节为了充分避免滑模控制法在非线性系统运动控制中抖动的问题，提出了 SFSMC。该方法不仅可以实现对被控对象的控制，同时可以通过所获得反馈参数实现滑模控制算法的衰减。状态反馈法采用极点配置的方式实现系统稳定，各状态以指数衰减形式趋近于期望值[30, 31]，在非线性控制中，通常与其他方法结合，如模糊控制[32]、神经网络[33, 34]、滑模控制法[35]等。

本节相关理论内容详见文献[36]，此处只给出了简洁的理论推导过程，以及仿真验证结果。

5.2.1 基于 SFSMC 的 AUV 控制模型设置

为了研究方便，将复杂的系统模型分解为三部分进行控制算法设计，即纵向速度控制模型、航向控制模型、深度控制模型。

（1）速度控制子模型：

$$(m-X_{\dot{u}})\dot{u}=X_{|u|u}|u|u+(X_{wq}-m)wq-(W-B)\sin\theta+T+X_{\text{dis}} \tag{5.22a}$$

式中，T 为 AUV 尾部推进器控制变量。

（2）航向控制子模型：

$$\begin{bmatrix} m-Y_{\dot{v}_r} & -Y_{\dot{r}} & 0 \\ -N_{\dot{v}_r} & I_{zz}-N_{\dot{r}} & 0 \\ 0 & 0 & 1 \end{bmatrix}\begin{bmatrix} \dot{v} \\ \dot{r} \\ \dot{\psi} \end{bmatrix}=\begin{bmatrix} Y_{uv}u & (Y_r-m)u & 0 \\ N_{uv}u & N_r u & 0 \\ 0 & 1 & 0 \end{bmatrix}\begin{bmatrix} v \\ r \\ \psi \end{bmatrix}+\begin{bmatrix} Y_\delta u^2 \\ N_\delta u^2 \\ 0 \end{bmatrix}\delta_r(t)+\boldsymbol{H}_s+\boldsymbol{W}_t(t) \tag{5.22b}$$

式中，$\boldsymbol{H}_s=\begin{bmatrix} Y_{v|v|}v|v|+Y_{pq}pq \\ N_{r|r|}r|r|+N_{vr}vr+N_{wp}wp+N_{vv}vv \\ 0 \end{bmatrix}$ 为非线性不确定部分变量；$\delta_r(t)$ 为垂直舵舵角控制量；其他参数量为水动力参数符号，具体值为确定值。

（3）深度控制子模型：

$$\begin{cases} \dot{z}=-u\sin\theta+w\cos\theta \\ \dot{\theta}=q \\ (I_y-M_{\dot{q}})\dot{q}=M_q uq+M_w uw+M_{\dot{w}}\dot{w}-(z_G G-z_B B)\sin\theta+M_\delta u^2\delta_s \end{cases} \tag{5.22c}$$

将其转换为矩阵表达式为

$$\begin{bmatrix}\dot{z}\\ \dot{\theta}\\ \dot{q}\end{bmatrix}=\begin{bmatrix}0 & -u & 0\\ 0 & 0 & 1\\ 0 & \dfrac{-(z_G G-z_B B)}{I_y-M_{\dot{q}}} & \dfrac{M_q u}{I_y-M_{\dot{q}}}\end{bmatrix}\begin{bmatrix}z\\ \theta\\ q\end{bmatrix}+\begin{bmatrix}0\\ 0\\ \dfrac{M_\delta u^2}{I_y-M_{\dot{q}}}\end{bmatrix}\delta_s$$
$$+\begin{bmatrix}u(\theta-\sin\theta)+w\cos\theta\\ 0\\ \dfrac{M_w uw+M_{\dot{w}}\dot{w}+(z_G G-z_B B)(\theta-\sin\theta)}{I_y-M_{\dot{q}}}\end{bmatrix}+\boldsymbol{W}_v(t) \tag{5.22d}$$

图 5.4 为基于 SFSMC 的 AUV 运动控制方框图。首先通过状态反馈对 AUV 运动控制模型中分解出来的线性部分进行状态反馈，然后通过滑模控制对 AUV 运动控制中的非线性部分进行控制。

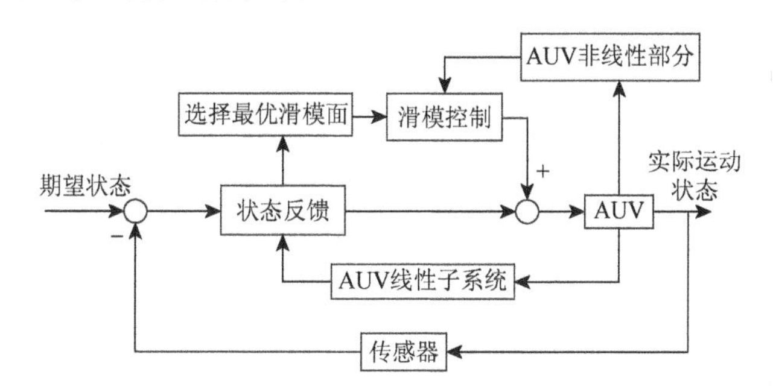

图 5.4　基于 SFSMC 的 AUV 运动控制方框图

5.2.2　基于 AUV 运动模型的动态状态反馈控制策略

设 AUV 运动控制模型统一描述形式为

$$\dot{\boldsymbol{X}}=\boldsymbol{AX}+\boldsymbol{B\tau}+\boldsymbol{H}(\boldsymbol{X})\Rightarrow\dot{\boldsymbol{X}}=\boldsymbol{AX}+\boldsymbol{B\tau}_{\mathrm{sfc}}+\boldsymbol{B\tau}_{\mathrm{smc}}+\boldsymbol{H}(\boldsymbol{X}) \tag{5.23}$$

式中，$\boldsymbol{H}(\boldsymbol{X})$为非线性变量或外界干扰量；$\boldsymbol{\tau}$为控制律；$\boldsymbol{\tau}_{\mathrm{sfc}}$为状态反馈控制量；$\boldsymbol{\tau}_{\mathrm{smc}}$为滑模控制量。

状态误差$\tilde{\boldsymbol{X}}=\boldsymbol{X}-\boldsymbol{X}_{\mathrm{d}}$方程表述为

$$\dot{\tilde{\boldsymbol{X}}}=\boldsymbol{A}\tilde{\boldsymbol{X}}+\boldsymbol{B\tau}_{\mathrm{sfc}}+\boldsymbol{B\tau}_{\mathrm{smc}}+\boldsymbol{H}(\boldsymbol{X})+\boldsymbol{AX}_{\mathrm{d}}-\dot{\boldsymbol{X}}_{\mathrm{d}} \tag{5.24}$$

设线性子系统为

$$\dot{\tilde{\boldsymbol{X}}}=\boldsymbol{A}\tilde{\boldsymbol{X}}+\boldsymbol{B\tau}_{\mathrm{sfc}} \tag{5.25}$$

状态反馈控制设计为

$$\boldsymbol{\tau}_{\mathrm{sfc}}=-\boldsymbol{K}\tilde{\boldsymbol{X}} \tag{5.26}$$

通过状态反馈后，模型（5.24）变为

$$\dot{\tilde{X}} = \tilde{A}\tilde{X} + B\tau_{\text{sfc}} + B\tau_{\text{smc}} + H(X) + AX_{\text{d}} - \dot{X}_{\text{d}} \tag{5.27a}$$

式中，$\tilde{A} = A - BK$ 为 Hurwitz 矩阵。

定理 5.3 如果系统矩阵 $A \in \mathbf{R}(n \times n)$ 为 Hurwitz 矩阵，则存在正定矩阵 P，使得 $A - P = M$ 仍为 Hurwitz 矩阵。

证明 因为 A 为 Hurwitz 矩阵满足 Lyapunov 方程 $A^{\text{T}}P_A + P_A A = -Q$，其中 $Q, P_A, P \in \mathbf{R}^+(n \times n)$。

又因为 $A - P = M$，$A = P + M$。

所以 $P^{\text{T}}P_A + P_A P + M^{\text{T}}P_A + P_A M = -Q$。

由于 $P^{\text{T}}P_A + P_A P$ 为对称阵，P、$P_A \in \mathbf{R}^+$，故 $P^{\text{T}}P_A > 0$，$P^{\text{T}}P_A + P_A P \in \mathbf{R}^+(n \times n)$。

设 $Q_P = P^{\text{T}}P_A + P_A P + Q$。

由于 $Q_P \in \mathbf{R}^+(n \times n)$ 与 $M^{\text{T}}P_A + P_A M = -Q_P$，故 M 为 Hurwitz 矩阵。

SFSMC 中的滑模控制律的设计为

$$B\tau_{\text{smc}} = -H(X) + \dot{X}_d - AX_d - P\tilde{X}, \quad P \in \mathbf{R}^+(n \times n) \tag{5.27b}$$

滑模面的设计如下。

首先对矩阵 $M = \tilde{A} - P$ 作特征值分解，获得特征向量 $p_M = [p_{M_1} \quad p_{M_2} \quad \cdots \quad p_{M_i}]$，令 $C = [C_{M_1}^{\text{T}} \quad C_{M_2}^{\text{T}} \quad \cdots \quad C_{M_n}^{\text{T}}]^{\text{T}}$，$\Lambda_M = \lambda(M)$。

定义滑模簇：

$$S = C\tilde{X} \tag{5.28}$$

可以得到 n 个滑模面 $S = [S_1 \quad S_2 \quad \cdots \quad S_n]$，将式（5.27a）代入滑模簇的一阶微分，可得 n 条控制律 $U_{\text{smc}} = [\tau_{\text{smc1}} \quad \tau_{\text{smc2}} \quad \cdots \quad \tau_{\text{smc}n}]$。由于

$$\begin{aligned} \dot{S} &= C\tilde{A}\tilde{X} + CBU_{\text{smc}} + CH - C\dot{X}_{\text{d}} + C\tilde{A}X_{\text{d}} \\ &= C(\tilde{A} - P)\tilde{X} \\ &= C(\tilde{A} - P)C^{-1}S \\ &= CMC^{-1}S \end{aligned} \tag{5.29}$$

则有 $\dot{S} = \Lambda S$，滑模簇指数衰减。根据定理 5.3 可知 M 为 Hurwitz 矩阵，故 $\Lambda_M = \text{diag}(\lambda_1, \lambda_2, \cdots, \lambda_n)$，取 $\lambda_{\min} = \min[\text{Re}(\lambda_i)]$，假设 $\lambda_{\min} = \lambda_j$，则取 $S_j = c_{M_j}\tilde{X}$ 作为最佳滑模面，则滑模控制律可设计为

$$c_{M_j}B\tau_{\text{smc}} = -c_{M_j}H(X) + c_{M_j}\dot{X}_{\text{d}} - c_{M_j}AX_{\text{d}} - c_{M_j}P\tilde{X} \tag{5.30}$$

$$\tau_{\text{smc}} = \frac{-c_{M_j}H(X) + c_{M_j}\dot{X}_{\text{d}} - c_{M_j}AX_{\text{d}} - c_{M_j}P\tilde{X}}{c_{M_j}B} \tag{5.31}$$

则整个系统的控制律可以设计为

$$\tau = -K\tilde{X} + \frac{-c_{M_j}H(X) + c_{M_j}\dot{X}_{\mathrm{d}} - c_{M_j}AX_{\mathrm{d}} - c_{M_j}P\tilde{X}}{c_{M_j}B} \tag{5.32}$$

5.2.3 AUV 各控制模型控制律设计

下面针对 AUV 解耦后得到的三个模型进行 SFSMC 控制律的设计，设计步骤同上，所得相应控制器如下。以下为 SFSMC 控制律设计过程的简单介绍，相关控制变量 K_*、$\tilde{X}_*$ 分别为状态反馈控制参数与对应的状态变量。状态反馈控制律设计步骤详见 3.2 节，滑模控制律设计步骤详见 3.3 节，本节相关参数变量详见参考文献[36]。

1. 纵向速度控制律

$$T_{\mathrm{surge}} = -X_{|u|u}u_{\mathrm{d}}\tilde{u} - X_{|u|u}u_{\mathrm{d}} - \left\|X_{\mathrm{dis}}\right\|_{\infty} \tag{5.33}$$

式中，$X_{|u|u}$ 为系统模型参数；u_{d} 为期望纵向速度；$\tilde{u}$ 为当前纵向速度。状态反馈控制律为 $T_{\mathrm{sfc}} = -X_{|u|u}u_{\mathrm{d}}\tilde{u}$；滑模控制律为 $T_{\mathrm{smc}} = -X_{|u|u}u_{\mathrm{d}} - \left\|X_{\mathrm{dis}}\right\|_{\infty}$。

2. 航向控制律

水平面状态反馈控制律为

$$\delta_{\mathrm{rfct}} = K_t\tilde{X}_t \tag{5.34}$$

式中，K_t 为水平面控制律反馈控制系数；$\tilde{X}_t$ 为水平面各状态变量运行值。

滑模控制律为

$$\begin{aligned}\delta_{\mathrm{rsmc}} = [&-c_{M_jt}H_t(X_t) + c_{M_jt}\dot{X}_{dt} - c_{M_jt}AX_{dt} - c_{M_jt}P\tilde{X}_t - c_{M_jt}H_s \\ &- \| c_{M_jt}M_m^{-1}W_t(t) \|_{\infty}] / (c_{M_jt}B_t)\end{aligned} \tag{5.35}$$

水平面控制律，即垂直舵的控制量输出为 $\delta_r = \delta_{\mathrm{rsfc}} + \delta_{\mathrm{rsmc}}$。

3. 深度控制律

状态反馈控制律为

$$\delta_{\mathrm{ssfc}} = -K_v\tilde{X}_v$$

滑模控制为

$$\delta_{\mathrm{ssmc}} = \frac{c_v\dot{X}_{vd} - c_vAX_{vd} - c_vP\tilde{X}_v - c_vH(X_v) - \| c_vW_v(t) \|_{\infty}}{c_vB_v}$$

垂直面控制律，即水平舵的控制量输出为

$$\delta = \delta_{\mathrm{ssfc}} + \delta_{\mathrm{ssmc}} = -\boldsymbol{K}_v \tilde{\boldsymbol{X}}_v + \frac{\boldsymbol{c}_v \dot{\boldsymbol{X}}_{vd} - \boldsymbol{c}_v \boldsymbol{A} \boldsymbol{X}_{vd} - \boldsymbol{c}_v \boldsymbol{P} \tilde{\boldsymbol{X}}_v - \boldsymbol{c}_v \boldsymbol{H}(\boldsymbol{X}_v) - \| \boldsymbol{c}_v \boldsymbol{W}_v(t) \|_\infty}{\boldsymbol{c}_v \boldsymbol{B}_v} \tag{5.36}$$

5.2.4 基于 SFSMC 的 AUV 仿真

通过在 AUV MATLAB 仿真平台上的阶跃响应的仿真，验证了 SFSMC 控制算法能够保证 AUV 运动控制过程的稳定性。控制目标为：所期望前向速度为 2.5m/s，所期望航向角为 90°或 1.57rad，所期望的深度在仿真前 100s 为 5m，仿真后 100s 为 10m。

图 5.5～图 5.7 为 SFSMC 仿真结果曲线。其中图 5.5 为 SFSMC 纵向速度控制曲线，表明纵向速度运行平滑无过大抖动，只有在 100s 处深度突然改变使得纵向速度有微弱抖动，但很快被调节到预期值；图 5.6 为 SFSMC 航向角控制曲线，航向具有良好的控制品质；图 5.7 为 SFSMC 深度控制曲线、水平舵控制量输出曲线与纵倾角控制曲线，可见在变深控制中系统深度、纵倾角均具有良好的控制品质，且系统控制器输出无抖动。

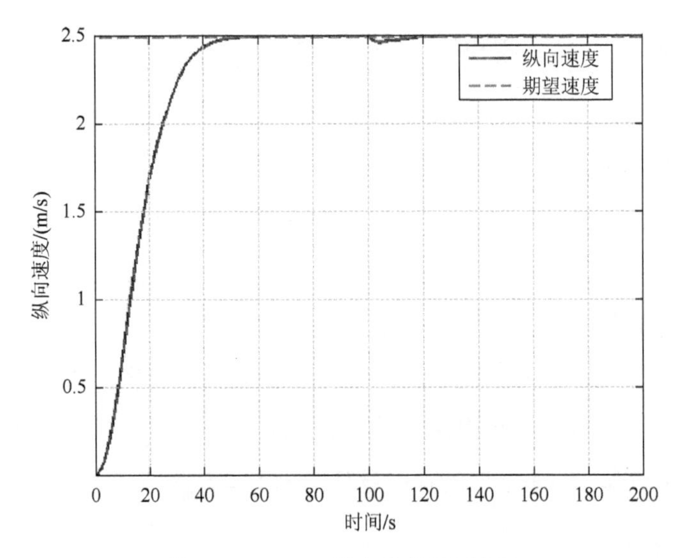

图 5.5 SFSMC 纵向速度控制曲线

从图 5.8(a)与图 5.8(b)可以看出系统仿真结果曲线无超调，这主要是由于所用主要控制法为状态反馈法。另外系统的控制量输出剧烈无抖振现象，这主要是由于系统所用滑模控制的滑模面为指数衰减结果。图 5.8(a)描述了传统滑模控制对深度控制的输出曲线，系统的水平舵控制输出有抖振现象。两控制算法控制效果的比较说明 SFSMC 具有更好的性能，如具有较短的调节时间、较小的稳态误差等，此方法在一定程度上削弱了滑模控制固有的抖振现象。

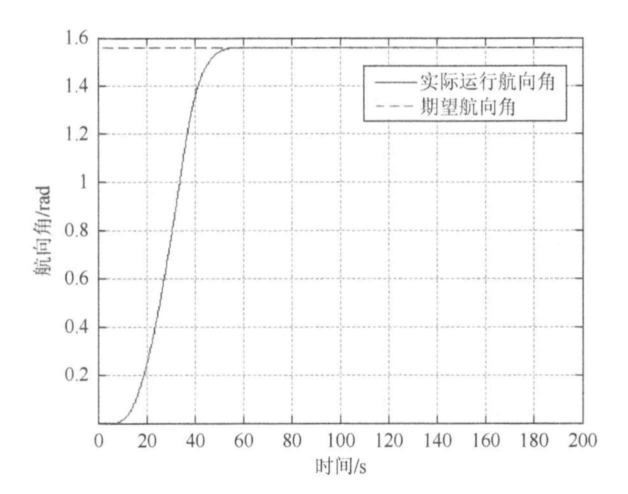

图 5.6 SFSMC 航向角控制曲线（见书后彩图）

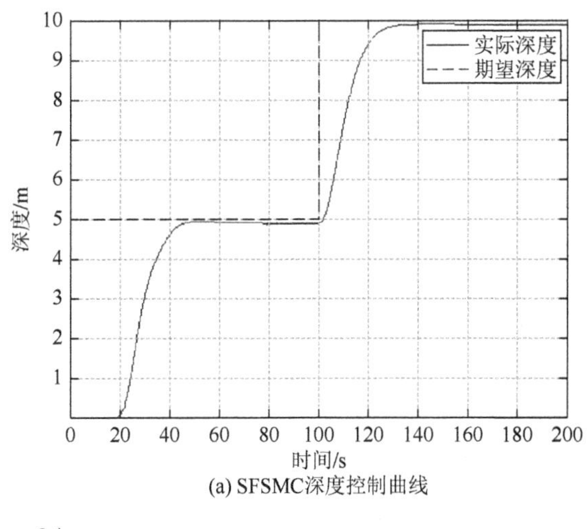

(a) SFSMC深度控制曲线

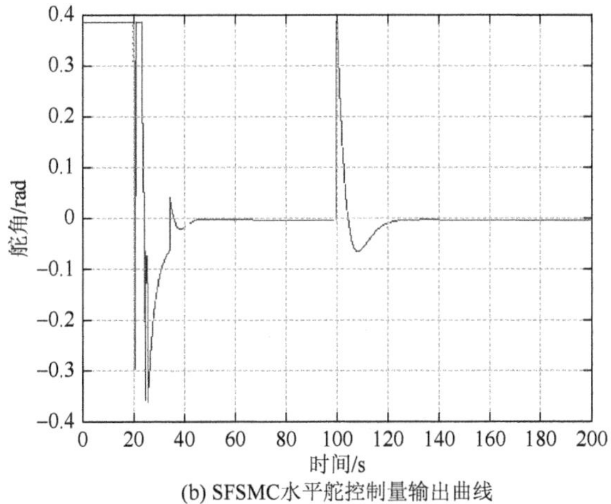

(b) SFSMC水平舵控制量输出曲线

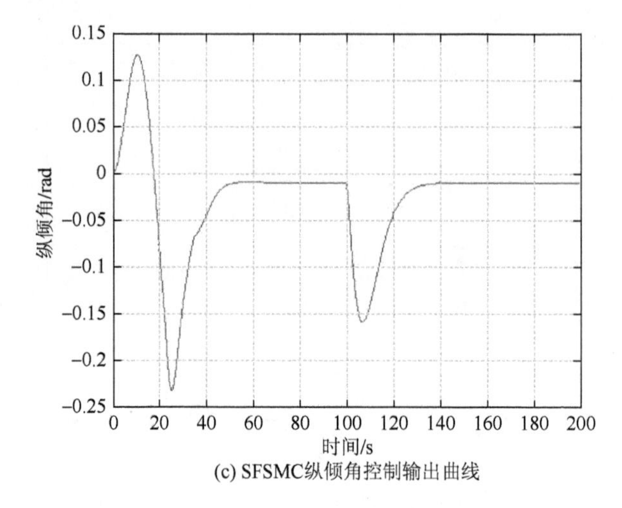

(c) SFSMC纵倾角控制输出曲线

图 5.7　SFSMC 在 AUV 运动控制中的输出曲线

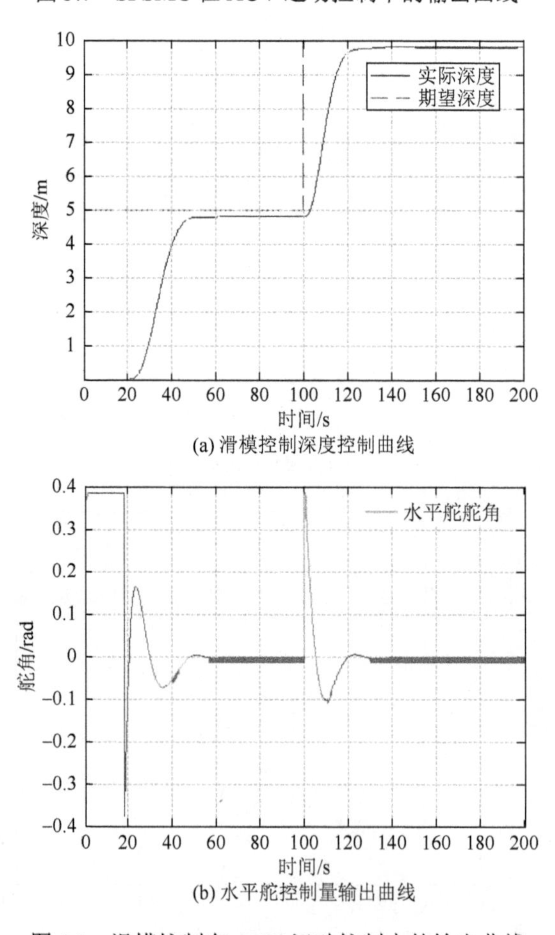

(a) 滑模控制深度控制曲线

(b) 水平舵控制量输出曲线

图 5.8　滑模控制在 AUV 运动控制中的输出曲线

本节所提SFSMC法用于解决AUV系统非线性问题以及滑模面切换过程的抖振现象。本节通过综合状态反馈控制法与滑模控制法的优势来控制 AUV 运动，其中状态反馈控制法用来控制系统分解出来的线性部分，滑模控制法用来控制非线性部分与干扰部分，通过状态反馈设置系统滑模簇保证系统滑模面的指数衰减。仿真实验表明 SFSMC 系统控制动态性能优于传统的滑模控制且控制器输出削弱了抖振现象。

5.3 基于AUV运动控制的控制器集在线优化

针对 AUV 系统复杂的运动控制模型以及外界干扰问题，设计多采用自适应控制法[37, 38]以提高系统控制品质。经典控制策略PID以其对控制变量的直接描述而得到广泛应用[39]。模糊滑模自适应控制具有处理不确定干扰和不精确系统参数的能力，在AUV运动控制中备受欢迎[40, 41]。为了解决AUV系统模型的不确定性，人们提出了 back-stepping 滑模控制法[42, 43]或神经网络滑模控制算法[44]，但这些算法极易造成控制过程中计算量的过度增加。虽然状态反馈控制法在水平面控制中得到应用[45, 46]，但其却无法解决系统非线性部分的问题。不同控制算法具有不同控制优势与局限性，如何综合利用这些控制算法的优势，以实现 AUV 系统在不同运动控制要求下良好的控制品质？多控制算法可以达到此目的[47-50]，本节采用多控制算法构建控制库以提高 AUV 系统运动控制的鲁棒性与抗干扰能力。AUV系统能够根据系统不同的运行状态与干扰从控制库中选择所需控制算法。AUV系统运动控制模型是具有六自由度的空间运动模型，其数学表达形式复杂，为了研究方便，多将其分解为如第 2 章固定模型集的表达形式，本节将按照 2.2 节的运动控制表达形式进行研究。具体分解步骤请见2.2节。由于本章所研究AUV的纵向速度由前向推力作为控制量，控制量与被控状态描述较直观，故采用PID控制；航向控制采用状态反馈法，反馈参数随着任务需求而变化；深度控制易受重心、浮心变化影响，通过深度控制模型集中的四个子模型构建不同的控制算法。

本节相关理论内容详见文献[51]，此处只给出了简洁的理论推导过程以及仿真验证结果。

5.3.1 AUV运动模型的多模型控制库

1. 纵向速度控制器的设计

由模型（2.26a）对应的控制器的设计为

$$T_{u2} = -K_{\mathrm{x}} X_{u|u|} u\,|\,u\,| + K_{\mathrm{P}} \mathrm{err}\_u(t) + \frac{1}{K_{\mathrm{I}}}\int_0^{\mathrm{T}} \mathrm{err}\_u(t)\mathrm{d}t + K_{\mathrm{D}} \mathrm{err}\_\dot{u}(t) \quad (5.37)$$

式中，K_x 为补偿器的调节参数，其他为 PID 控制参数。

模型（2.26b）对应的控制器为

$$T_{u1} = K_P \mathrm{err\_}u + \frac{1}{K_I}\int_0^T \mathrm{err\_}u(t)\mathrm{d}t + K_D \mathrm{err\_}\dot{u} \tag{5.38}$$

纵向速度控制模型（2.26c）主要采用 PID 控制算法，当系统发生干扰时，采用纵向速度控制模型（2.26a）中具有补偿调节的控制算法。

2. 水平面（航向）控制器设计

由于所研究的 AUV 系统的水平面较易控制，主要采用状态反馈控制法，参数配置主要通过 AUV 水平面控制模型（2.28a）中的系统矩阵中的极点配置获取，并简单进行自适应调整。

$$\delta_s = k_\psi \mathrm{err\_}\psi + k_v \mathrm{err\_}v + k_r \mathrm{err\_}r \tag{5.39}$$

其控制器的反馈参数根据环境变化或干扰进行调解。

3. 垂直面（深度）控制器设计

由于 AUV 系统垂直面的控制是 AUV 运动控制中的难点，根据系统垂直面运动控制中的三条假设，这里针对子模型（2.30a）～子模型（2.30d）各模型控制特点设计了如下四类控制方法，各控制算法根据各模型的不同运行环境具有不同控制参数。以下控制器均为对水平舵的控制，控制量的输出为弧度。

模型（2.30e）控制律设计为

$$\delta_s = k_z \mathrm{err\_}z + k_\theta \mathrm{err\_}\theta + k_q \mathrm{err\_}q \tag{5.40a}$$

此控制算法采用状态反馈法实现。

模型（2.30b）控制律设计为

$$\delta_s = k_z \mathrm{err\_}z + k_\theta \mathrm{err\_}\theta + k_q \mathrm{err\_}q + k_w \mathrm{err\_}w \tag{5.40b}$$

其中反馈参数自适应调节。

模型（2.30f）控制律设计为

$$\delta_s = k_z \mathrm{err\_}z + k_\theta \mathrm{err\_}\theta + k_q \mathrm{err\_}q + \varphi(\theta) \tag{5.40c}$$

式中，$\varphi(\theta) = -\dfrac{(z_G W - z_B B)\theta^3}{6M_\delta u^2}$ $(u \neq 0)$ 为水平面控制率的补偿部分。

模型（2.30b）将控制律分为线性与非线性两部分进行设计，第一部分由状态反馈控制法进行控制，第二部分采用补偿器法进行控制。

$$\delta_{s1} = \boldsymbol{K}_4 \boldsymbol{X} = k_{4z} \mathrm{err\_}z + k_{4\theta} \mathrm{err\_}\theta + k_{4q} \mathrm{err\_}q + k_{4w} \mathrm{err\_}w \tag{5.40d}$$

$$\delta_{s2} = -\boldsymbol{B}^{\mathrm{T}} \boldsymbol{g}(\theta) - \frac{6Z_{\delta_s}(W - B)\cos(\theta) - M_{\delta_s} u^2 hG\theta^3}{6(Z_{\delta_s}^2 + M_{\delta_s}^2 u^4)} \tag{5.40e}$$

系统总体控制律为

$$\delta_s = \delta_{s1} + \delta_{s2} \tag{5.40f}$$

以上控制算法都满足 Lyapunov 稳定定理。

相关误差变量说明如下。

（1）纵向速度控制律：$\mathrm{err}\_u = u - u_\mathrm{d}$；$\mathrm{err}\_\dot{u} = \frac{\mathrm{d}}{\mathrm{d}t}u - \frac{\mathrm{d}}{\mathrm{d}t}u_\mathrm{d}$。

（2）水平面控制律：$\mathrm{err}\_\psi = \psi - \psi_\mathrm{d}$；$\mathrm{err}\_v = v - v_\mathrm{d}$；$\mathrm{err}\_r = r - r_\mathrm{d}(v_\mathrm{d} = 0; r_\mathrm{d} = 0)$。

（3）垂直面控制率：$\mathrm{err}\_z = z - z_\mathrm{d}$；$\mathrm{err}\_\theta = \theta - \theta_\mathrm{d}$；$\mathrm{err}\_q = q - q_\mathrm{d}(\theta_\mathrm{d} = 0; q_\mathrm{d} = 0)$。

5.3.2 AUV 多模型控制库的描述

一些控制算法根据控制模型集的特点被预设于控制库中。表 5.1 中各参数描述的是各控制算法中所涉及的控制参数。当系统运行于某状态时就提前调用相应的参数，在表 5.1 中符号 Pi（$i = 1, 2, 3, 4$）、“/” 分别代表控制量参数、控制算法中无控制补偿器。J,d 表示代价函数量、当前控制算法所能承受的最大干扰 2 次范数的大小。控制库根据各控制器的代价函数与干扰量大小切换到具有最小代价函数 $J_{\min} = \min\{J_i\}$ 的控制算法中。为了避免切换频繁，切换策略条件如下。

表 5.1　控制库中对应各控制模式控制参数列表

参数名称	参数符号				
	P1	P2	P3	P4	J,d
纵向速度控制器参数	K_P	K_I	K_D	k_x	J_{ui}, d_{ui}
航向控制器参数	p_ψ	p_r	p_v	—	J_{hi}, d_{hi}
深度控制参数 1	p_z	p_θ	p_q	—	$J_{d_1 i}, d_{d_1 i}$
深度控制参数 2	p_z	p_θ	p_q	p_w	$J_{d_2 i}, d_{d_2 i}$
深度控制参数 3	p_z	p_θ	p_q	$\varphi(\theta)$	$J_{d_3 i}, d_{d_3 i}$
深度控制参数 4	p_z	p_θ	p_q	p_w	$J_\mathrm{sel}, d_\mathrm{thr}$

（1）当系统所受干扰量 $D_i > d_t$；

（2）当控制算法中某一代价函数值 $J_i \leqslant J_j + \varsigma$，其中 J_j 为当前控制算法所具有的代价函数值，$\varsigma = f(\omega, D_i)$ 为切换阈值。

$$J(x_e, \omega) = \int_{t_i}^{t_{i+1}} (\| x_e(\tau) \|^2 + \| \omega(\tau) \|) \mathrm{d}\tau \tag{5.41}$$

$$D_i = \int_{\tau}^{\tau+T} \| \boldsymbol{W}(t) \| \, \mathrm{d}t \tag{5.42}$$

以上任一切换条件均可实行两控制器的直接切换。

5.3.3 基于 AUV 运动的多模型控制库仿真验证

本节所涉及的控制量有垂直舵（δ_r）、水平舵（δ_s）、船尾推进器（T），分别控制 AUV 系统的航向角、深度与纵向速度。仿真任务为：纵向速度达到 1.5m/s，航向速度在仿真前 250s 为 90°，之后为 60°。深度控制为：前 200s 深度为 5m，200～350s 深度为 10m，后 350s 又转换为 5m。系统运行过程中波浪力噪声为 1.2N 白噪声。

表 5.2 记录了控制库中各控制参数在系统运行过程中的具体值。其中纵向速度反馈法，各控制参数通过极点的配置得到。本控制库对深度控制进行了详细的控制描述，首先根据固定模型集中各深度控制模型设计不同控制算法或控制参数，切换过程采用干扰量 $d_{d_1 i} = f(d,w)$，本节将干扰函数描述为外界干扰与垂向速度的函数。如果系统垂向速度超过阈值（0.1m/s），则根据深度控制模型（2.30b）或深度控制模型（2.30d）中的代价函数，激活代价函数最小的控制模型的控制器，此次仿真过程中的仿真顺序为 $2 \to 3 \to 1 \to 4 \to 3$。

表 5.2 控制库中各控制参数具体设计

参数名称	参数符号				
	P1	P2	P3	P4	J,d
纵向速度控制器参数	$\hat{K}_{\mathrm{P}}$	—	$\hat{K}_{\mathrm{D}}$	2.0	J_{ui}, d_{ui}
航向控制器参数	$p_\psi = -0.25$	$p_r = -1.5$	$p_v = -0.1$	—	J_{hi}, d_{hi}
深度控制参数 1	$p_z = -0.08$	$p_\theta = -0.25$	$p_q = -0.4$	—	$J_{d_1 i}, d_{d_1 i}$
深度控制参数 2	$p_z = -0.6$	$p_\theta = -0.7$	$p_q = -0.5$	$p_w = -0.2$	$J_{d_2 i}, d_{d_2 i}$
深度控制参数 3	$p_z = -0.08$	$p_\theta = -0.25$	$p_q = -0.4$	$\varphi(\theta) = 0.025$～0.045	$J_{d_3 i}, d_{d_3 i}$
深度控制参数 4	$p_z = -0.35$	$p_\theta = -0.16$	$p_q = -0.6$	$p_w = -0.4$	$J_{\mathrm{sel}}, d_{\mathrm{thr}}$

仿真结果表明多控制器算法能够实现系统的有效控制，并保证系统切换过程中的稳定性。图 5.9 与图 5.10 均为仿真曲线。图 5.9(a)为采用多控制器算法所获取的各控制量的输出曲线，图 5.9(b)～图 5.9(d)为各状态输出变化曲线，图示表明系统切换过程较理想。图 5.10 记录了纵向角控制采用固定的 PID 控制法，航向角控制采用状态反馈法，而深度控制采用滑模控制法实现系统预设目标，系统在耦合控制航向速度与深度中出现了不稳定现象。

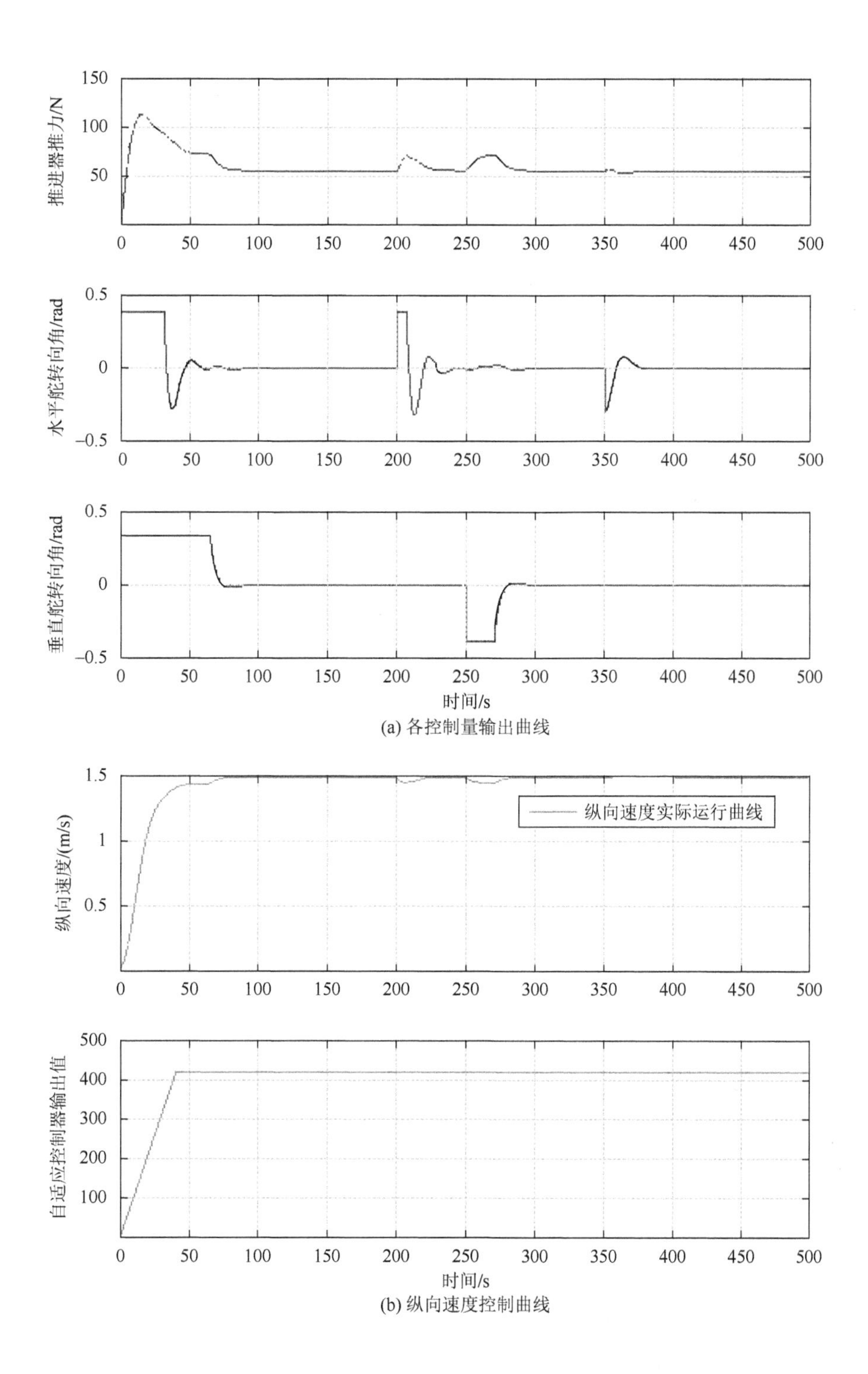

(a) 各控制量输出曲线

(b) 纵向速度控制曲线

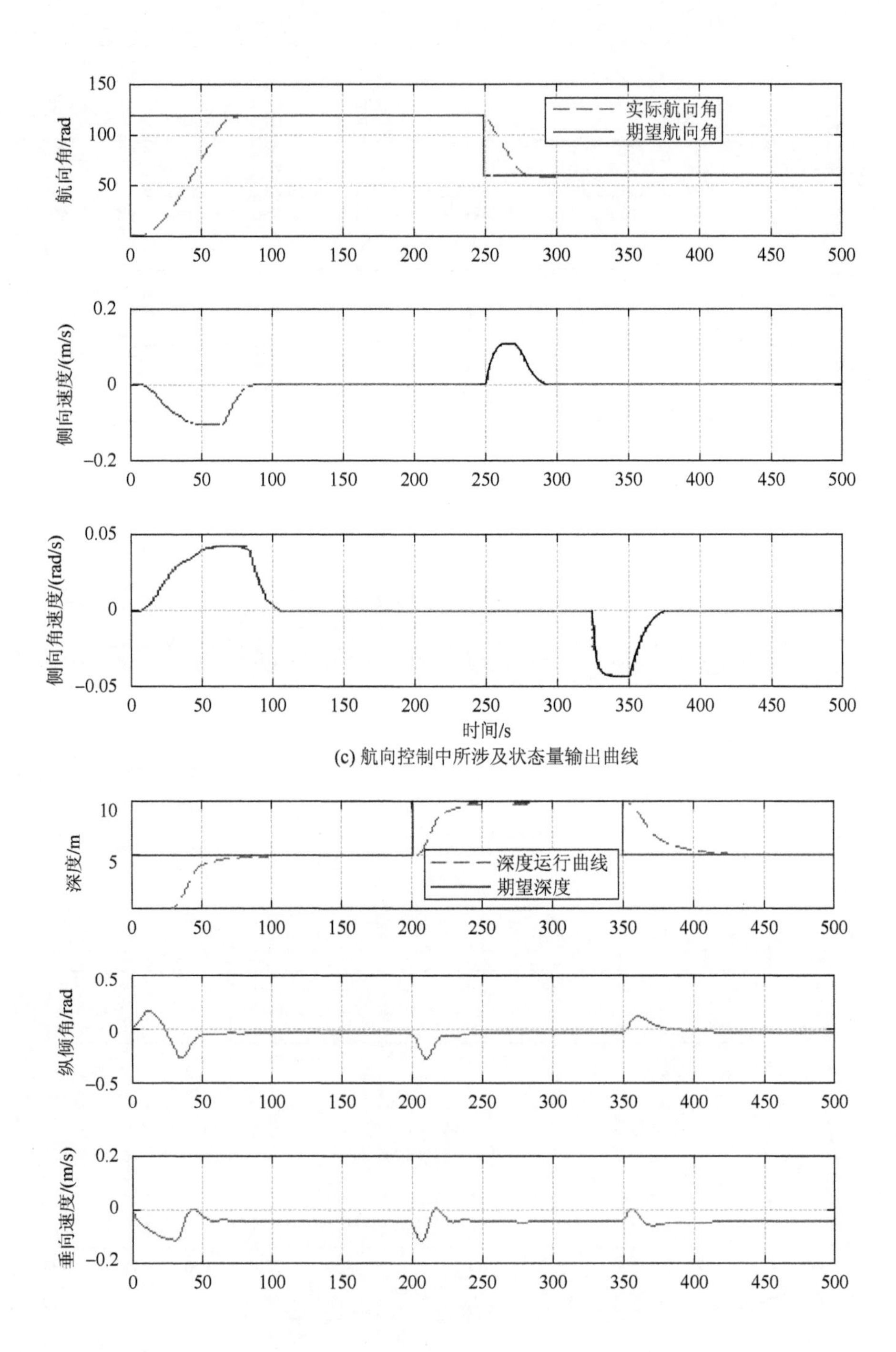

(c) 航向控制中所涉及状态量输出曲线

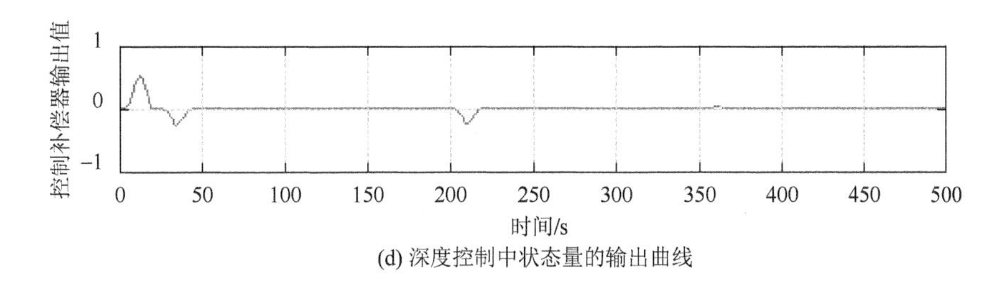

(d) 深度控制中状态量的输出曲线

图 5.9　多控制器算法控制输出曲线

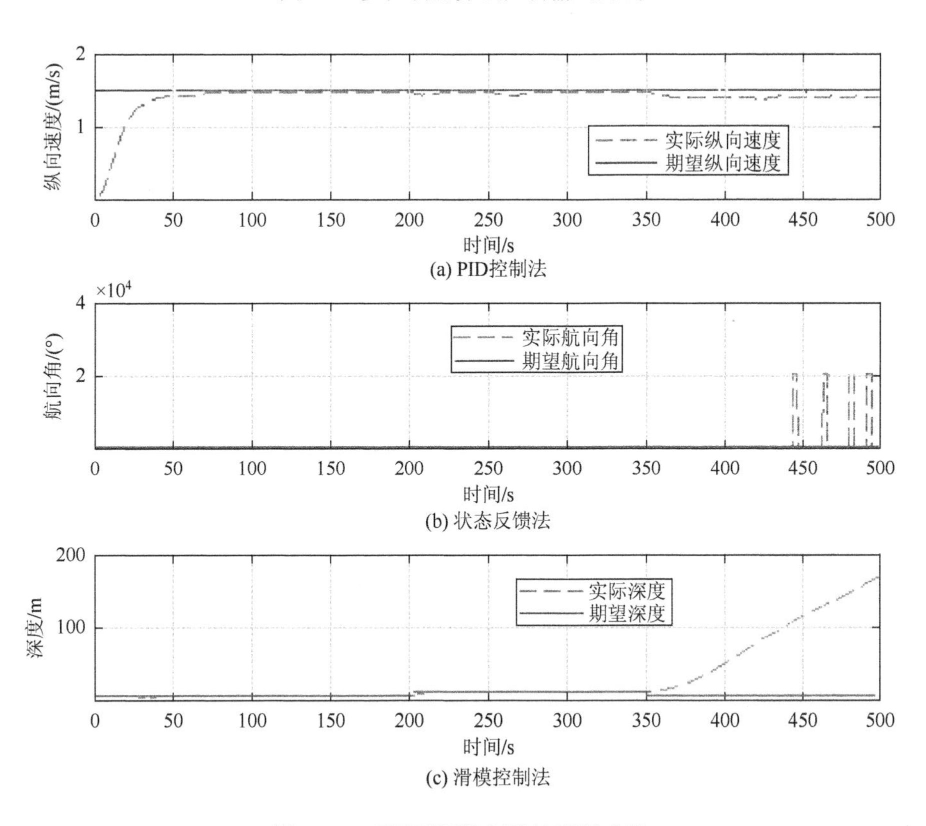

图 5.10　采用不同控制算法所得曲线

本节针对 AUV 系统多模型集中的各子模型特点设计了多种控制策略，以解决系统发生多姿态运动控制时出现的运动控制不稳定等问题。仿真实验表明，由于各状态变量间存在强耦合关系，当系统各姿态同时变化时，系统将会不稳定。基于多控制器的 AUV 系统运动控制仿真实验表明，当耦合项航向、深度与速度同时变化时，相对于单一控制器，系统运动控制具有良好的控制品质、较强的鲁棒性与抗干扰能力。

5.4 本章小结

本章通过数字仿真与半物理仿真实验验证了多种类型的控制算法，并针对AUV系统模型的特点对相关控制算法进行了改进。

针对系统运动控制模型特点设计了基于神经网络补偿的动态反馈法，并将AUV系统模型分为线性部分与非线性部分。由于系统为完全能控系统，采用动态反馈法对系统线性部分进行控制，采用神经网络补偿器对系统的非线性部分与外界干扰部分进行控制，并针对系统深度控制模型进行了仿真实验，实验证明此控制算法具有较优的动态性能与较强的抗干扰能力。

统一规划了AUV系统模型，针对AUV系统控制模型所具有的共同特点统一设计了SFSMC算法。通过构建动态滑模控制实现对航向、深度、纵向速度的控制，为了避免控制器在滑模面的抖振，通过状态反馈法中的特征向量矩阵构建了滑模簇，实现了滑模面的指数衰减，数字仿真实验表明此策略消除了控制器在滑模面上的抖振现象。

参考文献

[1] Roberts G N. Trends in marine control systems[J]. Annual Reviews in Control，2008，32（2）：263-269.

[2] 陈强，张林根. 美国军用UUV现状及发展趋势分析[J]. 舰船科学技术，2010，32（7）：129-134.

[3] Ren B B，Ge S S，Tee K P，et al. Adaptive neural control for output feedback nonlinear systems using a barrier Lyapunov function[J]. IEEE Transactions on Neural Networks，2010，21（8）：1339-1345.

[4] 程如岐，赵庚申，郭天勇. Z源逆变器的状态反馈控制策略[J]. 电机与控制学报，2009，13（5）：673-678.

[5] Shao Z H，Sawan M E. Stabilisation of uncertain singularly perturbed systems[J]. IEEE Proceedings-Control Theory Application，2006，153（1）：99-103.

[6] Huang D，Nguang S K. Dynamic output feedback control for uncertain networked control systems with random network-induced delays[J]. International Journal of Control，Automation and Systems，2009，7（5）：841-847.

[7] Bi F Y，Wei Y J，Zhang J Z，et al. A cascade approach for global trajectory tracking control of underactuated AUVs[J]. China Ocean Engineering，2010，24（2）：369-380.

[8] Cheng X Q，Yan Z P，Bian X Q，et al. Application of linearization via state feedback to heading control for autonomous underwater vehicle[C]. 2008 IEEE International Conference on Mechatronics and Automation（ICMA 2008），Takamatsu，2008：476-481.

[9] Petrich J，Stilwell D J. Model simplification for AUV pitch-axis control design[J]. Ocean Engineering，2010，37（7）：638-651.

[10] Wang J S，Lee C S G. Self-adaptive recurrent neuro-fuzzy control of an autonomous underwater vehicle[J]. IEEE Transactions on Robotics and Automation，2003，19（2）：283-295.

[11] van de Ven P W J，Flanagan C，Toal D. Neural network control of underwater vehicles[J]. Engineering Applications of Artificial Intelligence，2005，18（5）：533-547.

[12] Ishii K，Ura T. An adaptive neural-net controller system for an underwater vehicle[J]. Control Engineering Practice，2000，8（2）：177-184.

[13] 梁霄，张均东，李巍，等. 水下机器人 T-S 型模糊神经网络控制[J]. 电机与控制学报，2010，14（7）：99-104.

[14] Zhang L J，Qi X，Pang Y J. Adaptive output feedback control based on DRFNN for AUV[J]. Ocean Engineering，2009，36（9-10）：716-722.

[15] Fossen T I. Guidance and Control of Ocean Vehicles[M]. London：John Wiley & Sons Ltd，1994.

[16] 谢克明. 现代控制理论基础[M]. 北京：北京工业大学出版社，2000.

[17] 何玉彬，李新忠. 神经网络控制技术及其应用[M]. 北京：科学出版社，2000.

[18] 蒋新松，封锡盛，王棣棠. 水下机器人[M]. 沈阳：辽宁科技出版社，2000.

[19] Lapierre L. Robust diving control of an AUV[J]. Ocean Engineering，2009，36（1）：92-104.

[20] 刘开周，刘健，封锡盛. 一种海底地形和海流虚拟生成方法[J]. 系统仿真学报，2005，17（5）：1268-1271.

[21] Peng Y F. Robust intelligent sliding mode control using recurrent cerebellar model articulation controller for uncertain nonlinear chaotic systems[J]. Chaos，Solitons and Fractals，2009，39（1）：150-167.

[22] Zheng Y，Dimirovski G M，Jing Y W，et al. Discrete-time sliding mode control of nonlinear systems[C]. Proceedings of the American Control Conference，New York，2007：3825-3830.

[23] Masahiro I，Nobutaka T，Takayuki K. Adaptive force control for unknown environment using sliding mode controller with variable hyperplane[J]. JSME International Journal，2003，46（3）：967-972.

[24] Fei J. Model reference adaptive sliding mode control for a flexible beam[J]. Advances in Modelling and Analysis C，2007，62（1-2）：84-97.

[25] Bessa W M，Dutra M S，Kreuzer E. Depth control of remotely operated underwater vehicles using an adaptive fuzzy sliding mode controller[J]. Robotics and Autonomous Systems，2008，56（8）：670-677.

[26] Bessa W M. Some remarks on the boundedness and convergence properties of smooth sliding mode controllers[J]. International Journal of Automation and Computing，2009，6（2）：154-158.

[27] Salgado-Jiménez T，Spiewak J M，Froisse P，et al. A robust control algorithm for AUV：Based on a high order sliding mode[C]. Ocean'04：Bridges across the Oceans-Conference Proceedings，Kobe，2004：276-281.

[28] Luo X Y，Zhu Z H，Guan X P. Chattering reduction adaptive sliding-mode control for nonlinear time-delay systems[J]. Control and Decision，2009，24（9）：1429-1431，1435.

[29] Bessa W M，Dutra M S，Kreuzer E. An adaptive fuzzy sliding mode controller for remotely operated underwater vehicles[J]. Robotics and Autonomous Systems，2010，58（1）：16-26.

[30] Mahmoud M S. State-feedback stabilization of linear systems with input and state delays[J]. Proceedings of the Institution of Mechanical Engineers Part I：Journal of Systems and Control Engineering，2009，223（4）：557-565.

[31] Wu M，Lan Y H，She J H，et al. H-infinity state feedback robust repetitive control for uncertain linear systems[J]. Control Theory and Applications，2008，25（3）：427-433.

[32] Lam H K，Leung F H F. Fuzzy rule-based combination of linear and switching state-feedback controllers[J]. Fuzzy Sets and Systems，2005，156（2）：153-184.

[33] Daly J M，Wang D W L. Output feedback sliding mode control in the presence of unknown disturbances[J]. Systems and Control Letters，2009，58（3）：188-193.

[34] Wu Y Y，Li T，Wu Y Q. Improved exponential stability criteria for recurrent neural networks with time-varying discrete and distributed delays[J]. International Journal of Automation and Computing，2010，7（2）：199-204.

[35] Huang C Z，Bai Y，Liu X J. H-infinity state feedback control for a class of networked cascade control systems with uncertain delay[J]. IEEE Transactions on Industrial Informatics，2010，6（1）：62-72.

[36] Zhou H Y，Liu K Z，Feng X S. State feedback sliding mode control without chattering by constructing Hurwitz matrix for AUV movement[J]. International Journal of Automation and Computing，2011，8（2）：262-268.

[37] Narasimhan M，Singh S N. Adaptive optimal control of an autonomous underwater vehicle in the dive plane using dorsal fins[J]. Ocean Engineering，2006，33（3-4）：404-416.

[38] Nambisan P R，Singh S N. Multi-variable adaptive back-stepping control of submersibles using SDU decomposition[J]. Ocean Engineering，2009，36（2）：158-167.

[39] Miyamoto S，Aoki T，Maeda T，et al. Maneuvering control system design for autonomous underwater vehicle[C]. Oceans Conference Record（IEEE），Annapolis，2001：482-489.

[40] Sun B，Zhu D Q，Yang S X. An optimized fuzzy control algorithm for three-dimensional AUV path planning[J]. International Journal of Fuzzy Systems，2018，20（2）：597-610.

[41] Kim H S，Shin Y K. Expanded adaptive fuzzy sliding mode controller using expert knowledge and fuzzy basis function expansion for UFV depth control[J]. Ocean Engineering，2007，34（8-9）：1080-1088.

[42] Gao J，Xu D，Li J，et al. Adaptive backstepping sliding mode control for surge motion of an autonomous underwater vehicle[J]. Journal of Northwestern Polytechnical University，2007，25（4）：552-555.

[43] Lapierre L，Soetanto D. Nonlinear path-following control of an AUV[J]. Ocean Engineering，2007，34（11-12）：1734-1744.

[44] Kodogiannis V，Tomtsis D. A neural network controller for unmanned underwater vehicles[J]. Neural Network World，2001，11（3）：207-221.

[45] Radzak M Y，Arshad M R. AUV controller design and analysis using full-state feedback[J]. WSEAS Transactions on Systems，2005，4（7）：1083-1086.

[46] Cheng X Q，Yan Z P，Bian X Q，et al. Application of linearization via state feedback to heading control for autonomous underwater vehicle[C]. 2008 IEEE International Conference on Mechatronics and Automation（ICMA 2008），Takamatsu，2008：477-482.

[47] Toal D，Nolan S，Riordan J，et al. A flexible，multi-mode of operation，high-resolution survey platform for surface and underwater operations[J]. Underwater Technology，2009，28（4）：159-174.

[48] Lapierre L. Robust diving control of an AUV[J]. Ocean Engineering，2009，36（1）：92-104.

[49] Moreira L，Soares C G. H_2 and H_∞ designs for diving and course control of an autonomous underwater vehicle in presence of waves[J]. IEEE Journal of Oceanic Engineering，2008，33（2）：69-88.

[50] Chatchanayuenyong T，Parnichkun M. Time optimal hybrid sliding mode-PI control for an autonomous underwater robot[J]. International Journal of Advanced Robotic Systems，2008，5（1）：91-98.

[51] Zhou H Y，Liu K Z，Feng X S. Selected optimal control from controller database according to diverse AUV motions[C]. 2011 World Congress on Intelligent Control and Automation（WCICA 2011），Taipei，2011：425-430.

6

USV 系统运动控制及其外场试验

6.1 USV 系统（BQ-01）简介

本书所研究的 USV 系统是 BQ-01，它是一种既可在水面航行又可下潜到一定深度的系统。BQ-01 是中国科学院沈阳自动化研究所研究的一种新型水下机器人系统。图 6.1 为所研究 USV 系统全景图，图 6.2 为其水面航行图。此系统质量为 4.5t，长 6m，宽 2m。BQ-01 是一种以柴油机为动力源，艇体主体潜于水下，仅通气桅杆穿透水面的新型海洋机器人系统，是国内率先实现此类功能的 USV。BQ-01 系统性能指标：最小航速为 10kn[①]，最大航速为 15kn，拖曳力为 10000N，工作海况为 6 级。

图 6.1　USV 系统（BQ-01）全景图

① 1kn = 1.852km/h

图 6.2　USV 系统（BQ-01）水面航行图（见书后彩图）

USV 系统 BQ-01 的动力推进及操纵系统设计方案如图 6.3 所示。其中，动力推进系统由柴油机通过齿轮箱带动喷水推进器，实现 USV 的航行驱动；操纵系统主要由艏艉各两片水平舵组成，舵机为液压驱动，实现垂直面定深等航行控制；而水平面定向等航行控制通过喷水推进器的喷口左右偏转产生的矢量推力实现。柴油机通过桅杆顶部的浮阀实现进排气，通过两组水平舵上下转动所产生的纵倾角实现 USV 系统下潜或上浮，达到期望的航行吃水深度，最大吃水或下潜深度为 3.5m，避免水通过进排气口倒灌进内部危及 USV 安全，水平舵最大转动角度为 25°。系统的航向控制执行机构为尾部喷嘴，通过喷嘴角的左右扭动控制系统航向，喷嘴角向后喷水的力来源于喷嘴角左右扭动过程中所分解的反作用力，通过此反作用力来控制系统的纵向速度。BQ-01 系统是一种欠驱动系统。喷嘴角通过液压

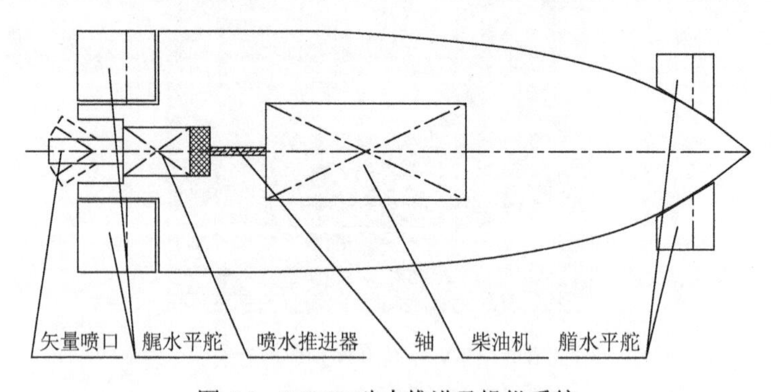

图 6.3　BQ-01 动力推进及操纵系统

站的伺服阀控制液压缸拉动喷嘴角左右扭动，其左右扭动的最大角度是 25°，系统采样时间为 0.5s。BQ-01 的基本物理参数如表 6.1 所示。

表 6.1 BQ-01 基本物理参数

模型参数	模型参数值	模型参数	模型参数值
G	5121kg	B	5621kg
Z_G	0.05m	Z_B	0m

本书所研究被控对象 USV 系统航向控制模型所涉及的可观测运动状态信息通过光纤陀螺获取，纵向速度通过 GPS 获取。深度控制中相关状态变量如深度、纵倾角速度等均是可观测的数据。传感器包括光纤陀螺、深度计、GPS 等。光纤陀螺分辨率为 0.01°，倾斜和摇滚精度为 0.01°；深度计量程为 0～30m，非线性误差为±0.2%，长期稳定性为±0.1%；GPS 定位精度为 0.7m，水平测速误差为 0.03m/s。

6.2 多辨识模型切换动态反馈 USV 湖泊试验航向运动控制

USV 系统受外界环境干扰影响大且系统控制模型难以确定等问题，使得系统航向控制成为一大难题[1-3]。USV 系统航向控制的研究多围绕载体所受外界环境干扰的辨识问题[4, 5]，根据所受外界干扰力的辨识进行控制算法的构建以保证系统在当前环境下具有良好的动态性能。USV 系统模型辨识多通过仿真实验获取系统的控制模型[6-8]，模型辨识多在外界干扰模型固定前提下进行仿真研究，而对于受外界环境影响较大的 USV 系统，在现场试验中外界环境的影响是复杂多变的，这使得实际运行模型与仿真模型有一定的模型误差。在线辨识控制算法在水下机器人运动控制中有着广泛的应用，如采用聚类在线辨识以提高控制算法对系统不确定性的鲁棒性，并通过仿真实验得到了验证[9, 10]；张铭钧等水下机器人研究学者采用一种稳态自适应技术的在线动力学辨识法，通过水池试验验证了算法的有效性[11]。然而，对于近水面 USV 系统，其受外界干扰大，系统在线辨识势必会影响系统实时性。USV 系统航向运动控制算法多具有较强的抗干扰能力，如滑模控制法[12]等，在某种程度上依赖于控制模型，完全不依赖于模型的控制算法受多种条件约束，局限性较强[13]。参数辨识法能够从实际试验中辨识出系统的相关水动力参数[14, 15]，通过试验所获取的信息相对于通过理论推导所获取的水动力参数具有更强的实际应用价值。状态反馈控制法是一种重要的工程控制法，具有物理意义简单明确的特点[16]，其与多种控制方法结合可以达到解决复杂非线性问题的目的[17]。

尽管 BQ-01 系统在水池试验中调整好了 PID 控制参数，但湖泊试验过程中由于环境变化或模型自身变化，这些参数已无法满足预期的控制性能指标要求，故本书提出基于模型辨识的运动控制策略。USV 系统航向输出状态均具有可观测性，系统状态具有可控性，本章综合分析辨识模型法与输出反馈法的控制优势，提出基于多辨识模型的动态反馈法。大量的外场辨识试验为基于最小二乘的模型辨识提供了丰富的数据资源。为了避免主观原因导致模型辨识过程中出现模型误差，构建了 USV 系统过渡辨识模型集。通过模型集构建 USV 系统控制库，为了保证系统切换过程中的稳定性，提出了基于指标函数的切换策略。为了减少模型切换次数提出了预设平均拟合偏差法，获取临时辨识模型集。根据临时模型集中的模型参数构建相应的控制策略，通过预设的控制性能指标对所获取的临时模型集进行模型筛选，与预期性能指标最接近的模型作为最佳模型。根据性能指标要求进行控制参数切换或微调，提高系统运动控制的鲁棒性与自适应能力。

6.2.1 BQ-01 系统航向辨识模型

本节根据 BQ-01 系统运动特点，采用 Fossen 定义的水下机器模型航向运动模型，并将其简化为

$$\begin{cases}\dot{\psi}=r\\(I_{zz}-N_{\dot{r}})\dot{r}=N_r ur+N_{r|r|}r\,|\,r\,|+N_{\delta}u^2\delta_r(t)\end{cases}\tag{6.1}$$

将系统航向控制模型（6.1）转换为状态空间表达式：

$$\begin{bmatrix}\dot{\psi}\\\dot{r}\end{bmatrix}=\begin{bmatrix}0&1\\0&a_1u\end{bmatrix}\begin{bmatrix}\psi\\r\end{bmatrix}+\begin{bmatrix}0\\a_2|r|r\end{bmatrix}+\begin{bmatrix}0\\b_1u^2\end{bmatrix}\delta_r\tag{6.2}$$

式中，$a_1=\dfrac{N_r u}{(I_{zz}-N_{\dot{r}})};a_2=\dfrac{N_{r|r|}}{(I_{zz}-N_{\dot{r}})};b_1=\dfrac{N_{\delta}}{(I_{zz}-N_{\dot{r}})}$。

从航向状态方程（6.2）中可知，所需辨识的模型为

$$\dot{r}=a_1ur+a_2r\,|\,r\,|+b_1u^2\delta_r(t)\tag{6.3}$$

3 个参数（a_1,a_2,b_1）为航向运动模型待辨识参数。

6.2.2 USV 系统航向辨识模型参数估计与筛选函数的构建

通过大量的辨识试验获取 USV 系统运动控制模型的输入与输出数据，采用最小二乘法辨识系统运动控制中所需的模型参数。针对 USV 系统航向控制模型中的 3 个模型参数进行辨识，构建系统航向控制辨识模型集。

1. 模型辨识试验设计

模型辨识试验的目的是获取辨识所需的输入与输出数据，辨识模型试验主要采用船舶辨识中的“S”形开环试验。在输入已知的情况下，观测系统运动状态。通过改变系统输入量，获取系统运动状态的实际输出量。

本书采用最小二乘法进行模型参数的估计[19, 20]，待辨识模型结构为模型(6.3)。将试验数据分组为用于参数估计的数据与用于参数拟合的数据。由于所研究的辨识模型为单输入多输出（single input multiple output，SIMO）模型，将待辨识的模型设置为

$$\boldsymbol{y}_1(k+1)=a_1\boldsymbol{y}_2(k)+a_2\boldsymbol{y}_3(k)+b_1U(k)+\boldsymbol{e}(k) \tag{6.4}$$

设系统的输入与输出序列分别为$\{U(k)\}$，$\{\boldsymbol{y}_1(k+1)\ \ \boldsymbol{y}_2(k)\ \ \boldsymbol{y}_3(k)\}$，待估计的模型参数为$a_1$、$a_2$与$b_1$，待辨识的最小二乘格式为

$$\begin{cases}\boldsymbol{\Phi}(k)=[\boldsymbol{y}_2(k)\ \ \boldsymbol{y}_3(k)\ \ U(k)]^{\mathrm{T}}\\ \boldsymbol{\theta}=[a_1\ a_2\ b_1]^{\mathrm{T}}\end{cases} \tag{6.5}$$

$\boldsymbol{\theta}$为待估计值，辨识模型为

$$\boldsymbol{y}_1(k+1)=\boldsymbol{\Phi}^{\mathrm{T}}(k)\boldsymbol{\theta}(k)+\boldsymbol{e}(k) \tag{6.6}$$

$\boldsymbol{\Phi}_N=[\varphi(k)\ \ \varphi(k+1)\ \cdots\ \varphi(k+N-1)]^{\mathrm{T}}$，$\boldsymbol{Y}_N=[\boldsymbol{y}_1(k+1)\ \ \boldsymbol{y}_1(k+2)\ \cdots\ \boldsymbol{y}_1(k+N)]^{\mathrm{T}}$，分别为$N$次输入、输出观测数据。$\boldsymbol{e}_N=[\boldsymbol{e}(k)\ \ \boldsymbol{e}(k+1)\ \cdots\ \boldsymbol{e}(k+N-1)]^{\mathrm{T}}$，为随机噪声带来的误差。

引入最小二乘准则函数：

$$\boldsymbol{J}=\sum_{i=0}^{N-1}[\boldsymbol{y}_1(k+1+i)-\varphi(k+i)\tilde{\boldsymbol{\theta}}]^2 \tag{6.7}$$

式中，$\tilde{\boldsymbol{\theta}}$为满足目标函数极小化估计参数。

根据极大值原理，获取准则函数最小值：

$$\frac{\partial \boldsymbol{J}}{\partial \tilde{\boldsymbol{\theta}}}=-\boldsymbol{\Phi}_N^{\mathrm{T}}(\boldsymbol{Y}_N-\boldsymbol{\Phi}_N\tilde{\boldsymbol{\theta}})-\boldsymbol{\Phi}_N^{\mathrm{T}}(\boldsymbol{Y}_N-\boldsymbol{\Phi}_N\tilde{\boldsymbol{\theta}}) \tag{6.8}$$

故若$\boldsymbol{\Phi}_N^{\mathrm{T}}\boldsymbol{\Phi}_N$为可逆矩阵，则有最小二乘估计值：

$$\tilde{\boldsymbol{\theta}}_N=(\boldsymbol{\Phi}_N^{\mathrm{T}}\boldsymbol{\Phi}_N)^{-1}\boldsymbol{\Phi}_N^{\mathrm{T}}\boldsymbol{Y}_N \tag{6.9}$$

将用于参数估计的试验数据代入参数估计方程（6.9）中，获取多组模型参数估计值构建过渡模型集。

2. 临时模型集的构建

将试验真值$\boldsymbol{Y}_{iN}$与模型输出值$\boldsymbol{\Phi}_{iN}\tilde{\boldsymbol{\theta}}_j$进行对比获取系统拟合偏差$\overline{\boldsymbol{e}}_{jN}$，方程为

$$\overline{\boldsymbol{e}}_{jN}=(\boldsymbol{Y}_{iN}-\boldsymbol{\Phi}_{iN}\tilde{\boldsymbol{\theta}}_j)/N \tag{6.10}$$

将用于参数拟合的多组试验数据代入平均拟合偏差方程（6.11），获取第 j 组的平均拟合偏差 err_j 。并将其记录于过渡模型集的模型库中以剔除不满足平均拟合偏差的模型参数，以构建临时模型集。

$$\text{err}_j=\sum_{j=1}^{m}|\overline{\boldsymbol{e}}_{jN}|/m=\sum_{j=1}^{m}|\boldsymbol{Y}_{iN}-\boldsymbol{\Phi}_{iN}\tilde{\boldsymbol{\theta}}_j|/m \tag{6.11}$$

式中，m 为参数拟合的试验组数。预设平均拟合偏差范围 ξ_n，筛选系统过渡模型参数，将满足预设 ξ_n 要求的过渡模型通过模型参数的平均拟合方程（6.12）得到临时模型集参数。

$$\hat{\tilde{\theta}}_n=\frac{\sum_{i=1}^{r}\tilde{\theta}_{iN}}{r} \tag{6.12}$$

式中，$\hat{\tilde{\theta}}_n$ 为满足 ξ_n 阈值的临时辨识模型参数估计值；r 为满足 ξ_n 的过渡模型组数。

6.2.3 BQ-01 系统航向运动临时模型集的构建

确定航向辨识模型(6.3)的输入数据 $\boldsymbol{y}_1(k+1)=\boldsymbol{r}(k+1)$，$\boldsymbol{y}_2(k+1)=\boldsymbol{u}(k)*\boldsymbol{r}(k)$，$\boldsymbol{y}_3(k+1)=|\boldsymbol{r}(k)|\boldsymbol{r}(k)$，输出数据 $\boldsymbol{U}(k+1)=\boldsymbol{u}(k)*\boldsymbol{u}(k)*\boldsymbol{\delta}_r(k)$。从大量试验数据中任选 13 组数据代入式（6.9）中进行参数估计，构建系统的过渡模型集参数。从所剩试验数据中任选 $m=7$ 组数据进行曲线拟合仿真验证，拟合状态为 USV 系统的航向角速度 r。通过筛选函数（6.11）获取各拟合偏差 err_j，如表 6.2 所示。预设四组平均拟合偏差值范围为 $\xi=\{\{\xi_1>15\},\{15<\xi_2<5\},\{5<\xi_3<3\},\{\xi_4<3\}\}$，根据式（6.11）构建航向控制临时辨识模型集，见表 6.3。

表 6.2　航向控制过渡辨识模型参数估计值

参数	M_{h1}	M_{h2}	M_{h3}	M_{h4}	M_{h5}	M_{h6}	M_{h7}
a_1	0.5392	0.5005	0.2236	0.5244	0.2125	0.2966	0.2766
a_2	0.0010	0.0116	0.0171	0.0063	0.0186	−0.0002	0.0034
b_1	−0.0152	−0.0065	−0.0134	−0.0136	−0.0134	−0.0050	−0.0044
err_j	≈25	≈13.3	≈3	≈4	≈3	≈3.5	≈3.5
参数	M_{h8}	M_{h9}	M_{h10}	M_{h11}	M_{h12}	M_{h13}	
a_1	0.5319	0.3871	0.2706	0.5003	0.1357	0.0110	
a_2	0.0093	0.0216	0.0056	0.0082	0.0411	0.0727	
b_1	−0.0119	−0.0528	−0.0060	−0.0082	0.0086	0.0307	
err_j	≈14.1	≈13.7	≈12.1	≈15	>20	>20	

表 6.3 航向控制临时辨识模型集

参数	M_{l1}	M_{l2}	M_{l3}	M_{l4}
a_1	0.339231	0.358178	0.27408	0.24455
a_2	0.016638	0.009989	0.01326	0.01100
b_1	−0.00855	−0.01430	−0.01800	−0.0089

从 m 组辨识数据中任选一组数据进行曲线拟合试验。将过渡模型参数代入式（6.4）中，获取系统曲线拟合模拟值，将模拟值与真值进行比较，图 6.4(a)为其中一组平均拟合偏差大于 15 的图形。将临时辨识模型集中的模型参数代入式（6.3）后，系统实际输出值（真值）与拟合仿真输出值（模拟值）的对比曲线如图 6.4(b)所示。

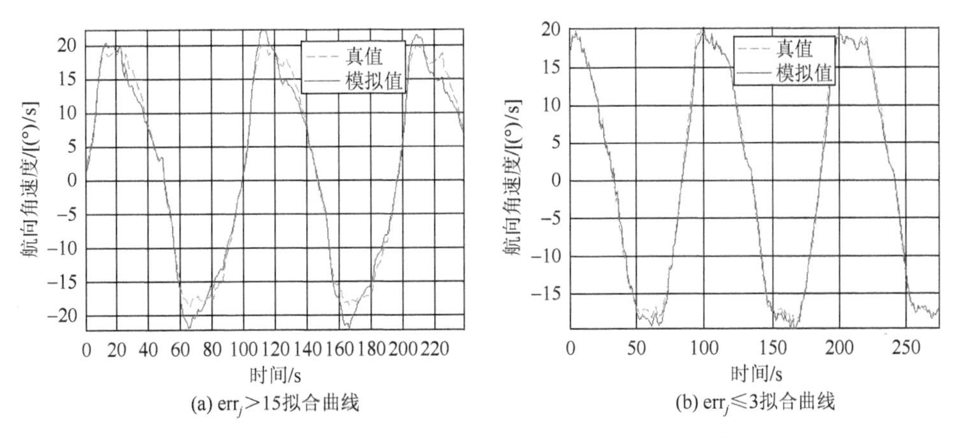

图 6.4 基于不同拟合偏差设置的航向角速度拟合曲线

6.2.4 基于 USV 航向运动的动态反馈控制策略

从拟合曲线平均拟合偏差可以看出临时模型集各模型曲线拟合程度高。综合分析多组拟合曲线，系统试验真值与临时模型输出的模拟值间的平均拟合偏差远远小于所有构建此临时模型的过渡模型的平均拟合偏差。图 6.4(a)为临时模型 M_{l1} 的拟合偏差，$|\overline{e}_{1N}|=1.75$ 远远小于各过渡模型的平均拟合偏差 $\text{err}_1>15$。从多组拟合曲线可以看出随着预设的平均拟合偏差范围 ξ 递减，临时模型输出的模拟值与真值间的最大拟合偏差绝对值随之减小。

根据航向控制模型（6.1）构建动态状态反馈控制律。将临时模型集的模型参数代入相应控制策略构建航向控制库，并根据切换策略的设置，在控制库中选择满足预设控制性能指标的最佳控制策略。基于多辨识模型切换的 USV 系统航向控制图如图 6.5 所示。根据 USV 系统航向角偏差值与动态性能指标进行切换策略的选取，通过切换策略从控制库中选取控制策略。

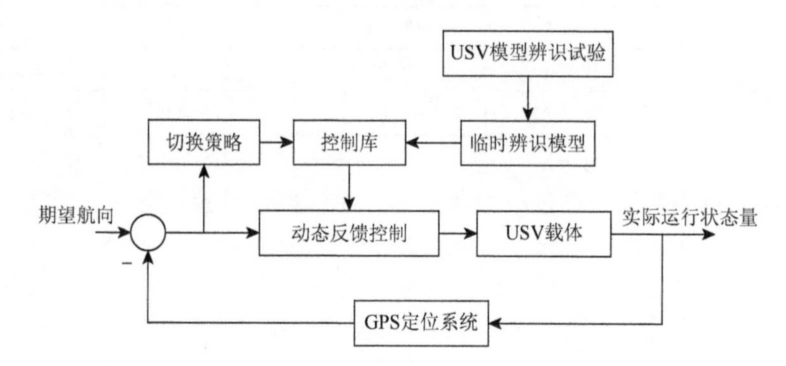

图 6.5 基于多辨识模型切换的 USV 系统航向控制图

首先预设闭环系统矩阵的极点为 λ_1、λ_2，极点设为 $-1<\lambda_1,\lambda_2<0$，构建系统的动态反馈控制律：

$$\vec{\delta}_{r1}(t)=\frac{\lambda_1+\lambda_2+a_1 u}{b_1 u^2}r-\frac{\lambda_1\lambda_2}{b_1 u^2}\psi-\frac{a_2|r|r}{b_1 u^2} \tag{6.13}$$

将表 6.3 临时模型集中各模型参数赋予控制律（6.13），构建航向控制库，根据预设控制性能指标进行切换策略设置，从中找出一组与预设控制性能指标最接近的控制模型作为控制参数的初值，根据系统控制性能大小微调模型参数值直至达到预期的航向控制指标要求。

6.2.5 基于辨识模型集的控制切换策略

从控制律（6.13）可以发现控制参数与辨识模型参数紧密关联，本书根据系统航向控制品质，研究各临时模型与实际模型间的模型误差。为了确保控制参数选取过程中系统的安全性与系统切换过程的稳定性，本书采用两种类型的控制切换策略：基于事件驱动的紧急切换策略与基于指标函数的稳定切换策略。

1. 基于事件驱动的紧急切换策略

基于事件驱动的紧急切换策略主要是系统在某些运动状态发散前所采取的策略。

考虑如下切换模型：

$$\Sigma_i = \begin{cases} x(k+1) = f_i[x(k), u(k)] \\ y(k) = C_i x(k) \end{cases} \tag{6.14}$$

式中，i 为第 i 个子系统。

LaSalle 不变定理[21] 设非线性自制系统

$$\dot{x} = f(x) \tag{6.15}$$

的一个正紧集 $\Omega \subset D$，$V: D \to R$ 是连续可微函数且在 Ω 内满足 $\dot{V}(x \leqslant 0)$，设 E 是 Ω 内的最大不变集，那么当时间 $t \to \infty$ 时，始于 Ω 内的每个解都趋于 M。

定理 6.1[22-24] 系统是 ℓ_∞ 稳定的，则对每一有界输入 $u(t)$，输出 $y(t)$ 是有界的。

推论 6.1 如果系统（6.15）的输入 $u(t)$ 有界，输出 $y(t)$ 是无界的，则系统不稳定。

推论 6.1 是定理 6.1 的逆定理。

推论 6.2 构建正紧集函数 $E = \boldsymbol{y}^{\mathrm{T}}(t)\boldsymbol{y}(t)$，若函数 E 发散变化或在有限时间内其变化率 E 超出预设函数 $E = \rho\left|\boldsymbol{y}(\infty)\right|_2^2$（$\boldsymbol{y}(\infty)$ 为系统目标状态量输出），则系统不稳定。

证明 由于能量函数为系统输出函数 $E = \boldsymbol{y}^{\mathrm{T}}(t)\boldsymbol{y}(t)$，若系统输出不稳定或系统输出状态变量不稳定，则能量函数 E 的变化率呈大于某一正值常数增长；相对应地，若系统能量函数 E 呈大于某一正值常数增长，则表明系统输出状态变量不稳定。

2. 基于指标函数的稳定切换策略

预设系统动态性能指标，设置稳定切换策略，在线从控制库中选取最佳控制策略。

多 Lyapunov 法稳定判据 如果各切换子系统渐近稳定且各子系统的 Lyapunov 函数渐近衰减，则直接切换不影响系统的稳定性。

推论 6.3 若切换系统各子系统在状态反馈控制策略下稳定，则直接切换不影响系统的稳定性。

证明 若切换系统的各子系统在状态反馈控制策略下稳定，则根据状态反馈控制特点可知，基于状态误差构建的能量函数呈指数衰减。

根据多 Lyapunov 法可知系统直接切换稳定。同样若各系统在预设范围内稳定，则各子系统的能量函数在预设范围内渐近衰减至某一定值。

3. 基于控制库的最佳控制策略选取

以能量函数为紧急切换策略的驱动函数，可避免系统运行不稳定；以系统控制品质的阈值为稳定切换策略的驱动事件，可获取最佳控制模型。将预设期望控制性能指标以及系统不稳定指标的阈值置于控制库中，达到切换控制策略的目的。切换策略驱动原则与最佳控制策略获取步骤如下。

（1）将临时辨识模型集中各模型参数代入状态反馈控制律中，构建控制库。

（2）预设能量函数 $E=\boldsymbol{\psi}^{\mathrm{T}}\boldsymbol{\psi}$ 与其预警能量函数 $\dot{E}>k\|\boldsymbol{\psi}\|_2$ 作为驱动紧急切换策略的事件，其中 k 根据载体航向控制器喷嘴角的饱和程度设置，本节初步设置为 1.3，若紧急切换策略启动，系统直接切换到预设的控制策略下进行。

（3）航向控制动态性能指标切换：系统动态性能指标主要为超调量、调节时间。USV 系统航向控制输出曲线超调量不宜过大，将超调量 $\delta_p \geqslant 20\%$ 作为紧急切换事件；超调量 $\delta_p < 20\%$ 且 $\delta_p \geqslant 15\%$ 作为稳定切换策略的事件；将调节时间 $t_s > 100\mathrm{s}$ 作为稳定切换策略事件。

（4）静态误差切换：如果系统稳定且动态性能较差，则继续在临时模型集中切换，以获取最佳的临时模型参数。系统切换条件为航向角稳定误差 $|e_{ss}|>10°$ 。

（5）将所获取的最佳控制参数进行微调，以达到预期的控制性能指标要求。

6.2.6 USV 航向湖泊试验验证及其分析

以下试验均为自主航行试验，即系统根据预设的航向轨迹自主航行。

根据动态反馈控制律（6.13）构建系统航向运动控制库，预设控制策略顺序与切换策略。图 6.6 与图 6.7 为湖泊试验中寻求最佳控制策略的部分输出曲线图。其中喷嘴角向右扭转为正，其最大扭转角为 20°；系统航向角顺时针方向为正。

最佳控制模型参数获取方法如下。图 6.6 为基于临时辨识模型集模型切换的 USV 航向湖泊试验输出曲线，其中航向曲线中的虚线为预设的航向轨迹，即期望航向，实线为系统实际输出曲线。为了获取最佳的控制策略，系统进行了 3 次切换，从图 6.6 的分析可以看出：第一次切换前，系统基本达到预期的目标，但为了获取控制库中最佳的控制策略，系统进行了稳定切换；第二次切换是由于存在静态误差而启动了稳定切换策略；第三次切换则是由于系统超调过大而引起系统紧急切换，通过此次试验获取了当前运行环境下较佳的控制策略。在较佳控制策略基础上，对反馈控制参数进行微调，获取最佳控制策略，然后根据控制律（6.13）退出当前运行环境下系统模型。图 6.7 为基于最佳动态反馈控制的 USV 航向控制输出曲线，其具有静态误差与超调小等控制品质。

湖泊试验结果表明：控制库能够在系统航向运动发散前采取相应的切换策略，保证系统在一定静态误差范围内稳定，能够通过切换获取当前运行环境下较佳的控制策略。且从图 6.6 的试验数据的分析可以推测较佳的控制参数来源于哪一组临时模型集参数。

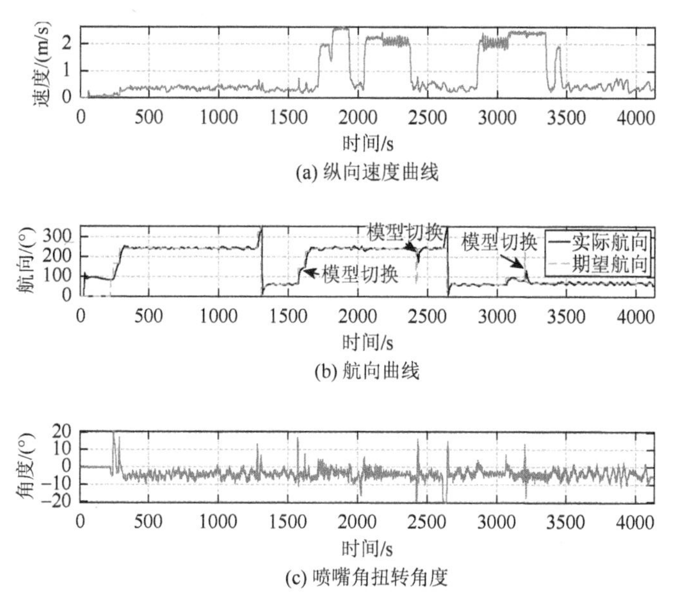

图 6.6 基于临时辨识模型集模型切换的 USV 航向湖泊试验输出曲线

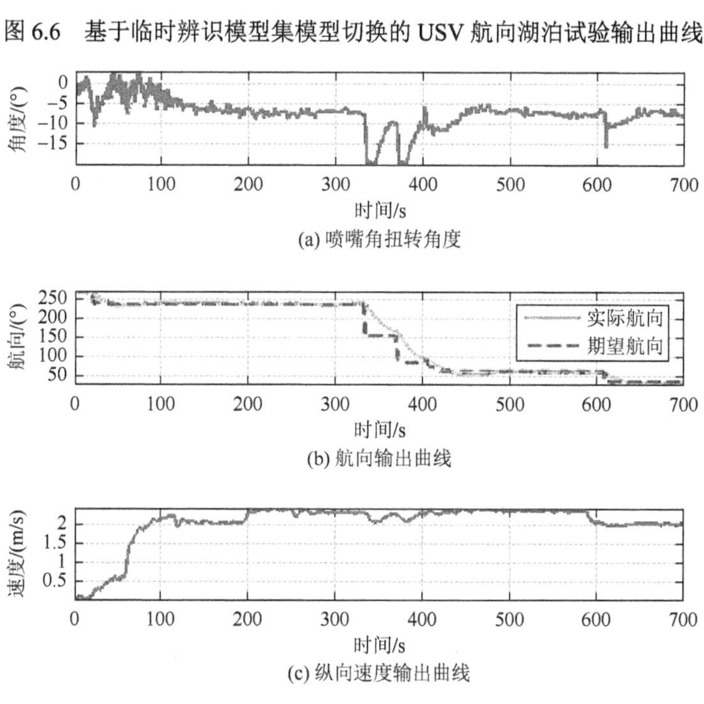

图 6.7 基于最佳动态反馈控制的 USV 航向控制输出曲线

6.2.7 USV 系统湖泊试验航向控制小结

针对系统航向控制模型未知且易受外界干扰等问题，本节提出通过辨识模型集设置动态反馈控制策略的设计思路。根据系统航向控制品质与预设切换策略，在线从控制库中选取当前运行环境下最佳的控制策略。湖泊试验表明：紧急切换策略可保证系统在航向控制发散前切换到稳定控制策略下；基于系统控制性能指标切换驱动的切换策略，可在线选取当前运行环境下最佳的控制策略；根据系统纵向速度与模型参数可动态调整状态反馈控制参数。大量外场试验表明，基于系统模型辨识所构建的控制库具有很好的实际应用价值，能够提高系统的控制品质。

6.3 辨识模型集动态滑模控制在USV系统深度控制中的研究

无人水面航行器是一种既可在水面航行又可下潜于水下一定深度的近水面载体。对于其深度控制策略的设计，不仅要考虑 USV 系统的强非线性，还要分析其所受外界环境的干扰，且此系统模型参数未知，这增加了控制算法设计的难度。所研究 USV 系统深度控制阈值有严格要求，否则会危及系统安全。本章采用闭环模型辨识法获取 USV 系统深度控制模型的多组试验数据，通过最小二乘法辨识系统模型，构建过渡辨识模型集；为了避免模型集过分庞大造成模型筛选过程计算量大、系统控制参数难确定等问题，本节提出预设平均拟合偏差范围，构建临时辨识模型集；依据临时模型集设置动态滑模控制参数，根据 USV 系统湖泊试验的控制性能，在线获取最佳控制策略；最后通过 USV 系统湖泊试验验证了基于辨识模型集的滑模控制策略的实用价值与良好的控制品质。

USV 系统通常需要半潜到一定深度进行海洋探测[25-27]、在弱通信条件下与 AUV 通信等[28, 29]。本书所研究 USV 系统 BQ-01 是一种可运行于水下一定深度的近水面航行体，但 USV 系统下潜深度比较小，所受外界环境干扰大，控制精度要求高，这些都加大了系统控制策略设计的难度。针对 USV 系统所受外界干扰力不容忽视的问题，文献[30]在滑模控制的基础上引入模糊逻辑解决了高频抖动对水下机器人系统近水面深度控制性能的影响，且仿真验证了算法的有效性；文献[31]设计了一种带有海浪滤波器的水下机器人深度控制方法，解决了系统在近水面航行过程中海浪波动对系统深度控制效果的影响，仿真实验验证了算法的工程实际意义；文献[32]设计了一种基于遗传算法的自抗扰控制器，此算法借助遗传算法进行控制参数的辨识，通过仿真验证了算法的抗干扰能力。许多专家[33-35]通过仿真辨识实验获取 USV 系统模型进行控制算法的研究，或采用多模型辨识法以解决系统不确定性问题[36, 37]，并通过了仿真实验验证。文献[38]提出了增益降阶输出反馈法，并在 INFANTE AUV 近水面深度控制中得到应用与验证。滑模控制法对未知干扰项具有较强的鲁棒性，在水下机器人系统中得到广泛应用[39, 40]。

本节根据所研究 USV 系统垂直面运动控制的特点，提出基于辨识模型集的动态滑模控制法。通过闭环辨识试验获取辨识数据，为基于最小二乘法的辨识模型集的设计提供丰富的数据。为了减少主观原因造成模型辨识误差过大的情况，本节构建了 USV 系统过渡辨识模型集与临时模型集，根据临时模型集各模型参数构建 USV 系统滑模控制器集，提出基于事件驱动的切换策略以达到系统运行过程的安全性与在线选取控制策略的目的。最后通过湖泊试验分析了所提控制策略设计方案的合理性及所设计控制算法良好的控制性能。

6.3.1 基于 USV 深度模型的平均拟合偏差的最小二乘算法设计

1. USV 深度模型的辨识结构

USV 系统运动控制模型采用 Fossen 定义的水下机器人模型[2]。USV 系统海洋试验采用的运动模型为

$$\begin{cases}\dot{z}=-u\theta \\ \dot{\theta}=q \\ (I_{yy}-M_{\dot{q}})\dot{q}=M_{q}uq+hG\theta+M_{\delta_s}u^2\delta_s(t)\end{cases} \tag{6.16}$$

式中，u 为 USV 系统的纵向速度；z、θ、q、$\delta_s(t)$ 分别为深度、纵倾角、纵倾角速度、水平舵舵角；I_{yy} 为绕侧向轴的转动惯量；$M_{\dot{q}}$、M_q、M_{δ_s} 为系统无因次水动力参数；h 为载体稳心高；G 为载体的质量。各参数的具体含义请参照文献[2]。由于系统的水动力参数未知，故将深度控制模型（6.16）转化为

$$\begin{cases}\dot{z}=-u\theta \\ \dot{\theta}=q \\ \dot{q}=a_{d1}uq+a_{d2}\theta+b_{d1}u^2\delta_s\end{cases} \tag{6.17}$$

需对 3 个参数（a_{d1}、a_{d2}、b_{d1}）进行估计以实现对系统运动控制算法的构建。深度控制所需辨识模型为

$$\dot{q}=a_{d1}uq+a_{d2}\theta+b_{d1}u^2\delta_s \tag{6.18}$$

2. 深度控制模型辨识方法

为了方便 USV 系统深度控制算法的设计，需要对其模型参数进行辨识。基于模型所构建的控制算法的控制参数与系统模型参数紧密相关，故系统运动控制性能的好坏一方面与控制算法的鲁棒性相关，另一方面与所设计的控制参数的好坏紧密相连。

1）模型辨识试验设计

模型辨识试验的目的是获取辨识所需的输入与输出数据，这些数据是系统辨

识的唯一依据，故模型参数辨识的好坏与试验方法的设计密切关联。深度控制采用 PD 控制下的阶跃响应试验。由于 USV 系统最大只能下潜到 3.5m，为了 USV 系统安全，深度控制采用基于 PD 控制算法的闭环控制试验。

2）最小二乘模型辨识的一般步骤

根据最小二乘辨识法估计模型参数[41]，待辨识模型结构为式(6.17)，为 SIMO 系统，设输出量为$[\boldsymbol{q}(k+1),\boldsymbol{\theta}(k),\boldsymbol{Q}(k)]$，输入量为$\boldsymbol{Z}(k)$，将系统待辨识模型设置为

$$\boldsymbol{q}(k+1)=a_1\boldsymbol{\theta}(k)+a_2\boldsymbol{Q}(k)+b\boldsymbol{Z}(k)+\boldsymbol{e}(k) \tag{6.19}$$

式中，$\boldsymbol{e}(k)$为试验模型偏差。待辨识模型的最小二乘格式为

$$\begin{cases}\boldsymbol{\varphi}(k)=[\boldsymbol{\theta}(k),\boldsymbol{Q}(k),\boldsymbol{Z}(k)]^{\mathrm{T}}\\ \boldsymbol{\theta}=[a_1,a_2,b]^{\mathrm{T}}\end{cases} \tag{6.20}$$

式中，$\boldsymbol{\theta}$为待估计值，则系统辨识模型可描述为

$$\boldsymbol{q}(k+1)=\boldsymbol{\varphi}^{\mathrm{T}}(k)\boldsymbol{\theta}(k)+\boldsymbol{e}(k) \tag{6.21}$$

设$\boldsymbol{Y}_N=[\boldsymbol{q}(k+1)\ \boldsymbol{q}(k+2)\cdots\boldsymbol{q}(k+N)]^{\mathrm{T}}$与$\boldsymbol{\Phi}_N=[\boldsymbol{\varphi}(k)\ \boldsymbol{\varphi}(k+1)\cdots\boldsymbol{\varphi}(k+N-1)]^{\mathrm{T}}$分别为$N$次输入、输出观测数据。由于输入数据为 USV 系统在不同试验条件下所获取的数据，且满足$\boldsymbol{\Phi}_N^{\mathrm{T}}\boldsymbol{\Phi}_N$为可逆矩阵的要求，根据极大值原理，最小二乘参数估计表达式可表述为

$$\tilde{\boldsymbol{\theta}}_N=(\boldsymbol{\Phi}_N^{\mathrm{T}}\boldsymbol{\Phi}_N)^{-1}\boldsymbol{\Phi}_N^{\mathrm{T}}\boldsymbol{Y}_N \tag{6.22}$$

将每次湖泊试验所采集的相关数据分组，分别代入方程（6.22）进行参数估计，构建过渡辨识模型集。为了分析模型辨识的精度，将实际输出$\boldsymbol{Y}_{iN}$与辨识模型输出值$\boldsymbol{\Phi}_{iN}\tilde{\boldsymbol{\theta}}_j$进行对比，获取拟合偏差$\overline{e}_{jN}$：

$$\overline{e}_{jN}=|\boldsymbol{Y}_{iN}-\boldsymbol{\Phi}_{iN}\tilde{\boldsymbol{\theta}}_j|/N \tag{6.23}$$

式中，$\boldsymbol{\Phi}_{iN}$与$\boldsymbol{Y}_{iN}$为系统第i次辨识试验过程的N组输入与输出数据；$\tilde{\boldsymbol{\theta}}_j$为辨识模型集中第$j$组模型参数估计值；$\left|\boldsymbol{Y}_{iN}-\boldsymbol{\Phi}_{iN}\tilde{\boldsymbol{\theta}}_j\right|$为列向量（$\boldsymbol{Y}_{iN}-\boldsymbol{\Phi}_{iN}\tilde{\boldsymbol{\theta}}_j$）各元素绝对值的和。将$m$组试验数据分别代入式（6.23）获取$m$组拟合偏差，以获取辨识模型集中第$j$组辨识模型参数的平均拟合偏差$\mathrm{err}_j$：

$$\mathrm{err}_j=\sum_{i=1}^{m}\left|\boldsymbol{Y}_{iN}-\boldsymbol{\Phi}_{iN}\tilde{\boldsymbol{\theta}}_j\right|/(mN) \tag{6.24}$$

将获取的平均拟合偏差err_j记录于对应辨识模型中，用以判断所获得的模型参数是否满足期望的平均拟合偏差的范围。预设L组偏差范围ξ_L，获取系统过渡

辨识模型参数。将满足第 k 组拟合偏差范围 ξ_k 要求的 r 组过渡辨识模型参数进行平均拟合，获取临时辨识模型参数：

$$\widehat{\tilde{\boldsymbol{\theta}}}_k = \frac{\sum_{i=1}^{r} \tilde{\boldsymbol{\theta}}_{ik}}{r} \tag{6.25}$$

式中，$\widehat{\tilde{\boldsymbol{\theta}}}_k$ 为满足预设偏差 ξ_k 的临时辨识模型的参数估计值。将试验数据与临时辨识模型参数代入式（6.23），获取拟合偏差 $\overline{e}_{jN}$，以分析临时辨识模型的辨识精度。

本节通过拟合偏差 $\overline{e}_{jN}$、平均拟合偏差 err_j 以及预设偏差范围等，客观分析系统模型参数，减少 USV 系统外场辨识试验验证的次数，提高临时辨识模型集中各模型参数的辨识精度。

6.3.2 深度控制模型参数估计与临时模型集构建

确定深度控制辨识模型（6.17），模型辨识的输入数据为 $q(k+1)$、$u(k)q(k)$、$\theta(k)$，输出数据为 $u(k)u(k)\delta_s(k)$。其辨识过程与原理同航向控制模型辨识。表 6.4 为深度控制过渡辨识模型参数列表。

表 6.4 深度控制过渡辨识模型参数

参数估计	M_1	M_2	M_3	M_4	M_5
d_1	0.3144	0.3283	0.2614	0.3979	0.3261
d_2	−0.0087	−0.0103	0.0034	−0.0288	−0.0019
b_2	0.0016	0.0022	0.0004	0	0.0006
err	<0.5	<0.5	<4	<3.0	<1.0
参数估计	M_6	M_7	M_8	M_9	M_{10}
d_1	0.295	0.2853	0.3366	0.2912	0.2948
d_2	−0.0035	−0.0009	−0.0003	−0.0023	−0.0036
b_2	0.0007	0.0001	0.0033	0.0005	0.0007
err	<1.0	<1.5	<0.5	<1.0	<0.7

1. USV 系统深度控制模型参数估计与曲线拟合

预设深度控制纵倾角速度模型为

$$\dot{q} = d_1 uq + d_2\theta + b_2 u^2 \delta_s \tag{6.26}$$

式中，u 为系统纵向速度；q 为系统纵倾角速度；θ 为系统纵倾角；d_1、d_2 与 b_2 为待辨识参数。其辨识过程与原理同航向控制模型辨识。

将 USV 外场试验中的辨识数据分为用于获取过渡辨识模型的数据 Data _ tr 、用于检验模型精度的数据 Data_ac 与用于临时辨识模型的数据 Data_te 。将数据 Data_tr 代入式（6.22），获取系统深度控制过渡辨识模型参数（表 6.4），将数据 Data_ac 代入式（6.23），获取各过渡模型参数的拟合偏差 $\overline{e}$ 。表 6.4 为辨识试验数据所获取的深度控制过渡辨识模型参数表及其对应的拟合偏差。

预设四组平均拟合偏差范围 $\{\xi_1 \geqslant 4, 3<\xi_2<4,\ 1.5<\xi_3<0.7,\ \xi_4<0.7\}$ ，用以分析满足预设偏差范围的临时模型集的平均拟合偏差 err_j 。根据式（6.25）获取临时深度控制模型集中各模型的参数，见表 6.5。

表 6.5　根据最大拟合偏差预设值估计临时深度控制模型参数

参数估计	M_{d_1}（<4）	M_{d_2}（<3）	M_{d_3}（<1.5）	M_{d_4}（<0.7）
d_1	0.2614	0.2994	0.3131	0.318525
d_2	0.0034	−0.00215	−0.00569	−0.00573
b_2	0.0004	0.000475	0.00101	0.00195

对 USV 系统深度控制模型中的纵倾角速度 q 的试验数据与仿真数据进行曲线拟合，分析各模型的精度。通过纵倾角速度 q 的拟合曲线（图 6.8～图 6.11）分

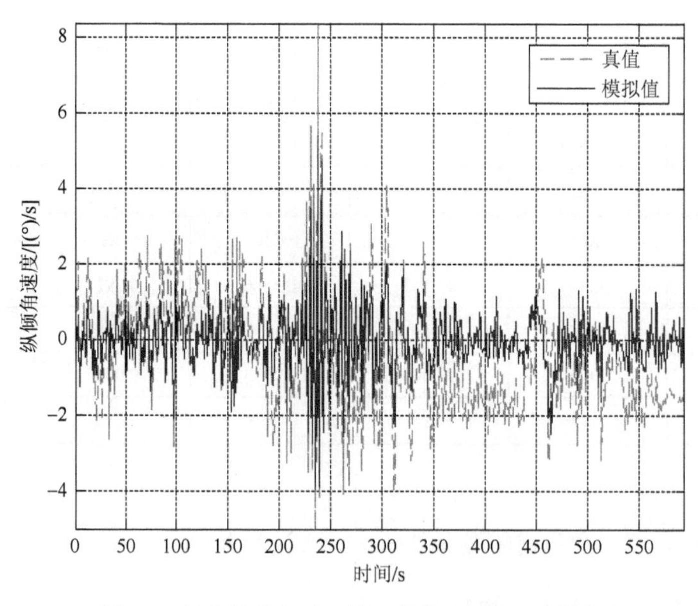

图 6.8　拟合偏差小于 4 的 q 曲线（见书后彩图）

析临时辨识模型的辨识精度，其中虚线为USV系统实际运行曲线（真值），实线为辨识后模型输出曲线（模拟值）。图6.10的平均拟合偏差$\xi \approx 1.8$，远小于构建此临时模型的所有过渡模型的拟合偏差ξ_2，图6.11的平均拟合偏差$\xi \approx 0.42$，小于ξ_3所包含的范围。拟合曲线分析表明临时辨识模型输出值与试验输出平均拟合偏差远小于所设的平均拟合偏差，临时辨识模型的辨识精度相对过渡辨识模型精度高。

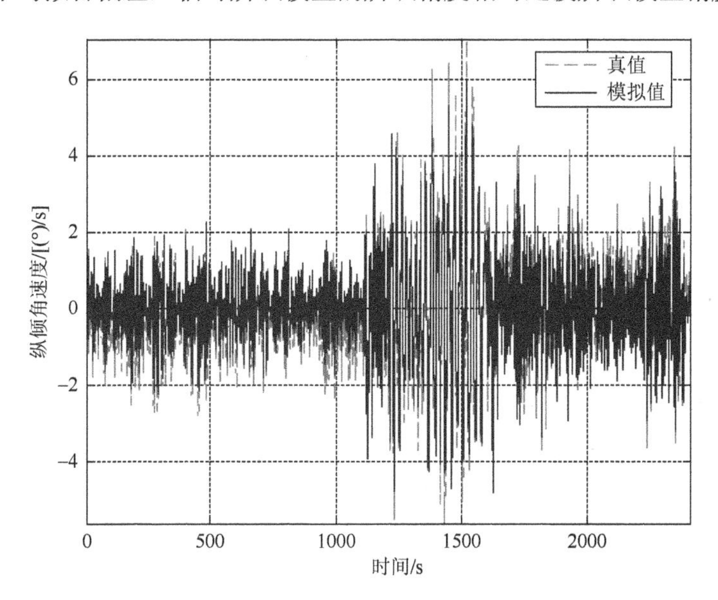

图 6.9　拟合偏差小于 3 的 q 曲线（见书后彩图）

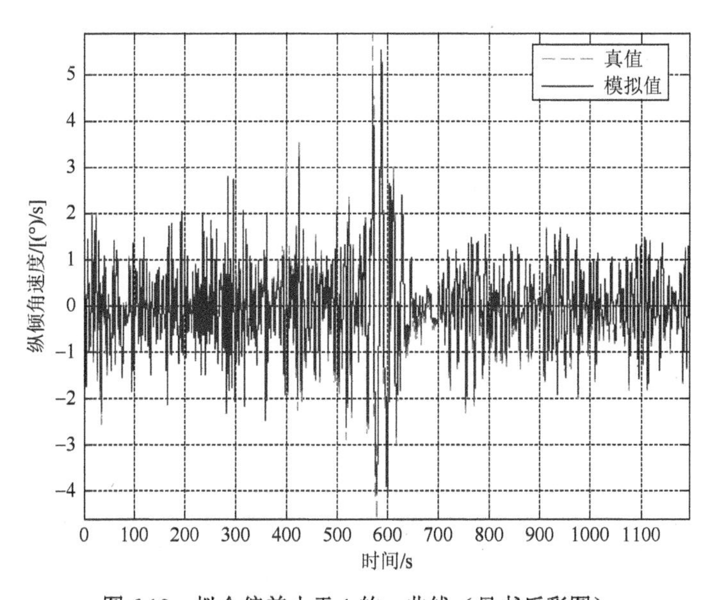

图 6.10　拟合偏差小于 1 的 q 曲线（见书后彩图）

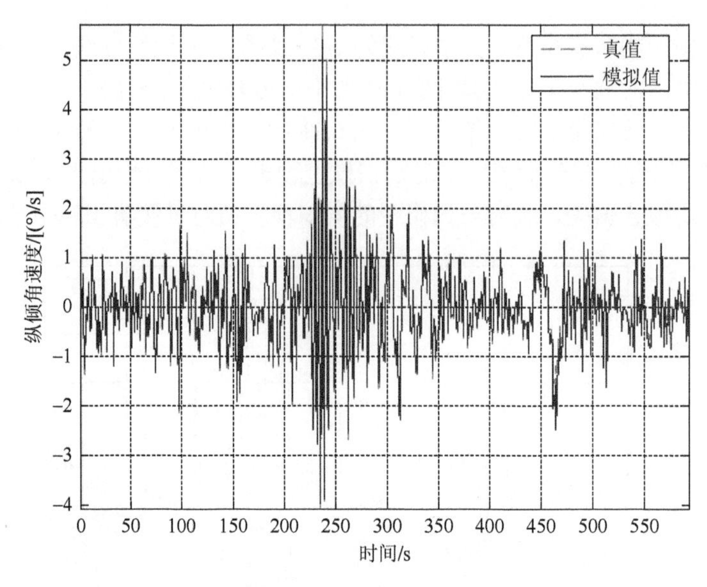

图 6.11　拟合偏差小于 0.7 的 q 曲线（见书后彩图）

由于 USV 系统最大只能下潜到 3.5m，故为了保护载体系统，深度控制模型辨识为 PD 控制的闭环辨识，所辨识的模型中包含控制算法对系统运动状态的控制作用。从拟合曲线图 6.8～图 6.11 可以看出临时模型的输出值比实际真值拟合偏差小，故构建的临时模型集中各子模型具有一定的合理性。

2. 模型辨识算法说明

虽然所设的平均拟合偏差值越小所得的试验数据的拟合曲线越好，但所设的平均拟合偏差局限性越大其信息融合量越少，实际应用价值可能并不高，故为了不丢失有价值信息，本节构建了多组临时模型参数，用以控制参数估计与推算。

本章辨识模型的目的是获取较佳控制参数，将外界环境对 USV 系统运动控制模型的影响与 USV 系统视为一个整体系统进行控制算法构建，故模型辨识过程中的试验数据并未对外界干扰的影响进行滤波处理。

本节根据海洋试验辨识过程中获取的试验数据对系统航向控制与深度控制模型的相关模型参数进行估计，提出通过拟合偏差的大小对不同组的模型参数值进行拟合以构建辨识模型集；通过辨识模型集为系统航向控制与深度控制算法的控制参数提供一定依据，避免盲目估算系统的控制参数。

6.3.3 USV 多动态滑模控制法及其切换策略

将临时模型集的模型参数代入控制策略构建相应的控制库，并根据切换策略的要求，在控制库中选择满足预设控制性能指标的最佳控制策略。

1. 基于动态滑模控制的深度控制库

为了避免纵倾角过大采用双环控制，即深度 $e_z = z - z_{\mathrm{d}}$ 与纵倾角 $e_\theta = \theta - \theta_{\mathrm{d}}$ 同时闭环控制，从而得到深度误差控制模型表述为

$$\begin{cases} \dot{e}_z = -ue_\theta - u\theta_{\mathrm{d}} \\ \dot{e}_\theta = q \\ \dot{q} = d_1uq + d_2e_\theta + d_2\theta_{\mathrm{d}} + b_2u^2\delta_s \end{cases} \tag{6.27}$$

将系统滑模面设计为[42]

$$s = c_1e_z + c_2e_\theta - q \tag{6.28}$$

据此设计深度控制模型中的控制策略：

$$\dot{s} = -0.1s \tag{6.29}$$

则

$$\dot{s} = -c_1(ue_\theta + u\theta_{\mathrm{d}}) + c_2q + d_1uq + d_2e_\theta + d_2\theta_{\mathrm{d}} + b_2u^2\delta_s \tag{6.30}$$

控制律为

$$\delta_s = \frac{(c_1u - d_2)e_\theta + c_1u\theta_{\mathrm{d}} - d_2\theta_{\mathrm{d}} - (c_2 + d_1u)q - 0.1s}{b_2u^2} \tag{6.31}$$

将表 6.4 深度控制过渡辨识模型参数代入控制律（6.31），构建深度控制库。通过控制切换策略从控制库中选取最佳控制策略，然后根据深度误差大小再次调整控制参数，直至深度误差达到预期的控制性能指标要求。

2. 基于 USV 系统深度控制性能的切换策略研究

为了保证 USV 系统在滑模控制参数选取过程中的安全，本章采用两类基于事件驱动的切换策略：基于深度阈值与超调量过大的紧急切换策略及基于最优性能指标的多模型稳定切换策略。

紧急切换策略的设计：根据 USV 系统的控制要求与系统安全，其最大下潜深度为 3.5m，故在 USV 系统深度控制过程中设计基于深度阈值 $z > 3.2\mathrm{m}$ 的紧急切换策略，超出此阈值，系统停止执行所有命令，直至浮出水面，接收下一条深度控制命令；另外，为了避免系统运动过程中发生发散现象，预设超调量 $\delta_p \geqslant 50\%$ 作为紧急切换策略，超出此阈值系统停止执行相关深度控制的使命。

多模型稳定切换策略及相关推论分析：稳定切换策略用以在线选取满足 USV 系统预设控制要求的控制参数。在一定条件下，系统控制参数的切换易引起系统不稳定，为了避免此问题，通过紧急切换处理此类问题。

推论 6.4 若系统所含多个控制策略均可实现系统渐近稳定，则直接切换不影响系统的控制性能。

证明 若切换系统的各子系统在相应控制策略下均稳定，则各子系统闭环稳定，根据多 Lyapunov 函数法可知切换系统稳定。若各控制策略均可实现系统渐近稳定，则切换前后子系统稳定，满足多 Lyapunov 函数法稳定切换的充要条件，那么从一种控制策略切换到另一种切换策略后，切换系统控制性能保持不变[43,44]。

定义 6.1 在系统外场试验过程中，以系统辨识模型为依据设计的闭环控制策略，若能够满足系统在预设控制性能指标要求下的稳定性，则称此辨识模型与当前运行环境下的系统模型拟合程度达到预期要求。相反，若系统运行不稳定，则称此辨识模型与当前运行环境下的系统模型不匹配。

依据各临时辨识模型而设计的滑模控制参数的取舍决定于系统辨识模型与实际系统模型的拟合程度。若多个控制策略同时满足预期控制性能指标要求，则选取系统控制品质最高的控制策略作为当前运行环境下的最佳控制策略。若某控制策略在不同运行环境下均保持良好的控制品质或达到预期的控制性能指标要求，则认为此辨识模型与系统模型相近，称此模型对应的控制策略为最优控制策略。

控制器集各控制策略的在线选取原则：根据系统临时辨识模型集而设计的一组控制策略，在系统运行过程中，两控制策略切换前后，若系统稳定性不同，则与不稳定控制策略对应的辨识模型与实际系统模型不匹配；若为切换前不稳定，切换后系统稳定，则切换后控制策略对应的辨识模型与实际系统模型拟合；若切换前稳定，切换后系统不稳定，则无法判断切换前对应控制策略的稳定性。

分析：从滑模控制策略表达式（6.28）可以推出，若系统辨识模型完全表述系统深度控制模型，那么系统深度控制应为全局渐近稳定，故若系统运行过程不稳定，则可认为系统辨识模型与实际模型不匹配。对于切换前稳定的控制策略，切换后系统不稳定，有可能是由于切换前控制策略在切换点附近引起控制执行机构的共振，导致切换后系统稳定，需通过试验验证，确定此控制策略的稳定性。

USV 系统深度控制策略的构建：首先，预设深度控制期望性能指标与稳定裕度，然后，通过以下步骤在线从控制器集中选取最佳控制策略。

将临时辨识模型集中的模型参数代入相应控制律中构建控制器集，预设紧急切换策略、稳定切换策略作为事件驱动条件，从控制器集中驱动相应的控制策略。

（1）紧急切换，若系统深度控制面中某一状态量出现不稳定现象、系统超调量满足条件 $\delta_p \geqslant 50\%$、系统深度超出 3.2m，则启动紧急切换策略，系统停止运行。

（2）稳定切换，将调节时间 t_s >100s 作为稳定切换策略，若某一控制策略的调节时间满足此条件，则切换到未运行的控制策略下。

（3）稳定切换采用顺序切换法，从控制器集中依次选取各控制策略，依据控制器集中的各控制策略在线选取原则，以及系统在各控制策略控制下系统的控制性能，记录满足预期性能指标要求的控制策略序号。

（4）若系统在某控制策略控制下稳定且动态性能较佳，则改变 USV 系统使命要求检验该控制策略在不同运动要求下的控制性能，若系统达到预期的控制性能要求，则控制器集将此控制策略选取为最优，但仍继续在临时模型集中切换，直至控制器集中各控制策略均在某一使命要求下运行完毕。

本章根据控制器集中的相关记录，选取一组最优或最佳控制策略，通过深度控制试验分析 USV 系统动态性能，发现其性能不足之处，改善系统控制策略参数。

6.3.4 系统湖泊试验数据分析

将临时辨识模型集中的各模型参数代入控制律（6.31），构建控制器集，并将其嵌入 BQ-01 系统深度控制模块，预设各控制策略顺序、预期性能指标要求、切换策略以及待记录信息等，通过 USV 系统湖泊试验在线选取期望的控制策略。图 6.12 为控制器集在线选取最佳控制策略过程输出曲线，期望深度为 1.6m，时间轴出现的间隔则是系统根据使命执行过程中出现危险状况、下潜深度超出阈值或使命要求而浮出水面的过程。

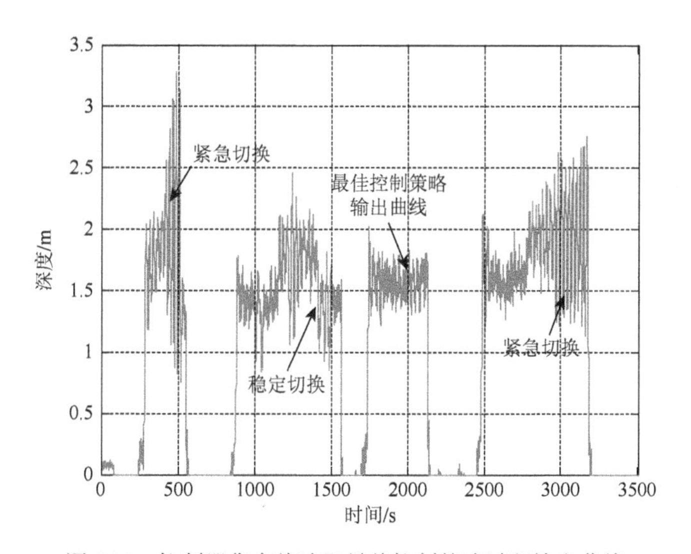

图 6.12 控制器集在线选取最佳控制策略过程输出曲线

从图6.12的数据输出曲线可看出深度控制器集所含各控制策略都无法达到预期控制性能指标要求，深度控制输出曲线产生振幅为0.5～1m的振荡，有关切换策略的启动记录已在图中标注，USV系统将振幅最小的一组模型作为最佳控制策略进行保存。

辨识试验完成后，以USV系统控制器集所选取的最佳控制策略为基准进行控制参数的离线调整。图6.13为USV系统控制参数调整前后对比图。USV系统控制参数未调整前，USV系统深度控制输出曲线如图6.13(a)所示，曲线振幅满足试验初期所设要求，但并非期望现象。为了减少振荡，本节将滑模面进行调整并将辨识模型参数a_2下调，USV系统深度控制输出曲线如图6.13(b)所示，试验数据分析表明系统深度控制的动态性能得到很大改善，但系统深度控制存在较大静态误差与调节时间长等控制品质问题。为了消除静态误差，根据PID控制中各控制参数的作用，加入积分项，系统深度控制输出曲线如图6.13(c)所示，试验数据分析表明系统深度控制调节时间变短（$t_s = 75\text{s}$），且静态误差消除，无超调、无抖动。

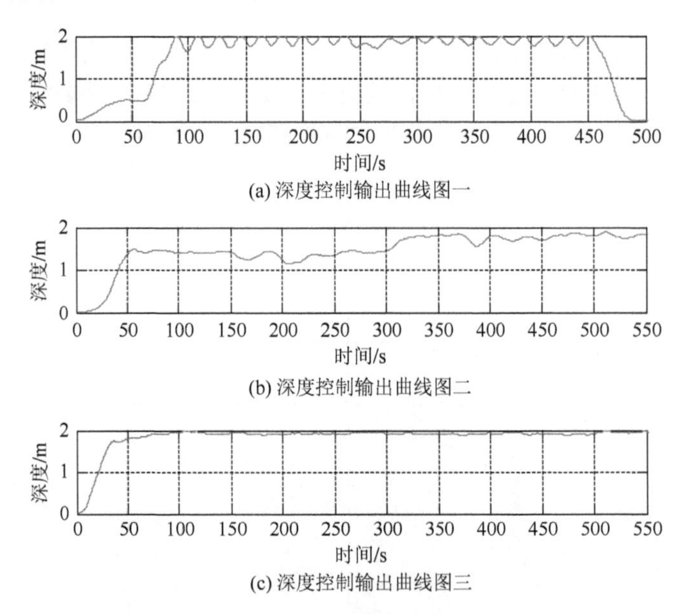

(a) 深度控制输出曲线图一

(b) 深度控制输出曲线图二

(c) 深度控制输出曲线图三

图6.13　USV系统控制参数调整前后对比图

图6.14为USV系统定深1m时，系统深度控制输出曲线。其中，图6.14(a)为USV系统只进行了滑模面控制参数改进时的输出曲线，其具有较大静态误差，通过计算，静态误差平均值约为0.7m；图6.14(b)是USV系统动态滑模控部分加入积分项后系统深度控制输出曲线，USV系统静态误差仅为0.02m，总之提高了USV系统的控制品质。

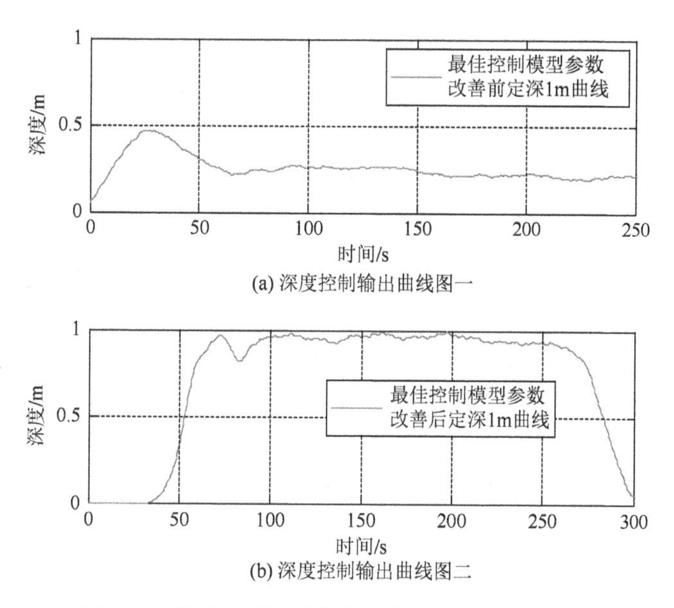

(a) 深度控制输出曲线图一

(b) 深度控制输出曲线图二

图 6.14 最佳控制模型参数改善前后深度控制曲线

湖泊试验数据分析表明本章所提控制策略设计方案提高了 USV 系统的控制品质，所设计的基于多辨识模型集的滑模控制法可实现系统在不同使命要求下良好的控制性能。

6.3.5 USV 系统湖泊试验深度控制小结

本节针对所研究 USV 系统深度控制模型的控制特点，提出基于辨识模型集的动态滑模控制法改善 USV 系统的控制性能。所提控制策略设计方案为：①通过基于最小二乘的闭环辨识法构建系统的过渡辨识模型集；②设置平均拟合偏差获取临时辨识模型集；③根据临时辨识模型参数与相应滑模控制律设计控制器集；④通过切换策略从控制器集中在线选取控制策略；⑤初步获取系统控制策略控制参数；⑥离线分析系统的控制性能调整控制参数，直至达到预期控制性能指标要求。USV 系统湖泊试验表明本节所提控制策略设计方案不仅具有很好的实际应用价值，实现了 USV 系统良好的深度控制性能，而且简化了控制策略设计的过程，节约了试验时间。从系统模型辨识的角度分析，此方法有助于系统模型参数的获取。

6.4 基于在线优化 PID 控制律的 USV 航向海洋试验

由于 USV 系统是一种新型海洋机器人系统，其根据任务要求，是一种既可在水面航行，又可下潜到一定深度的运动载体[45, 46]。相对于深潜水下载体，USV 系统运动控制具有如下特点[47]：①海洋逆流、顺流和侧流等海洋干扰对系统运动状态控制影响大；②USV 系统航向控制模型是一种复杂的多变量非线性系统，海面航行与水下航行所受外界干扰不同。

以上这些特点导致本书所研究 USV 系统 BQ-01 航向运动很难控制。在 BQ-01 系统海洋试验过程中，基于传统 PID 控制算法的 USV 系统航向运动出现了如下问题：①在水面运行过程中受不同方向海流干扰力的影响，航向易抖动，无法达到预期的控制指标要求，出现航向超调量大、调节时间长等问题；②纵向速度对系统控制具有一定影响，随着速度增加，系统控制性能变差，这主要是耦合关系造成的；③海况对系统控制性能的影响较大，海况恶劣时，航向控制不稳定。为了提高系统运动控制的鲁棒性，本节提出一种基于误差变化的自适应 PID 控制算法，其控制参数根据系统运动状态误差与纵向速度自适应调整。将外界干扰的影响与系统航向控制的偏差进行等价分析，构建出 PID 控制参数调整的近似函数，并通过理论分析验证了控制算法的稳定性。不同海况下的试验表明所构建的在线自优化 PID 控制算法能够根据外界干扰对系统航向控制参数进行补偿，提高了 USV 系统在不同海况下的自适应能力与鲁棒性。

关于近水面航行体的研究多针对船舶控制[48]，而对既可在海面又可下潜的系统的研究较少。针对自主水下机器人在水平面的航向控制，文献[49]采用变结构控制法减少了系统的横摇运动；针对近水面自主水下机器人受外界波浪干扰力影响较大等问题，文献[50]采用 H_2 鲁棒控制法对其航向控制进行了仿真验证。这两种控制算法的前提是系统航向控制模型参数已知，这在一定程度上约束了这些控制算法在实际中的应用能力。文献[51]通过模型辨识法进行 USV 系统控制算法的构建，但 USV 系统模型的复杂性与所受外界干扰的难以描述性，给 USV 系统运动控制模型的精确辨识带来了一定难度。基于无模型的控制算法在近水面运动控制系统中得到了广泛应用，如基于自适应模糊控制的滑模控制法[52]、人工智能法[53]等。

PID 控制是一种简便、各控制参数物理意义明确且对系统模型精度要求不高的控制算法。许多专家通过对 PID 控制算法进行演变，解决复杂非线性系统出现控制参数未知、变化等问题，如通过误差方差法[54, 55]、遗传法[56]、内模控制法[57]、模糊控制规则[58]等调整控制参数，以达到系统预期的控制品质。PID 控制在水下机器人系统航向中也得到广泛应用[59, 60]，根据系统在试验中出现的不足，专家提出多变量法构建 PID 控制算法[61, 62]。

USV 系统在不同航向下由于受海洋逆流、顺流和侧流等海洋干扰的影响大，控制器应具有较强的抗干扰能力。为了提高 USV 系统在不同海况下自主航行试验的成功率，即系统运动轨迹与预设航向轨迹具有较高的拟合程度，本书根据 USV 系统的特点提出一种新型在线优化控制参数的 PID 控制法。根据 BQ-01 系统航向运动控制的特点，以航向误差变化率作为权值与系统纵向速度共同在线调整 PID 控制参数，提高 BQ-01 系统航向的抗干扰能力，在不同海况下均保持良好的控制品质。

6.4.1 基于 USV 航向模型的在线自优化 PID 控制律构建

USV 系统在湖泊试验中所配置的 PID 控制参数航向控制性能良好，但在海洋试验中运动控制性能较差。为了充分利用湖泊试验中的经验 PID 控制参数，本节提出根据系统运动误差调整系统控制参数的自适应 PID 控制算法。

设系统外界干扰以及外界干扰引起的系统不确定因素满足如下条件：

（1）外界干扰对 USV 系统水动力模型参数的影响是有界的。

（2）系统非线性不确定部分的阈值范围是有界的。

以上两个假设条件在 USV 运动控制中是可满足的。

由于 USV 系统模型参数很难确定，USV 运动控制多采用无模型的 PID 控制算法，USV 模型采用 Fossen 提出的水下机器人航向运动控制模型[2]。根据所研究的 USV 系统的特点，本书对 USV 系统航向运动控制模型进行了简化。关于模型的构建详见第 2 章，此处不再赘述，为了研究方便，只给出 USV 系统的状态空间表达式。

$$\begin{bmatrix}\dot{r}\\ \dot{\psi}\end{bmatrix}=\begin{bmatrix}\dfrac{N_r u}{I_{zz}-N_{\dot{r}}} & 0\\ 1 & 0\end{bmatrix}\begin{bmatrix}r\\ \psi\end{bmatrix}+\begin{bmatrix}\dfrac{N_{\delta}u^2}{I_{zz}-N_{\dot{r}}}\\ 0\end{bmatrix}\delta_r(t)+\bar{H}_s\begin{bmatrix}r\\ \psi\end{bmatrix} \tag{6.32}$$

其中不确定系统以及外界干扰力对系统运动状态影响因素综合描述为

$$\bar{H}_s=\begin{bmatrix}\dfrac{N_{r|r|}|r|r}{I_{zz}-N_{\dot{r}}}+\dfrac{N_{|v|r}|v|r}{I_{zz}-N_{\dot{r}}}\\ 0\end{bmatrix} \tag{6.33}$$

转换为一般系统矩阵形式为

$$\boldsymbol{M}\dot{\boldsymbol{X}}=\boldsymbol{A}\boldsymbol{X}+\boldsymbol{B}\delta_r(t)+\boldsymbol{H}_s \tag{6.34}$$

各控制参数介绍如下：u、r 分别为运动坐标系下水下机器人纵向速度和横流角速度；ψ 为大地坐标系下的 USV 航向角；$\boldsymbol{M}$ 为惯性矩阵且为正定可逆矩阵；$\delta_r(t)$ 为实现系统航向的控制律；其他未描述符号为系统的水动力参数。

由于系统惯性矩阵 $\boldsymbol{M}$ 为可逆矩阵，故可将 USV 系统航向控制模型（6.32）描述为

$$\dot{\boldsymbol{x}}=\boldsymbol{A}\boldsymbol{x}+\boldsymbol{B}\delta_r+\boldsymbol{h}(\boldsymbol{x}) \tag{6.35}$$

式中，$\boldsymbol{h}(\boldsymbol{x})$ 为外界干扰对系统的影响。设

$$\boldsymbol{h}(\boldsymbol{x})=\tilde{\boldsymbol{h}}(\boldsymbol{x})\boldsymbol{x} \tag{6.36}$$

其中，$\tilde{\boldsymbol{h}}(\boldsymbol{x})$为系统不确定模型。将系统控制律$\delta_r$分为$\delta_{r_1}$与$\delta_{r_2}$两部分，分析控制算法的构建过程。

$$\delta_r = \delta_{r_1} + \delta_{r_2} \tag{6.37}$$

式中，δ_{r_1}为 PID 控制；δ_{r_2}为在线自优化补偿器。通过补偿器抵消或减弱外界干扰对系统运动状态的影响。

模型（6.35）可进一步描述为

$$\dot{\boldsymbol{x}} = \boldsymbol{A}\boldsymbol{x} + \boldsymbol{B}\delta_{r_1} + \boldsymbol{B}\delta_{r_2} + \tilde{\boldsymbol{h}}(\boldsymbol{x})\boldsymbol{x} \tag{6.38}$$

根据条件（1）与条件（2）知变量$\tilde{\boldsymbol{h}}(\boldsymbol{x})$满足：

$$\left\|\tilde{\boldsymbol{h}}(\boldsymbol{x})\right\| < \boldsymbol{\varphi}(\boldsymbol{x}) \tag{6.39}$$

式中，$\boldsymbol{\varphi}(\boldsymbol{x})$为不确定项阈值，此值为系统所设置的最大允许鲁棒裕度。

设系统外界干扰引起的状态误差为

$$\boldsymbol{\xi}(\boldsymbol{x}) = \boldsymbol{x}_{\mathrm{d}} - \boldsymbol{x} \tag{6.40}$$

式中，$\boldsymbol{x}_{\mathrm{d}}$为期望运动状态；$\boldsymbol{x}$为实际运动状态。

定理 6.2 PID 控制律可等价于状态反馈控制律与积分补偿器的叠加，PID 控制稳定的闭环系统的系统矩阵为稳定阵。

证明 设系统模型的一般描述为

$$\dot{\boldsymbol{x}} = \boldsymbol{A}\boldsymbol{x} + \boldsymbol{B}\delta_{r_1} \tag{6.41}$$

PID 控制律为

$$\delta_{r_1} = K_{\mathrm{P}}x + K_{\mathrm{D}}\dot{x} + K_{\mathrm{I}}\int x = \boldsymbol{k}\boldsymbol{x} \tag{6.42}$$

加入控制律后系统可描述为

$$\dot{\boldsymbol{x}} = \boldsymbol{A}\boldsymbol{x} + \boldsymbol{B}\boldsymbol{k}\boldsymbol{x} \tag{6.43}$$

$$\dot{\boldsymbol{x}} = \tilde{\boldsymbol{A}}\boldsymbol{x}, \quad \tilde{\boldsymbol{A}} = \boldsymbol{A} + \boldsymbol{B}\boldsymbol{k} \tag{6.44}$$

由于系统（6.44）经 PID 控制后稳定，则系统矩阵$\tilde{\boldsymbol{A}}$为稳定矩阵。

根据定理 6.1，系统（6.38）可描述为

$$\dot{\boldsymbol{x}} = \tilde{\boldsymbol{A}}\boldsymbol{x} + \boldsymbol{B}\delta_{r_2} + \tilde{\boldsymbol{h}}(\boldsymbol{x})\boldsymbol{x} \tag{6.45}$$

定理 6.3 若系统补偿器控制律满足条件：

$$\delta_{r_2} = -(\boldsymbol{B}^{\mathrm{T}}\boldsymbol{B})^{-1}\boldsymbol{\varphi}(\boldsymbol{x})\boldsymbol{x} + \boldsymbol{k}(\boldsymbol{\xi})\dot{\boldsymbol{\xi}}(\boldsymbol{x}) \tag{6.46}$$

在线自优化控制参数$\boldsymbol{k}(\boldsymbol{\xi})$为

$$\boldsymbol{k}(\boldsymbol{\xi}) = \boldsymbol{B}(u)^{\mathrm{T}}\frac{\boldsymbol{x}\boldsymbol{\xi}^{\mathrm{T}}(\boldsymbol{x})}{\left\|\boldsymbol{x}^{\mathrm{T}}\boldsymbol{x}\right\|}, \quad \boldsymbol{x}^{\mathrm{T}}\boldsymbol{x} \neq 0 \tag{6.47}$$

系统（6.45）稳定。

证明 构建 Lyapunov 函数

$$V = \boldsymbol{x}^{\mathrm{T}}\boldsymbol{P}\boldsymbol{x} + \boldsymbol{\xi}(\boldsymbol{x})^{\mathrm{T}}\boldsymbol{\Gamma}\boldsymbol{\xi}(\boldsymbol{x}), \quad \boldsymbol{\Gamma} = \boldsymbol{P}\boldsymbol{B}\boldsymbol{B}^{\mathrm{T}}$$

由于系统矩阵 $\tilde{\boldsymbol{A}}$ 为稳定阵，根据 Lyapunov 稳定判据可知存在正定矩阵 $\boldsymbol{P}$ ，满足：

$$\tilde{\boldsymbol{A}}^{\mathrm{T}}\boldsymbol{P}+\boldsymbol{P}\tilde{\boldsymbol{A}}<0 \tag{6.48}$$

Lyapunov 函数导数可描述为

$$\begin{aligned}\dot{V}&=\dot{\boldsymbol{x}}^{\mathrm{T}}\boldsymbol{P}\boldsymbol{x}+\boldsymbol{x}^{\mathrm{T}}\boldsymbol{P}\dot{\boldsymbol{x}}+\dot{\xi}(\boldsymbol{x})^{\mathrm{T}}\varGamma\xi(\boldsymbol{x})+\xi(\boldsymbol{x})^{\mathrm{T}}\boldsymbol{P}\boldsymbol{B}\boldsymbol{B}^{\mathrm{T}}\dot{\xi}(\boldsymbol{x})\\&=\boldsymbol{x}^{\mathrm{T}}(\boldsymbol{A}^{\mathrm{T}}\boldsymbol{P}+\boldsymbol{P}\boldsymbol{A})\boldsymbol{x}+2\boldsymbol{x}^{\mathrm{T}}\boldsymbol{P}\boldsymbol{B}\delta_{r_2}+2\boldsymbol{x}^{\mathrm{T}}\boldsymbol{P}\tilde{\boldsymbol{h}}(\boldsymbol{x})\boldsymbol{x}+\xi(\boldsymbol{x})^{\mathrm{T}}\boldsymbol{B}\boldsymbol{B}^{\mathrm{T}}\dot{\xi}(\boldsymbol{x})\end{aligned} \tag{6.49}$$

将不等式（6.39）与式（6.48）代入式（6.49）：

$$\begin{aligned}\dot{V}&<2\boldsymbol{x}^{\mathrm{T}}\boldsymbol{P}\boldsymbol{B}\delta_{r_2}+2\boldsymbol{x}^{\mathrm{T}}\boldsymbol{P}\varphi(\boldsymbol{x})\boldsymbol{x}+2\xi^{\mathrm{T}}(\boldsymbol{x})\boldsymbol{P}\boldsymbol{B}\boldsymbol{B}^{\mathrm{T}}\dot{\xi}(\boldsymbol{x})\\&=2\boldsymbol{x}^{\mathrm{T}}\boldsymbol{P}\boldsymbol{B}\delta_{r_2}+2\boldsymbol{x}^{\mathrm{T}}\boldsymbol{P}\varphi(\boldsymbol{x})\boldsymbol{x}-2\boldsymbol{P}\boldsymbol{B}\boldsymbol{B}^{\mathrm{T}}\dot{\xi}(\boldsymbol{x})\\&=2\boldsymbol{x}^{\mathrm{T}}\boldsymbol{P}\boldsymbol{B}\delta_{r_2}+2\boldsymbol{x}^{\mathrm{T}}\boldsymbol{P}\varphi(\boldsymbol{x})\boldsymbol{x}-2\boldsymbol{x}^{\mathrm{T}}\frac{\boldsymbol{x}\xi^{\mathrm{T}}(\boldsymbol{x})}{\left\|\boldsymbol{x}^{\mathrm{T}}\boldsymbol{x}\right\|}\boldsymbol{P}\boldsymbol{B}\boldsymbol{B}^{\mathrm{T}}\dot{\xi}(\boldsymbol{x})\\&=2\boldsymbol{x}^{\mathrm{T}}\boldsymbol{P}\boldsymbol{B}\delta_{r_2}+2\boldsymbol{x}^{\mathrm{T}}\boldsymbol{P}\varphi(\boldsymbol{x})\boldsymbol{x}-2\boldsymbol{x}^{\mathrm{T}}\boldsymbol{P}\boldsymbol{B}\boldsymbol{B}^{\mathrm{T}}\frac{\boldsymbol{x}\xi^{\mathrm{T}}(\boldsymbol{x})}{\left\|\boldsymbol{x}^{\mathrm{T}}\boldsymbol{x}\right\|}\dot{\xi}(\boldsymbol{x})\end{aligned} \tag{6.50}$$

将控制律（6.46）与式（6.47）代入式（6.50）：

$$\begin{aligned}\dot{V}&<2\boldsymbol{x}^{\mathrm{T}}\boldsymbol{P}\left[\boldsymbol{B}\delta_{r_2}+\varphi(\boldsymbol{x})\boldsymbol{x}-\boldsymbol{B}\boldsymbol{B}^{\mathrm{T}}\frac{\boldsymbol{x}\xi^{\mathrm{T}}(\boldsymbol{x})}{\left\|\boldsymbol{x}^{\mathrm{T}}\boldsymbol{x}\right\|}\dot{\xi}(\boldsymbol{x})\right]\\&=0\end{aligned} \tag{6.51}$$

根据 Lyapunov 稳定判据知系统（6.45）在控制律（6.46）作用下稳定。

在线自优化补偿器说明：尽管本节所研究被控对象的运动模型参数未知，但与系统输出矩阵参数 $\boldsymbol{B}$ 相关的水动力参数 N_{δ_r}/I_{zz} 已通过系统辨识获取，由于本节所研究载体所用动力系统与纵向速度的平方成正比，故 $\boldsymbol{B}=\boldsymbol{B}(u)$ 。

USV 系统所受外界干扰复杂多样，不易通过辨识法将其对载体的干扰量估算出来，本节提出根据系统偏差调整航向控制参数的设计思路。首先预设一套 PID 控制参数能够保证系统稳定，若其环境改变而出现控制误差，则可近似为外界干扰的影响，控制算法设计即如何在原有控制参数设计的基础上再次调整控制参数，以减弱系统的控制误差。本节所构建的在线自优化 PID 控制算法为在 USV 系统海洋试验中所采用的航向控制算法。图 6.15 为 USV 系统航向运动控制框图。

为了充分利用湖泊试验中的经验 PID 控制参数，本节所用 PID 控制参数初始值为 USV 系统在湖泊试验中所配置的一套航向控制参数，其在湖泊试验中运行稳定。但在海洋试验中系统运动控制性能指标距离预期控制指标较远，根据定理 6.1 与定理 6.2 构建在线自优化 PID 控制算法：

$$\delta_r=k_\psi e_\psi+k_r e_r+k_i\sum e_\psi+\delta_{r_2} \tag{6.52}$$

根据 USV 系统表达式（6.32）与控制策略（6.52）可将系统航向控制策略进一步表述为

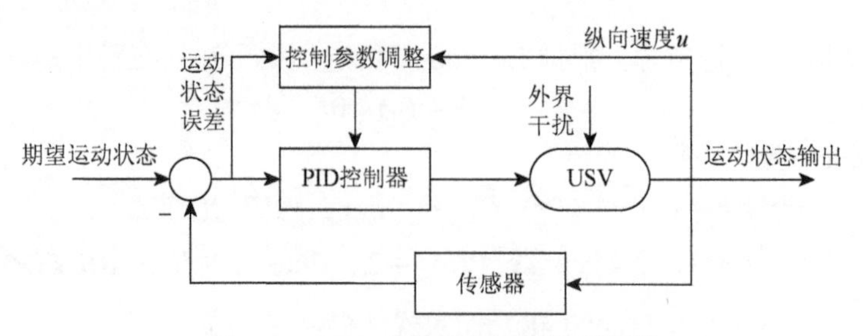

图 6.15　USV 系统航向运动控制框图

$$\delta_r = [k_\psi \quad k_r]\boldsymbol{x} + k_i \sum e_\psi - \boldsymbol{B}^{\mathrm{T}} \boldsymbol{B} \boldsymbol{\varphi}(\boldsymbol{x})\boldsymbol{x} + \boldsymbol{k}(\xi)\dot{\xi}(\boldsymbol{x}) \tag{6.53}$$

式（6.53）中的状态量 $\boldsymbol{x}$ 为

$$\boldsymbol{x} = [\mathrm{err}\_\psi \quad r] \tag{6.54}$$

在 USV 系统实际航行过程中，控制策略在线调整为

$$\delta_r = k_\psi \mathrm{err}\_\psi + k_r r + k_i \sum e_\psi - \boldsymbol{B}^T \boldsymbol{B} \boldsymbol{\varphi}(\boldsymbol{x})\boldsymbol{x} + \boldsymbol{k}(\xi)\dot{\xi}(\boldsymbol{x}) \tag{6.55}$$

控制参数随着系统的运动状态进行在线优化。

6.4.2　USV 航向控制试验数据分析

通过不同海况下 USV 系统的自主航行试验验证所提控制算法的鲁棒性。自主航行是指 USV 系统按照预设轨迹航行的试验。图 6.16 和图 6.17 为零级海况 USV 自主航行航向曲线及其控制参数调整曲线，其中虚线为期望航向轨迹曲线，实线为系统实际航向曲线。从图 6.16 运行结果可知：系统航向控制无超调、调节时间短，动态性能良好，航向实际运行轨迹能够快速准确地跟随所预设的轨迹。图 6.18 为恶劣海况 USV 自主航行航向曲线，USV 的纵向速度运行曲线并不平稳，但系统航向控制能够准确地跟随预设轨迹且控制性能良好，基于误差与纵向速度在线调整的航向控制具有较强的鲁棒性与抗干扰能力。图 6.17 与图 6.19 为试验

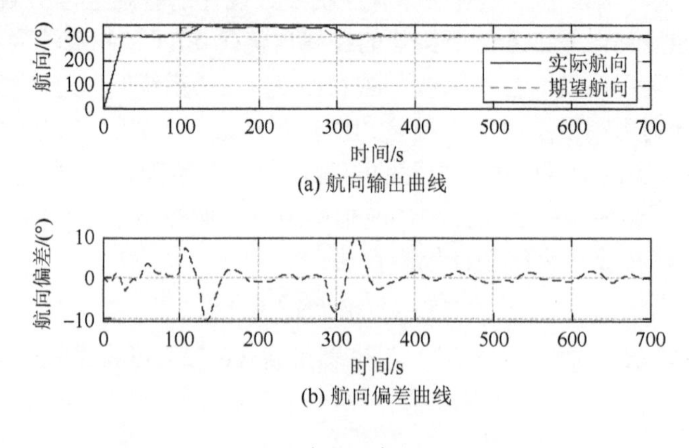

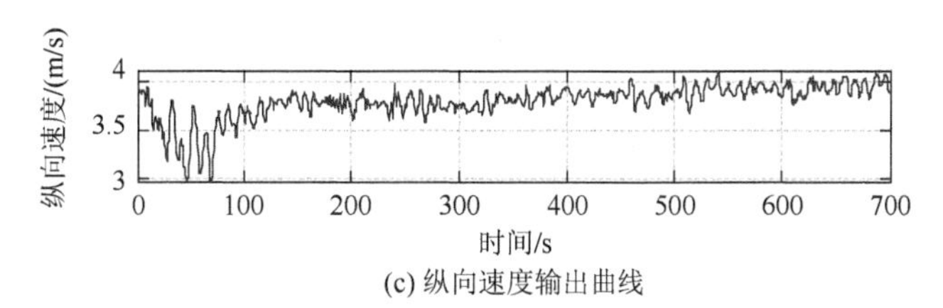

(c) 纵向速度输出曲线

图 6.16 零级海况 USV 自主航行航向曲线

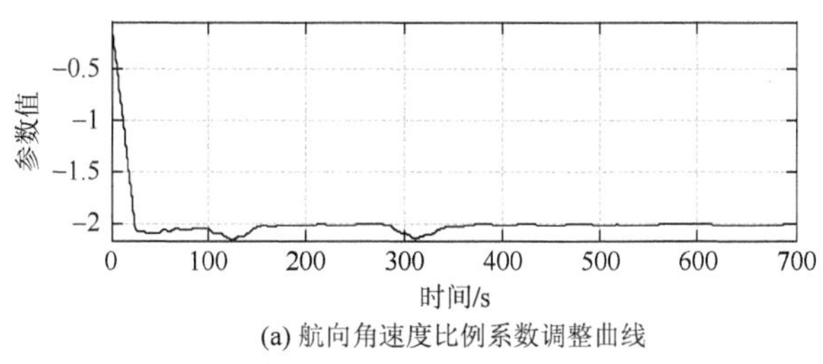

(a) 航向角速度比例系数调整曲线

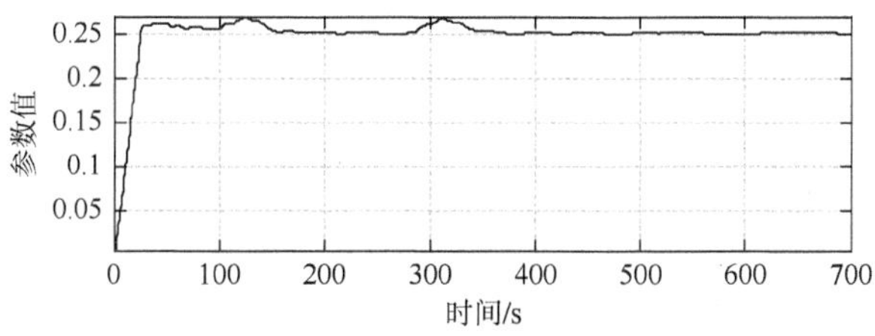

(b) 航向比例系数调整曲线

图 6.17 零级海况 USV 自主航行航向控制参数调整曲线

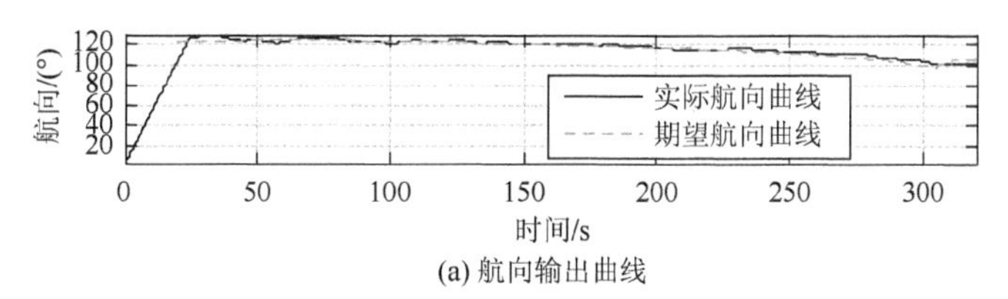

(a) 航向输出曲线

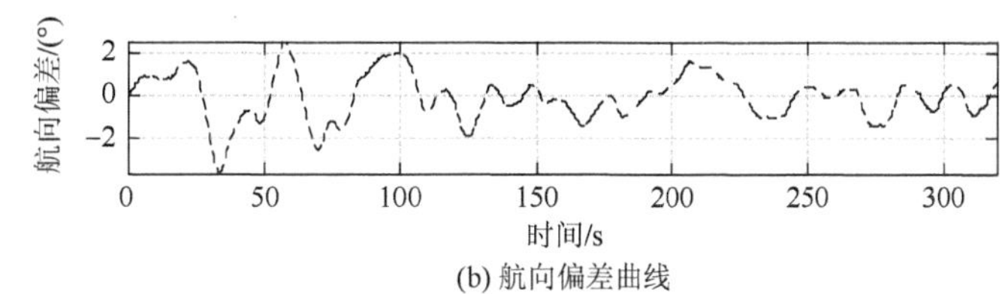

(b) 航向偏差曲线

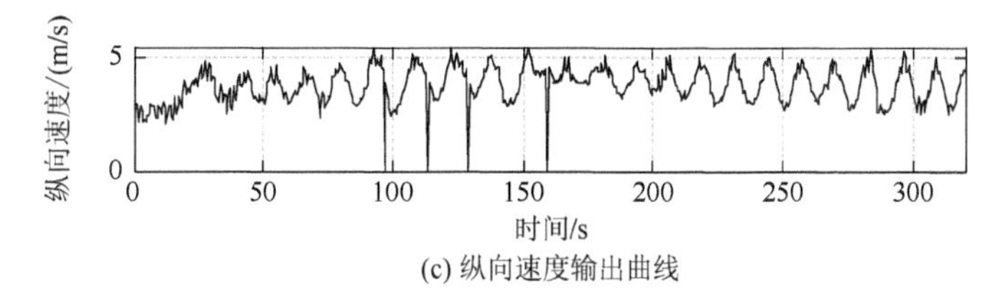

(c) 纵向速度输出曲线

图 6.18 恶劣海况 USV 自主航行航向曲线

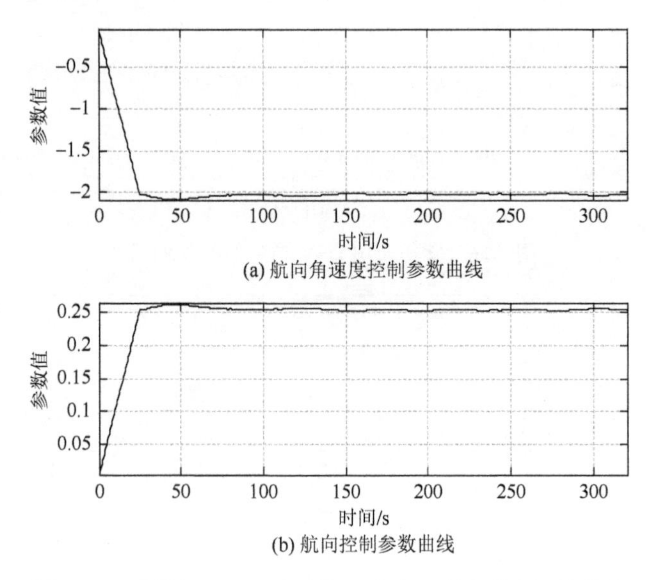

(a) 航向角速度控制参数曲线

(b) 航向控制参数曲线

图 6.19　恶劣海况 USV 自主航行航向控制参数自调整曲线

过程中系统航向控制参数在线调整曲线，所构建的控制参数能够根据系统状态误差与系统纵向速度而在线调整控制参数，提高 USV 系统对外界的抗干扰能力。

由图 6.20 可知 PID 控制下的航向控制品质不理想，主要体现为超调量大、调节时间长等。USV 系统无法快速跟随预设轨迹，且系统运行过程中曲线振幅为 6° 左右，抗干扰能力差。统航向不同，抗干扰能力有较大差别。

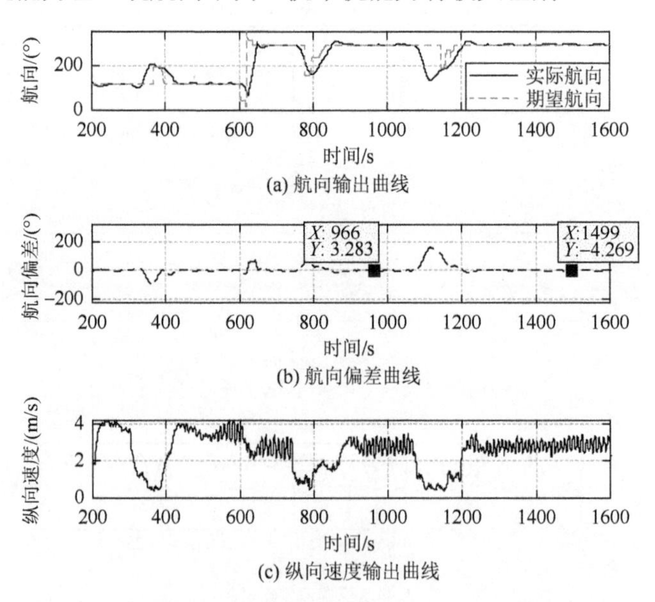

(a) 航向输出曲线

(b) 航向偏差曲线

(c) 纵向速度输出曲线

图 6.20　基于 PID 航向控制的 USV 自主航行航向曲线

系统自主航行时，航向不同所受的外界干扰不同，系统在不同航向上所受海洋干扰或为逆流或为顺流或为侧流。系统控制参数根据系统状态误差而自动调整。

不同海况下的自主航向试验表明，USV 系统航向轨迹与预设航向轨迹紧紧拟合，从而证明在线自优化 PID 控制算法在不同航向下均表现出较强的抗干扰能力和鲁棒性。

6.5 基于动态反馈控制的 USV 深度控制海洋试验数据分析

不同海况下的深度控制试验表明，基于状态误差与纵向速度调整的动态状态反馈法具有很好的动静态控制性能和较强的抗干扰能力，且所设计的控制参数具有较强的自适应调节能力。

图 6.21 为零级海况下深度与纵向速度控制输出曲线，控制曲线表明深度控制调节时间短、无超调、无静差，且其受纵向速度变化的影响较小，无振荡。为了检验 USV 深度控制的抗干扰能力，在海况较恶劣的情况下安排了自主航行试验，在试验中安排了目标深度为 2m 与 3m 的试验，深度与纵向速度控制输出曲线如图 6.22 所示。深度控制曲线表明所设的控制算法具有很强的抗干扰能力和鲁棒性。在纵向速度控制不平稳与外界干扰能力强的状况下，系统深度控制都能保持良好的控制性能。图 6.23 为 PID 控制 USV 海洋试验深度与纵向速度输出曲线。PID 控制的深度输出曲线具有较大幅度的振荡且受纵向速度变化的影响较大。

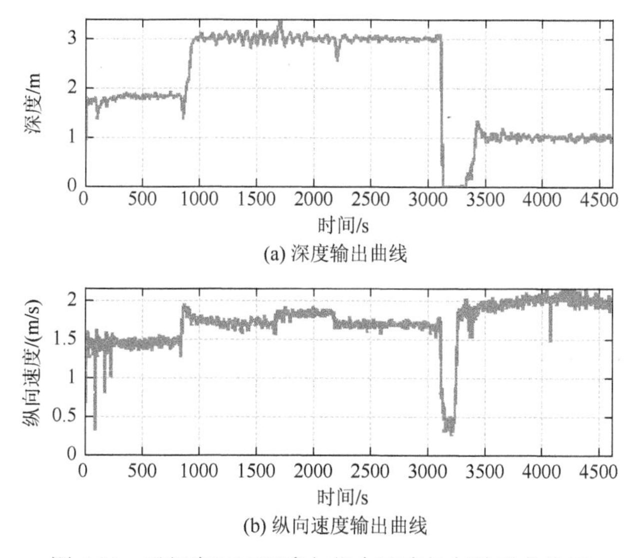

图 6.21 零级海况下深度与纵向速度控制输出曲线图

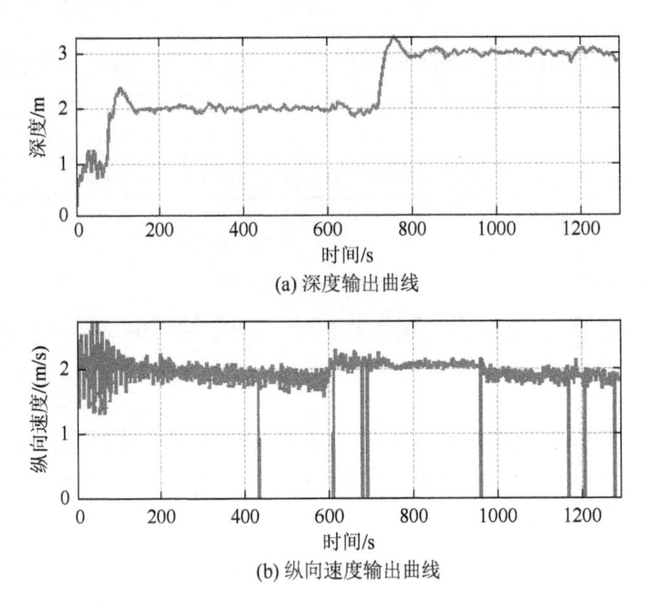

(a) 深度输出曲线

(b) 纵向速度输出曲线

图 6.22　恶劣海况下深度与纵向速度控制输出曲线

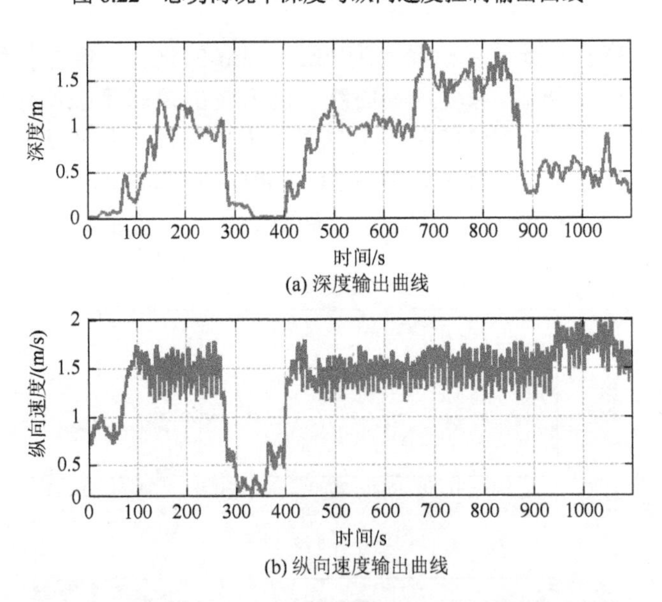

(a) 深度输出曲线

(b) 纵向速度输出曲线

图 6.23　PID 控制 USV 海洋试验深度与纵向速度输出曲线

通过对 PID 控制参数的优化与改进，本节提出了采用自调整 PID 对 USV 系统航向进行控制的设计思路，试验表明系统航向对外界环境的干扰具有较强的鲁棒性，在不同海况下 USV 系统均能够快速准确地跟随预设的航向运动轨迹。不同海况试验表明，基于动态反馈的深度控制具有良好的动态性能与抗干扰能力，解决了 PID 控制中出现的振幅过大与动态性能差等问题。

6.6 本章小结

本章针对 USV 系统在不同外界环境下的运动控制性能，采用多种控制策略以提高系统的抗干扰能力与控制性能。

在海洋试验过程中，针对 PID 控制算法在 USV 航向控制中出现的偏差大、调节时间长等问题，采用 PID 控制参数优化法，根据系统运动状态误差变化率调整系统 PID 控制参数。针对 PID 控制算法在深度控制中出现深度曲线较大幅度的振荡问题与受纵向速度影响较大问题，提出采用动态反馈法，通过深度误差变化率与纵向速度共同调整系统的反馈控制参数以解决 PID 控制算法中出现的问题。

在湖泊试验过程中，根据所辨识的模型参数设计了基于模型的控制算法。航向控制与深度控制分别采用了动态状态反馈法与滑模控制法，控制参数的设置则根据临时模型参数值进行切换、筛选、获取。以所获取的最佳模型控制参数为基准，针对系统表现出的控制性能再次调整控制参数，直至运动控制性能达到预期的性能指标要求。

参 考 文 献

[1] Miao R L，Dong Z P，Wan L，et al. Heading control system design for a micro-USV based on an adaptive expert S-PID algorithm[J]. Polish Maritime Research，2018，25（2）：6-13.

[2] Fossen T I. Guidance and Control of Ocean Vehicles [M]. London：John Wiley & Sons Ltd，1994.

[3] Fossen T I. Handbook of Marine Craft Hydrodynamics and Motion Control[M]. New York：John Wiley & Sons Ltd，2011.

[4] 李晔，刘建成，徐玉如，等. 带翼水下机器人运动控制的动力学建模[J]. 机器人，2005，27（2）：128-131.

[5] 袁伟杰，刘贵杰，朱绍锋. 基于遗传算法的自治水下机器人水动力参数辨识方法[J]. 机械工程学报，2010，46（11）：96-100.

[6] Marco D B，Martins A，Healey A J. Surge motion parameter identification for NPS phoenix AUV[C]. International Advanced Robotics Program，IARP'98，Lafayette，1998.

[7] de Barros E A，Pascoal A，de Sa E. Investigation of a method for predicting AUV derivatives[J]. Ocean Engineering，2008，35（16）：1627-1636.

[8] Peng Y，Han J. Tracking control of unmanned trimaran surface vehicle：Using adaptive unscented Kalman filter to estimate the uncertain parameters[C]. 2008 IEEE International Conference on Robotics，Automation and Mechatronics，RAM，Piscataway，2008：901-906.

[9] 潘天红，薛振框，李少远. 基于减法聚类的多模型在线辨识算法[J]. 自动化学报，2009，35（2）：220-224.

[10] 段朝阳，张艳，邵雷，等. 基于多模型在线辨识的滑模变结构控制[J]. 上海交通大学学报，2011，45（3）：403-407.

[11] 张铭钧，胡明茂，徐建安. 基于稳态自适应技术的水下机器人系统在线辨识[J]. 系统仿真学报，2008，20（18）：5006-5014.

[12] 金鸿章，高妍南，周生彬. 基于能量优化的海洋机器人航向与横摇自适应终端滑模综合控制[J]. 机械工程学报，2011，47（15）：37-43.

[13] Smallwood D A. Advances in dynamical modeling and control for underwater robotic vehicles[D]. Baltimore：The Johns Hopkins University，2003.

[14] Marani G，Choi S K，Yuh J. Real-time center of buoyancy identification for optimal hovering in autonomous underwater intervention[J]. Intelligent Service Robotics，2010，3（3）：175-182.

[15] Petrich J，Stilwell D J. Model simplification for AUV pitch-axis control design[J]. Ocean Engineering，2010，37（7）：638-651.

[16] 于志刚，沈永良，李桂英. 基于在线优化的线性系统状态反馈鲁棒镇定[J]. 控制与决策，2011，26（1）：75-79.

[17] 段纳，王璐，赵丛然. 一类具有积分输入到状态稳定未建模动态的高阶非线性系统的状态反馈调节[J]. 控制理论与应用，2011，28（5）：639-644.

[18] 蒋新松，封锡盛. 王棣堂. 水下机器人[M]. 沈阳：辽宁科学技术出版社，2000.

[19] 李鹏波，胡德文. 系统辨识基础[M]. 北京：中国水利水电出版社，2006.

[20] 周彤. 面向控制的系统辨识导论[M]. 北京：清华大学出版社，2004.

[21] Hassan K K. 非线性系统[M]. 3 版. 朱义胜，董辉，李作洲，等，译. 北京：电子工业出版社，2005.

[22] 林相泽，邹云. 线性切换系统的积分不变性原理[J]. 自动化学报，2011，37（2）：196-204.

[23] Koo M S，Choi H L，Lim J T. Universal control of nonlinear systems with unknown nonlinearity and growth rate by adaptive output feedback[J]. Automatica，2011，47（10）：2211-2217.

[24] Liberzon D. Switching in Systems and Control[M]. Boston：Birkhauser，2003.

[25] Zhang Y，Kang C. The study of degaussing technology for underwater vehicle[J]. Applied Mechanics and Materials，2013，378：455-458.

[26] Brown H C，Jenkins L K，Meadows G A. BathyBoat：An autonomous surface vessel for stand-alone survey and underwater vehicle network supervision [J]. Marine Technology Society Journal，2010，44（4）：20-29.

[27] Caccia M，Bibidi M，Bono R. Unmanned surface vehicle for coastal and protected waters applications：The charlie project [J]. Marine Technology Society Journal，2007，41（2）：62-71.

[28] Alleman P，Kleiner A，Steed C. Development of a new unmanned semi-submersible（USS）vehicle[C]. Oceans 2009 Conference，Biloxi，2009：2416-2421.

[29] 冀大雄，任申真，胡志强. 弱通信条件下 USV 对 AUV 的自主跟踪控制研究[J]. 科学通报，2013，58（增刊）：49-54.

[30] 沈建森，周徐昌，高璇. 远程 AUV 近水面运动纵向模糊滑模控制[J]. 鱼雷技术，2011，19（5）：360-364.

[31] 严浙平，李聪聪，张宏瀚，等. 基于海浪干扰滤波器的 UUV 近水面深度控制[J]. 船舶工程，2013，35（4）：71-74.

[32] 胡坤，张孝芳，刘常波. 基于遗传算法的无人水下航行器深度自抗扰控制[J]. 兵工学报，2013，34（2）：217-222.

[33] Wu N L，Wang X Y，Ge T，et al. Parametric identification and structure searching for underwater vehicle model using symbolic regression[J]. Journal of Marine Science and Technology，2017，22（1）：51-60.

[34] Wang S，Shi B，Li Y，et al. A large eddy simulation of flows around an underwater vehicle model using an immersed boundary method[J]. Theoretical and Applied Mechanics Letters，2016，6（6）：302-305.

[35] Joe H，Kim M，Yu S. Second-order sliding-mode controller for autonomous underwater vehicle in the presence of unknown disturbances[J]. Nonlinear Dynamics，2014，78（1）：183-196.

[36] Bertozzi C，Ippoliti G，Longhi S，et al. Multiple models control of a remotely operated vehicle：Analysis of models structure and complexity[C]. IFAC Conference on Control Applications in Marine Systems 2001，Glasgow，2001：437-444.

[37] Xiao M. Modeling and adaptive sliding mode control of the catastrophic course of a high-speed underwater vehicle[J]. International Journal of Automation and Computing，2013，10（3）：210-216.

[38] Silvestre C，Pascoal A. Depth control of the INFANTE AUV using gain-scheduled reduced order output feedback [J]. Control Engineering Practice，2007，15（7）：883-895.

[39] Bessa W M，Dutra M S，Kreuzer E. Depth control of remotely operated underwater vehicles using an adaptive fuzzy sliding mode controller[J]. Robotics and Autonomous Systems，2008，56（8）：670-677.

[40] Zhou H Y，Liu K Z，Feng X S. State feedback sliding mode control without chattering by constructing Hurwitz matrix for AUV movement [J]. International Journal of Automation and Computing，2011，8（2）：262-268.

[41] 丁峰. 系统辨识新论[M]. 北京：科学出版社，2013.

[42] Vu L，Liberzon D. Common Lyapunov functions for families of commuting nonlinear systems[J]. System and Control Letters，2005，54（5）：405-416.

[43] 翟军勇. 基于多模型切换的智能控制研究[D]. 南京：东南大学，2006.

[44] 胡跃明. 变结构控制理论与应用[M]. 北京：科学出版社，2003：39-54.

[45] Roberts G N. Trends in marine control systems[J]. Annual Reviews in Control，2008，32（2）：263-269.

[46] Yang I，Kim Y J，Lee D. Actuator failure diagnosis and accommodation using sliding mode control for submersible vehicle[J]. Journal of Institute of Control，Robotics and Systems，2010，16（7）：661-667.

[47] Wu G，Zou J，Wan L. Design of the basic motion control system for water-jet-propelled unmanned surface vehicle[J]. Control Theory & Applications，2010，27（2）：257-262.

[48] 袁雷，吴汉松. 船舶航向控制的多滑模鲁棒自适应设计[J]. 控制理论与应用，2010，27（12）：1618-1622.

[49] Qiao L，Zhang W D. Adaptive non-singular integral terminal sliding mode tracking control for autonomous underwater vehicles[J]. IET Control Theory & Applications，2017，11（8）：1293-306.

[50] Moreira L，Soares C G. H_2 and H_∞ designs for diving and course control of an autonomous underwater vehicle in presence of waves[J]. IEEE Journal of Oceanic Engineering，2008，33（2）：69-88.

[51] Miskovic N，Bibuli M，Bruzzone G，et al. Heading control design based on self-oscillation identification method applied to Charlie USV[C]. 2008 IEEE/RSJ International Conference on Intelligent Robots and Systems，IROS，Nice，2008：4193.

[52] 刘和平，龚振邦，李敏，等. 水下机器人浪涌中横摇角的模糊滑模控制[J]. 武汉理工大学学报，2009，31（14）：122-125，133.

[53] Lu H C，Chang J C，Yeh M F. Design and analysis of direct-action CMAC PID controller[J]. Neurocomputing，2007，70（16-18）：2615-2625.

[54] Ali A，Majhi S. PID controller tuning for integrating processes[J]. ISA Transactions，2010，49（1）：70-78.

[55] Li X H，Yu H B，Yuan M Z，et al. Design of robust optimal proportional-integral-derivative controller based on new interval polynomial stability criterion and Lyapunov theorem in the multiple parameters' perturbations circumstance[J]. IET Control Theory and Applications，2010，4（11）：2427-2440.

[56] Kim J S，Kim J H，Park J M，et al. Auto tuning PID controller based on improved genetic algorithm for reverse osmosis plant[C]. World Academy of Science，Engineering and Technology，Sydney，2008：384-389.

[57] Vanzwieten T S. Dynamic simulation and control of an autonomous surface vehicle[D]. Boca Raton：Florida Atlantic University，2003.

[58] Das S，Pan I，Gupta A，et al. A novel fractional order fuzzy PID controller and its optimal time domain tuning based on integral performance indices[J]. Engineering Applications of Artificial Intelligence，2012，25（2）：430-442.

[59] Caccia M，Bibuli M，Bono R. Basic navigation，guidance and control of an unmanned surface vehicle[J].

Autonomous Robots，2008，25（4）：349-365.

[60] Yan R J，Pang S，Sun H B，et al. Development and missions of unmanned surface vehicle[J]. Journal of Marine Science and Application，2010，9（4）：451-457.

[61] Park J H，Shim H W，Jun B H，et al. A model estimation and multi-variable control of an unmanned surface vehicle with two fixed thrusters[C]. Oceans 2010 IEEE-Sydney，Sydney，2010：1-5.

[62] Peng Y，Huang Q J，He Y Q，et al. Active modeling based course control of unmanned surface vehicles[J]. ICIC Express Letters，2009，3（3B）：579-584.

7 基于多模型优化切换的 AUV 外场试验

UV 系统是一种复杂的非线性耦合系统，且外界环境干扰较难描述，这增加了 AUV 系统运动控制策略设计的难度[1, 2]。本章主要针对 AUV 系统湖泊试验过程中出现的控制品质差、耦合项间的相互干扰问题进行研究，根据 AUV 系统深度控制特点提出基于多模型切换的动态滑模控制法，根据 AUV 航向运动控制特点提出动态状态反馈控制法，解决相关问题。

本书主要解决 PID 控制策略在 AUV 湖泊试验过程中出现的深度控制问题[3]：①动态控制品质达不到预期控制要求，主要体现在调节时间长、超调量大；②耦合状态项间相互影响，深度控制易受系统航向与纵向速度变化影响，主要体现在当系统航向或纵向速度发生变化时，易导致深度曲线及其控制执行结构——水平舵产生抖动。为了解决以上问题，本书提出了基于滑模面渐衰的多模型动态滑模控制法。

针对 AUV 系统的非线性、交叉耦合性以及复杂动态环境干扰问题，涌现了多种提高 AUV 系统抗干扰能力与鲁棒性的控制策略，如滑模控制法[4-8]、基于状态反馈的镇定控制法[8-10]、自适应 S 面控制法[11, 12]、多模型控制法[13-16]等。多模型控制法根据被控对象不同运动阶段的特点，设置多个不同运动阶段的动力学子模型以逼近被控对象的全局动力学模型描述，根据各子模型特点设计相应的控制策略，构建控制器集，通过子模型控制器间的稳定切换达到 AUV 系统快速响应外界控制需求的目的[17, 18]。由于 UMV 系统运动控制模型复杂，且运动控制精度要求高，多模型控制已经成为 UMV 运动控制研究的热点[19-22]。

多模型控制策略具有综合多种控制算法优势的特点，通过多模型切换策略快速响应外界控制需求，最终达到提高系统控制品质要求的目的[23]。针对复杂环境下 AUV 系统的运动控制特点，Aguiar 等构建了多模型控制技术，解决了多模型间的平滑转换问题，实现了系统的全局稳定性[24]，解决了欠驱动 AUV 定深、定向、回转等运动控制和路径跟踪问题[25]。Cavalletti 等[26]针对 ROV 系统运载模式不同，采用基于神经网络的切换控制策略，通过仿真验证了切换系统的鲁棒性。

文献[27]采用基于频段模型切换的多控制器法，通过仿真验证了此控制算法在 4 种不同海况下所具有的良好定位控制性能。文献[28]延拓了多模型控制法中的相关理论，提出了在线选取最佳控制策略的控制库法，采用基于能量函数的直接切换法，实现了控制策略的稳定转换，数字仿真证明了控制库在多控制模式下的控制优势。文献[29]通过对船舶航向模型的研究设置了多个航向控制子模型，根据这些模型设置了 PID 控制库，采用基于系统纵向速度、外界环境的直接切换法选取控制策略，由于采用的是直接切换法，从系统输出曲线可以看出，系统在切换瞬间运动状态有较大的抖动。文献[30]通过船舶试验证明了采用 PID 控制、滑模控制两种控制策略相对一种控制策略具有更强的鲁棒性。基于多模型切换的多控制策略研究简化了控制策略设计的难度，针对不同控制模式设置不同控制策略，提高了系统运动控制的性能。

本书根据 AUV 系统的运动控制特点提出了非完全同态多模型概念。为了较精确地描述 AUV 系统垂直面不同控制任务下的运动控制特点，根据各特点设置了含有不同维状态空间的多模型控制法。由于所构建的各子模型状态空间不完全一致，本章在已有切换控制理论的基础上，提出非完全同态多模型切换策略的概念，并根据所研究 AUV 系统运动控制的特点推导了相关推论与设计思路，以平缓切换过程控制执行机构以及状态变量的抖动。

本章所研究控制算法已通过 AUV 湖泊试验验证。试验证明所提非完全同态多模型切换策略实现了在不同运动控制模式下的平滑转换，削弱了各耦合状态间的相互影响，削弱了模型切换过程的抖动，提高了 AUV 系统的运动控制品质。

7.1 非完全同态动态滑模控制在 AUV 深度控制中的研究

由于 AUV 系统运动控制模型是根据任务要求而设置的，各子模型状态空间并不完全相同。传统多模型切换系统的研究多集中于状态空间一致的研究[31, 32]，而对于状态空间不一致的多模型切换问题的研究较少。Xia 等[33]和 Wang 等[34]提出了用状态空间缩放法将子系统统一到相同维数下，对非同维线性多模型切换系统的稳定问题进行研究。状态空间缩放法将所有子系统统一在最高维数下进行讨论，这将增加切换策略的复杂性，给切换系统稳定性验证带来一定难度。由于各子模型描述的是同一系统，对应模型设置的控制策略间必然有一定的联系，且模型切换过程出现的抖动问题主要是控制器输入的突然变化而引起的，应当通过对切换控制策略的研究从本质上消除抖动。

自主水下机器人垂直面运动控制数学模型具有耦合性强、深度与纵倾角需同时控制等特点，系统垂直面难以控制，而人们对 AUV 运动控制精度要求越来越高，一般控制算法较难实现期望的控制品质要求，据此本章提出了一种改进的多模型控制法，通过多次湖泊试验证明本章所提控制算法可以较好地提高 AUV 系统运动控制品质。所提基于状态变量增减的垂直面控制策略的控制优势如下。

（1）根据 AUV 系统垂直面与水平面运动模型的特点，将 AUV 系统垂直面运动模型分解为深度控制模型与纵倾角控制模型，将水平面分解为三阶与二阶航向控制模型，以构建多模型控制中的模型集。

（2）根据多模型切换前后，各子模型状态变量空间维数发生变化的问题，提出状态变量增减的多模型切换的概念。

（3）为了避免切换前后系统运动轨迹出现抖动，基于切换系统稳定判据共同 Lyapunov 函数法，提出了加权多模型切换控制策略以平稳切换过程的抖动。

7.1.1 湖泊试验中 AUV 垂直面运动模型

AUV 系统垂直面运动模型是由垂向力方程、纵倾力矩方程以及从运动坐标系到固定坐标系间的转换方程等组成。本书根据所研究 AUV 系统的特点并参考文献[35]～[37]，设置以下三个假设条件以简化垂直面控制模型。

（1）纵向速度 u 变化平缓；

（2）纵倾角变化范围为 $\theta \in \left(-\dfrac{\pi}{6},\dfrac{\pi}{6}\right)$，故 $\sin(\theta) \approx \theta$；

（3）垂向速度 w 很小或可忽略不计。

若 AUV 系统湖泊试验过程中所采用垂直面运动满足假设条件（1）～（3），其深度控制子模型可设置为

$$\begin{cases}\dot{z} = -u\theta \\ (I_y - M_{\dot{q}})\dot{q} = M_q uq - hG\theta + M_\delta u^2 \delta_s \\ \dot{\theta} = q\end{cases} \tag{7.1}$$

为了避免 AUV 系统纵倾角过大，采用纵倾角控制子模型为[38, 39]

$$\begin{cases}\dot{\theta} = q \\ (I_y - M_{\dot{q}})\dot{q} = M_q uq - hG\theta + M_\delta u^2 \delta_s\end{cases} \tag{7.2}$$

垂直面所含各状态变量描述为：z 为垂向轴位移即系统下潜深度（m）；θ 为纵倾角（rad）；u 为纵向速度（m/s）；q 为纵倾角速度（rad/s）；δ_s 为水平舵转动的舵角（rad），以驱动 AUV 系统垂向运动；h 为载体的稳心高，G 为载体自身的质量，$hG \approx z_G W - z_B B$ 为系统入水后所受的静力矩。其他未描述符号为水动力参数，具体含义请参见文献[36]和[37]。

本书所研究被控对象 AUV 系统纵倾角约束范围为 $(-0.44\text{rad}, 0.44\text{rad})$，满足假设条件（2）。根据所研究 AUV 系统深度控制执行机构分布特点，知满足假设

条件（3），故所构建的 AUV 系统垂直面模型集由模型（7.1）与模型（7.2）两子模型构成。

7.1.2 基于状态变量增减的多模型切换策略

根据所研究 AUV 系统垂直面运动控制的特点，本章主要针对模型（7.1）与模型（7.2）进行研究，两模型间的切换为状态变量增减的非完全同态多模型切换。

标注：①参数的下标i、j为与模型集中所含的第i个或第j个子模型相关的参数；②同态是指切换前后各子系统具有完全相同的状态变量。

1. 非完全同态多模型切换策略的相关定义

设非完全同态多模型切换系统描述形式为

$$\begin{cases} M_i: \ \dot{\boldsymbol{x}}_i = f_i(\boldsymbol{x}_i) + g_i(\boldsymbol{x}_i)\delta_i \\ M_j: \ \dot{\boldsymbol{x}}_j = f_j(\boldsymbol{x}_j) + g_j(\boldsymbol{x}_j)\delta_j \end{cases} \tag{7.3}$$

模型切换顺序从子模型M_i切换到M_j记作$M_i \to M_j$（其中$\to$表示切换的方向），切换后系统状态空间发生变化，由状态向量$\boldsymbol{x}_i$切换到状态向量$\boldsymbol{x}_j$，$\boldsymbol{x}_i$与$\boldsymbol{x}_j$为列向量，其元素由各子模型状态变量组成，即系统从某一子模型切换到另一子模型后系统的状态向量；$f_j(\boldsymbol{x}_j)$与$f_i(\boldsymbol{x}_i)$分别为描述两子模型的数学表达式；$g_i(\boldsymbol{x}_i)$与$g_j(\boldsymbol{x}_j)$为两子模型状态空间表达式中的输入矩阵；δ_i与δ_j分别为子模型M_i与M_j控制执行机构的输出量，例如，垂直面的控制执行机构为水平舵，其输出量为水平舵舵角，为标量。

定义 7.1 多模型控制策略根据系统运动状态所构建的各子模型的阶次（维数）或状态变量不完全相同称为非完全同态多模型切换系统。例如，状态空间表达式（7.4）描述了水下机器人垂直面运动控制模型集。

$$\begin{cases} M_z\text{:} \ \begin{bmatrix} \dot{z} \\ \dot{\theta} \\ \dot{q} \end{bmatrix} = \boldsymbol{A}_z \begin{bmatrix} z \\ \theta \\ q \end{bmatrix} + \begin{bmatrix} 0 \\ 0 \\ b \end{bmatrix} \delta_s \\ M_\theta\text{:} \ \begin{bmatrix} \dot{\theta} \\ \dot{q} \end{bmatrix} = \boldsymbol{A}_\theta \begin{bmatrix} \theta \\ q \end{bmatrix} + \begin{bmatrix} 0 \\ b \end{bmatrix} \delta_s \end{cases} \tag{7.4}$$

运动子模型M_z（深度控制模型）与子模型M_θ（纵倾角控制模型）中，$\boldsymbol{A}_z$（3×3维方阵）与$\boldsymbol{A}_\theta$（2×2维方阵）为两子模型的系统矩阵或系统模型参数，为方阵；b是模型参数，为标量；δ_s为 AUV 系统水平舵舵角的输出量（rad）。

定义 7.2 当系统由模型M_i切换到模型M_j后，若系统的状态变量$\boldsymbol{x}_i$包含于

状态向量空间 $\boldsymbol{x}_j$ 即 $\boldsymbol{x}_i \subset \boldsymbol{x}_j$，也就是切换后的状态空间在原状态空间基础上增加，则称为状态变量增加的非完全同态多模型切换，如式（7.4）由 M_θ 切换为 M_z。状态变量增加的多模型逆向切换即切换后的状态空间在原状态空间基础上缩减，则称为状态变量减少的非完全同态多模型切换，如式（7.4）由 M_z 切换为 M_θ。

（1）状态变量减少的非完全同态多模型切换系统描述形式。设切换前子模型 $M_{i\mathrm{D}}$ 状态空间表达式为

$$M_{i\mathrm{D}}:\ \dot{\boldsymbol{x}}_i = \begin{bmatrix} \boldsymbol{A}_{11} & \boldsymbol{A}_{12} \\ \boldsymbol{A}_{21} & \boldsymbol{A}_{22} \end{bmatrix} \begin{bmatrix} \tilde{\boldsymbol{x}}_i \\ \boldsymbol{x}_j \end{bmatrix} + \begin{bmatrix} \boldsymbol{B}_i \\ \boldsymbol{B}_j \end{bmatrix} \delta_i \tag{7.5}$$

其对应控制律为

$$\delta_i = \boldsymbol{k}_i \tilde{\boldsymbol{x}}_i + \boldsymbol{k}_{ij} \boldsymbol{x}_j \tag{7.6}$$

式中，下标 D 为英文 Decrease 的首字母；$\boldsymbol{A}_{**}$ 为子模型状态方程所含系统矩阵的各子矩阵，由系统模型参数与耦合状态量组成；$\boldsymbol{B}_*$ 为状态空间表达式输入矩阵，为列向量形式；δ_i 为模型 $M_{i\mathrm{D}}$ 的控制律；$\boldsymbol{k}_*$ 与 $\boldsymbol{k}_{**}$ 为各子系统控制策略对应的控制参数（下同）。

设切换后系统子模型 $M_{j\mathrm{D}}$ 为

$$M_{j\mathrm{D}}:\ \dot{\boldsymbol{x}}_j = \boldsymbol{A}_j \boldsymbol{x}_j + \boldsymbol{B}_j \delta_j \tag{7.7}$$

由于状态向量 $\tilde{\boldsymbol{x}}_i$ 消失，子模型 $M_{j\mathrm{D}}$ 的控制律为

$$\delta_j = \boldsymbol{k}_j \boldsymbol{x}_j \tag{7.8}$$

（2）状态变量增加的非完全同态多模型切换系统描述形式。设切换前模型 $M_{i\mathrm{I}}$ 为

$$M_{i\mathrm{I}}:\ \dot{\boldsymbol{x}}_i = \boldsymbol{A}_i \boldsymbol{x}_i + \boldsymbol{B}_i \delta_i \tag{7.9}$$

式中，I 为 Increase 的首字母，切换后的模型 $M_{j\mathrm{I}}$ 为

$$M_{j\mathrm{I}}:\ \dot{\boldsymbol{x}}_j = \begin{bmatrix} \boldsymbol{A}_{11} & \boldsymbol{A}_{12} \\ \boldsymbol{A}_{21} & \boldsymbol{A}_{22} \end{bmatrix} \begin{bmatrix} \boldsymbol{x}_i \\ \tilde{\boldsymbol{x}}_j \end{bmatrix} + \begin{bmatrix} \boldsymbol{B}_i \\ \boldsymbol{B}_j \end{bmatrix} \delta_j \tag{7.10}$$

其中，$\tilde{\boldsymbol{x}}_j$ 为模型切换后新增状态变量。

子系统（7.9）的控制律为

$$\delta_i = \boldsymbol{k}_i \boldsymbol{x}_i \tag{7.11}$$

设子系统 $M_{i\mathrm{I}}$ 在控制律（7.11）作用下稳定。

子系统（7.10）的控制律为

$$\delta_j = \boldsymbol{k}_{ji} \boldsymbol{x}_i + \boldsymbol{k}_j \tilde{\boldsymbol{x}}_j \tag{7.12}$$

模型 $M_{j\mathrm{I}}$ 在控制律（7.12）作用下稳定。

本章所有状态方程的系统矩阵均为方阵，维数为状态变量的个数。以状态变

量减少的非完全同态多模型切换前后的子系统为例进行说明，设 $\tilde{\boldsymbol{x}}_i$ 为 $m\times1$ 维列向量，$\boldsymbol{x}_j$ 为 $r\times1$ 维列向量，则其系统矩阵为 $(m+r)\times(m+r)$ 维方阵，其中 $\boldsymbol{A}_{11}$ 为 $m\times m$ 维方阵，$\boldsymbol{A}_{22}$ 为 $r\times r$ 维方阵，而 $\boldsymbol{A}_{12}$ 与 $\boldsymbol{A}_{21}$ 分别为 $m\times r$ 与 $r\times m$ 维矩阵。输入矩阵为 $(m+r)\times1$ 维列矩阵，$\boldsymbol{B}_i$ 为 $m\times1$ 维列向量，$\boldsymbol{B}_j$ 为 $r\times1$ 维列向量，输入 δ_i 为单输入系统。

2. 状态变量增减的非完全同态多模型切换策略

本节依据多模型稳定切换的相关定义对状态变量增减的非完全同态多模型稳定切换策略进行研究。

定义 7.3[40] 多模型切换过程中，若其输出信号连续无抖动，则称切换控制输出信号平稳。

定义 7.4[40] 若切换系统所含状态量在切换过程中无抖动且在预设范围内连续平滑运行，则称切换系统稳定。若切换过程中，各状态量在预设范围内逐渐趋于某一定值，则称切换系统渐近稳定。

共同 Lyapunov 函数稳定判据[41]：对于切换系统（7.3）如果存在同一 Lyapunov 函数 $V(\boldsymbol{x})>0$，且所有切换子模型满足：

$$\frac{\partial V(\boldsymbol{x})}{\partial \boldsymbol{x}} f_l(\boldsymbol{x}) \leqslant 0(\text{或}<0), \quad \forall l \in \{i,j\} \tag{7.13}$$

那么切换过程渐近稳定，如果 $V(\boldsymbol{x})$ 是径向无界的，则结果是全局的。

推论 7.1 （状态变量减少的非完全同态多模型切换系统共同 Lyapunov 函数判据）状态变量减少的非完全同态多模型切换系统，由子系统 $M_{i\text{D}}$ 切换为子系统 $M_{j\text{D}}$（$M_{i\text{D}} \mapsto M_{j\text{D}}$）过程中，若各子系统在其对应控制律作用下，满足如下两个条件：

（1）存在正定矩阵 $\boldsymbol{P}_i=\begin{bmatrix}\boldsymbol{P}_{11} & \boldsymbol{P}_{12}\\ \boldsymbol{P}_{12}^{\text{T}} & \boldsymbol{P}_{22}\end{bmatrix}$ 与正定矩阵 $\boldsymbol{Q}$，满足 $V_i=\boldsymbol{x}_i^{\text{T}}\boldsymbol{P}_{22}\boldsymbol{x}_i>0$ 且 $\dot{V}_i=-\boldsymbol{x}^{\text{T}}\boldsymbol{Q}\boldsymbol{x}$；

（2）正定函数 $V_j=\boldsymbol{x}_j^{\text{T}}\boldsymbol{P}_{22}\boldsymbol{x}_j>0$，满足 $\dot{V}_j<0$。

则子系统 $M_{i\text{D}}$ 与子系统 $M_{j\text{D}}$ 具有共同 Lyapunov 函数 V_j。

证明 由条件（1）知：

$$\begin{aligned} V_i &= \boldsymbol{x}_i^{\text{T}}\boldsymbol{P}_i\boldsymbol{x}_i = [\tilde{\boldsymbol{x}}_i \quad \boldsymbol{x}_j]^{\text{T}}\begin{bmatrix}\boldsymbol{P}_{11} & \boldsymbol{P}_{12}\\ \boldsymbol{P}_{12}^{\text{T}} & \boldsymbol{P}_{22}\end{bmatrix}[\tilde{\boldsymbol{x}}_i \quad \boldsymbol{x}_j] \\ &= \tilde{\boldsymbol{x}}_i^{\text{T}}\boldsymbol{P}_{11}\tilde{\boldsymbol{x}}_i + \tilde{\boldsymbol{x}}_i^{\text{T}}\boldsymbol{P}_{12}\boldsymbol{x}_j + \boldsymbol{x}_j^{\text{T}}\boldsymbol{P}_{12}\tilde{\boldsymbol{x}}_i + \boldsymbol{x}_j^{\text{T}}\boldsymbol{P}_{22}\boldsymbol{x}_j \end{aligned} \tag{7.14}$$

由于 $\dot{V}_i=-\boldsymbol{x}_i^{\text{T}}\boldsymbol{Q}\boldsymbol{x}_i$，故切换子系统（7.5）稳定。

由于 $\boldsymbol{P}_i = \begin{bmatrix} \boldsymbol{P}_{11} & \boldsymbol{P}_{12} \\ \boldsymbol{P}_{12}^{\mathrm{T}} & \boldsymbol{P}_{22} \end{bmatrix} > 0$ 所以 $\boldsymbol{P}_{22} > 0$，又由于切换后系统状态变量 $\tilde{\boldsymbol{x}}_i$ 消失，故切换后系统满足 $V_j = \boldsymbol{x}_j^{\mathrm{T}} \boldsymbol{P}_{22} \boldsymbol{x}_j > 0$。

又由条件（2）可知 $\dot{V}_j < 0$。

故切换系统 $M_{i\mathrm{D}} \to M_{j\mathrm{D}}$ 具有共同 Lyapunov 函数 $V = \boldsymbol{x}_i^{\mathrm{T}} \boldsymbol{P}_i \boldsymbol{x}_i > 0$。

推论 7.2 基于状态变量减少的非完全同态多模型切换系统，若切换过程中满足如下条件：

（1）减少的状态向量 $\tilde{\boldsymbol{x}}_i$，具有 $\tilde{\boldsymbol{x}}_i^{\mathrm{T}} \tilde{\boldsymbol{x}}_i < \xi$（$\xi > 0$）性质，其中 $\xi \in \mathbf{C}^1$ 为预设阈值且满足 $\dot{\xi} \leqslant 0$；

（2）子系统 $M_{j\mathrm{D}}$ 在控制律 δ_j［式（7.8）］作用下渐近稳定。

则基于状态变量减少的多模型切换系统稳定。

证明 由条件（2）知，子系统 $M_{j\mathrm{D}}$ 在其控制律 δ_j 作用下渐近稳定，则存在正定矩阵 $\boldsymbol{P}$，其 Lyapunov 函数 $V_j = \boldsymbol{x}_j^{\mathrm{T}} \boldsymbol{P} \boldsymbol{x}_j$ 满足 $\dot{V}_j < 0$。

构建 Lyapunov 函数 V_i：

$$V_i = \tilde{\boldsymbol{x}}_i^{\mathrm{T}} \tilde{\boldsymbol{x}}_i + \boldsymbol{x}_j^{\mathrm{T}} \boldsymbol{P} \boldsymbol{x}_j \tag{7.15}$$

又根据条件（1），有 $\tilde{\boldsymbol{x}}_i^{\mathrm{T}} \tilde{\boldsymbol{x}}_i < \xi$，则

$$V_i < \boldsymbol{x}_j^{\mathrm{T}} \boldsymbol{P} \boldsymbol{x}_j + \xi \tag{7.16}$$

切换系统的 Lyapunov 函数满足条件：

$$V_j < V_i \tag{7.17}$$

沿模型 $M_{j\mathrm{D}}$ 对函数（7.12）求导，有

$$\begin{aligned} \dot{V}_i &= \dot{\boldsymbol{x}}_j^{\mathrm{T}} \boldsymbol{P} \boldsymbol{x}_j + \boldsymbol{x}_j^{\mathrm{T}} \boldsymbol{P} \dot{\boldsymbol{x}}_j + 2\dot{\tilde{\boldsymbol{x}}}_i^{\mathrm{T}} \tilde{\boldsymbol{x}}_i \\ &= \dot{V}_j + 2\dot{\tilde{\boldsymbol{x}}}_i^{\mathrm{T}} \tilde{\boldsymbol{x}}_i \\ &< 2\dot{\xi}^{\mathrm{T}} \xi \end{aligned} \tag{7.18}$$

由于 $\xi \geqslant 0$ 为期望阈值，$\dot{\xi} \leqslant 0$，则 $\dot{V}_i < 0$；故基于状态变量减少的非完全同态多模型切换满足共同 Lyapunov 函数稳定判据要求，多模型切换系统稳定。

推论 7.3 切换系统 $M_{i\mathrm{D}} \to M_{j\mathrm{D}}$ 切换瞬间若满足如下条件：

（1）子系统 $M_{i\mathrm{D}}$［方程（7.5）］、$M_{j\mathrm{D}}$［方程（7.7）］分别在对应控制律 δ_i、δ_j 作用下稳定，系统切换前后控制执行机构不变；

（2）模型切换过程中所减少状态向量 $\tilde{\boldsymbol{x}}_i^{\mathrm{T}} \tilde{\boldsymbol{x}}_i < \xi$，其中 $\xi \in \mathbf{C}^1$ 为预设阈值且满足 $\dot{\xi} \leqslant 0$；

（3）具有 Lyapunov 能量函数 $V_l(\boldsymbol{x})=\boldsymbol{x}^{\mathrm{T}}\boldsymbol{P}_l\boldsymbol{x}>0,\boldsymbol{P}_l>0\ \ l\in(i,j)$，且有 $\dot{\Omega}_l:=\{\boldsymbol{x}:\dot{V}_l(\boldsymbol{x})<0\}\ \ [l\in(i,j)]$。
则切换过程采用加权多模型切换控制律：

$$\delta=\alpha(t)\delta_i+\beta(t)\delta_j,\quad \alpha(t)+\beta(t)=1 \tag{7.19}$$

式中，$\alpha(t)$ 与 $\beta(t)$ 分别为切换前后对应的加权因子。

基于状态变量减少的非完全同态多模型切换系统切换过程稳定。

证明 由于切换系统控制律为式（7.19），切换过程可描述为

$$M_{i\mathrm{D}}\to M_{j\mathrm{D}}:\ \ \dot{\boldsymbol{x}}=\boldsymbol{A}_{i\mathrm{D}}\begin{bmatrix}\tilde{\boldsymbol{x}}_i\\ \boldsymbol{x}_j\end{bmatrix}+\alpha(t)\begin{bmatrix}\boldsymbol{B}_i\\ \boldsymbol{B}_j\end{bmatrix}\delta_i+\beta(t)\begin{bmatrix}\boldsymbol{0}\\ \boldsymbol{B}_j\end{bmatrix}\delta_j \tag{7.20}$$

由条件（1）可知，系统切换前后控制执行机构不变，故切换前后各子系统控制律 δ_i 与 δ_j 均为同一控制执行机构输出量；又由于 $\alpha(t)+\beta(t)=1$，故式（7.20）可描述为

$$\dot{\boldsymbol{x}}=\boldsymbol{A}_{i\mathrm{D}}\begin{bmatrix}\tilde{\boldsymbol{x}}_i\\ \boldsymbol{x}_j\end{bmatrix}+\alpha(t)\begin{bmatrix}\boldsymbol{B}_i\\ \boldsymbol{0}\end{bmatrix}\delta_i+\begin{bmatrix}\boldsymbol{0}\\ \boldsymbol{B}_j\end{bmatrix}\delta_j \tag{7.21}$$

系统（7.21）切换过程中 $\alpha(t)$ 逐渐减少，满足子系统 $M_{i\mathrm{D}}$ 的 Lyapunov 函数 $V_i(\boldsymbol{x})=\boldsymbol{x}^{\mathrm{T}}\boldsymbol{P}_i\boldsymbol{x}>0,\boldsymbol{P}_i>0$ 也随之减少。又因切换后系统模型为

$$\dot{\boldsymbol{x}}=\boldsymbol{A}_{j\mathrm{D}}\boldsymbol{x}_j+\boldsymbol{B}_j\delta_j,\quad \alpha(t)=0 \tag{7.22}$$

根据条件（2）可知系统减少的状态向量 $\tilde{\boldsymbol{x}}_i$ 满足：

$$V_i(\tilde{\boldsymbol{x}}_i)=\tilde{\boldsymbol{x}}_i^{\mathrm{T}}\tilde{\boldsymbol{x}}_i<\varepsilon \tag{7.23}$$

根据推论 7.2 可知模型切换瞬间稳定。

推论 7.4 切换系统 $M_{i\mathrm{I}}\to M_{j\mathrm{I}}$ 切换瞬间若满足如下条件：

（1）存在正定函数 $V_i=\boldsymbol{x}_i^{\mathrm{T}}\boldsymbol{P}_i\boldsymbol{x}_i\ \ (\boldsymbol{P}_i>0)$ 且有 $\dot{V}_i<0$；

（2）存在正定矩阵 $\boldsymbol{P}_j=\begin{bmatrix}\boldsymbol{P}_i & \boldsymbol{0}\\ \boldsymbol{0} & \boldsymbol{P}_{22}\end{bmatrix}$（$\boldsymbol{P}_{22}>0$），满足 $V_j=\boldsymbol{x}^{\mathrm{T}}\boldsymbol{P}_j\boldsymbol{x}>0\left(\boldsymbol{x}=\begin{bmatrix}\boldsymbol{x}_i\\ \tilde{\boldsymbol{x}}_j\end{bmatrix}\right)$ 且 $\dot{V}_j<0$。切换过程采用加权多模型切换控制律：

$$\delta=\alpha(t)\delta_i+\beta(t)\delta_j,\quad \alpha(t)+\beta(t)=1 \tag{7.24}$$

式中，$\alpha(t)$ 与 $\beta(t)$ 分别为切换前后对应的加权因子。

则基于状态变量增加的非完全切换多模型切换系统切换过程平滑稳定。

证明 根据条件（1）与条件（2）可知，切换系统满足共同 Lyapunov 函数稳定判据，切换后系统保持稳定；根据推论 7.3 的相关证明可知，切换系统在切换

控制律作用下，可表述为

$$\dot{\boldsymbol{x}} = \boldsymbol{A}_{i\text{I}}\begin{bmatrix}\boldsymbol{x}_i \\ \tilde{\boldsymbol{x}}_j\end{bmatrix} + \alpha(t)\begin{bmatrix}\boldsymbol{B}_i \\ \boldsymbol{0}\end{bmatrix}\delta_i + \begin{bmatrix}\boldsymbol{0} \\ \boldsymbol{B}_j\end{bmatrix}\delta_j \tag{7.25}$$

又由条件（2）$\dot{V}_j < 0$ 可知 $\dot{\tilde{\boldsymbol{x}}}_j^{\text{T}}\boldsymbol{P}_{22}\tilde{\boldsymbol{x}}_j < 0$，即新增状态向量在切换过程中渐近稳定。

由于权值函数 $\alpha(t)$ 由 0 逐渐增长为 1 则状态向量不会引起控制执行机构的瞬间变化，当 $\alpha(t) = 1$ 时，实现了切换过程的平滑稳定。

7.1.3 湖泊试验过程中 AUV 垂直面运动控制策略及其切换策略

本章所研究 AUV 系统垂直面控制执行机构为对称于系统艉部的两水平舵，系统以纵倾角下潜为主，根据切换系统相关推论实现 AUV 深度控制模型（7.1）与纵倾角控制模型（7.2）的切换控制，其中深度控制采用基于状态反馈的动态滑模控制法[42]，纵倾角控制采用状态反馈控制法。相关约束条件为：系统纵倾角范围为 $\theta \in (-0.44\text{rad}, 0.44\text{rad})$，垂直舵舵角约束范围为 $\delta_s \in [-0.44\text{rad}, 0.44\text{rad}]$。AUV 系统深度控制方框图如图 7.1 所示。

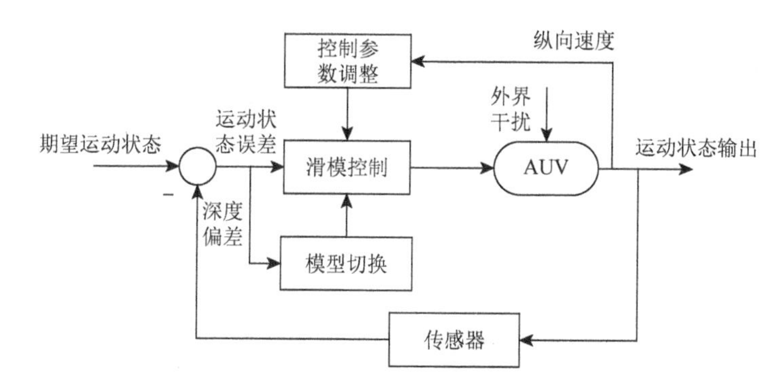

图 7.1　AUV 系统深度控制方框图

1. AUV 系统三阶深度控制模型及其控制策略

深度控制模型采用方程组（7.1），将其整理为状态空间表达式为

$$\begin{bmatrix}\dot{z} \\ \dot{\theta} \\ \dot{q}\end{bmatrix} = \begin{bmatrix}0 & -u & 0 \\ 0 & 0 & 1 \\ 0 & a_1 & a_2\end{bmatrix}\begin{bmatrix}z \\ \theta \\ q\end{bmatrix} + \begin{bmatrix}0 \\ 0 \\ b_1\end{bmatrix}\delta_s \tag{7.26}$$

式中，$a_1 = \dfrac{hG}{I_y - M_{\dot{q}}}$；$a_2 = \dfrac{M_q u}{I_y - M_{\dot{q}}}$；$b_1 = \dfrac{M_{\delta_s} u^2}{I_y - M_{\dot{q}}}$。

根据深度控制模型（7.26），构建滑模面 S 函数：

$$S = q - c_1\theta - c_2 e_z \tag{7.27}$$

构建滑模面控制模型（7.28），具体推论过程请见文献[20]中基于状态反馈的滑模控制法的设计部分。

$$\begin{bmatrix} \dot{z} \\ \dot{\theta} \end{bmatrix} = \begin{bmatrix} 0 & -u \\ 0 & 0 \end{bmatrix} \begin{bmatrix} z \\ \theta \end{bmatrix} + \begin{bmatrix} 0 \\ 1 \end{bmatrix} \hat{q} \tag{7.28}$$

式中，$\hat{q}$ 为纵倾角速度估算值。

根据状态反馈控制法[43]配置模型（7.28）的期望闭环极点为 λ_z 与 λ_θ，获取状态反馈控制律：

$$\hat{q} = c_1\theta + c_2 z \tag{7.29}$$

式中，$c_1 = \lambda_z + \lambda_\theta$；$c_2 = \dfrac{\lambda_z \lambda_\theta}{u}$。将式（7.29）代入滑模面 S 函数（7.27）得

$$S = q - \hat{q} \approx e_q \tag{7.30}$$

其中构建状态变量误差 $e_z = z - z_{\mathrm{d}}$，$e_\theta = \theta - \theta_{\mathrm{d}}$，$e_q = q - q_{\mathrm{d}}$（$z_{\mathrm{d}}$、$\theta_{\mathrm{d}}$、$q_{\mathrm{d}}$ 分别为期望深度、纵倾角、纵倾角速度，均为标量），其中 d 为英文 desire 的首字母。

由于纵倾角与纵倾角速度的值均为 0，即 $\theta_{\mathrm{d}}=0$，$q_{\mathrm{d}}=0$，则将这两状态的误差设置为 $e_\theta = \theta$，$e_q = q$，状态方程（7.26）的状态误差表达式为

$$\begin{bmatrix} \dot{e}_z \\ \dot{e}_\theta \\ \dot{e}_q \end{bmatrix} = \begin{bmatrix} 0 & -u & 0 \\ 0 & 0 & 1 \\ 0 & a_1 & a_2 \end{bmatrix} \begin{bmatrix} e_z \\ e_\theta \\ e_q \end{bmatrix} + \begin{bmatrix} 0 \\ 0 \\ b_1 \end{bmatrix} \delta_s \tag{7.31}$$

对滑模面 S 求导 $\dot{S} = \dot{q} - c_1\dot{z} + c_2\dot{\theta}$，将式（7.26）中的状态方程代入 $\dot{S}$，有滑模面导数为

$$\dot{S} = (a_1 - c_1 u)e_\theta + (c_2 + a_2)e_q + b_1\delta_s \tag{7.32}$$

构建含有滑模面 S 变量的状态方程，将式（7.32）代入模型（7.26），基于滑模面［式（7.26）］的状态方程可表述为

$$\begin{bmatrix} \dot{z} \\ \dot{\theta} \\ \dot{S} \end{bmatrix} = \begin{bmatrix} 0 & -u & 0 \\ 0 & 0 & 1 \\ 0 & a_1 - c_1 u & c_2 + a_2 \end{bmatrix} \begin{bmatrix} z \\ \theta \\ S \end{bmatrix} + \begin{bmatrix} 0 \\ 0 \\ b_1 \end{bmatrix} \delta_s \tag{7.33}$$

设期望滑模面一阶微分方程为

$$\dot{S} = -0.01S \tag{7.34}$$

则由式（7.32）与式（7.34）得

$$\dot{S} = (a_1 - c_1 u)e_\theta + (c_2 + a_2)e_q + b_1\delta_s = -0.01S \tag{7.35}$$

即

$$(a_1 - c_1 u)\theta + (c_2 + a_2)(q - c_1\theta - c_2 e_z) + b_1\delta_s = -0.01S \tag{7.36}$$

根据式（7.36）推导三阶深度控制模型的控制律 δ_{s3}：

$$\delta_{s3}=\delta_s=\frac{c_2(c_2+a_2)}{b_1}e_z+\frac{(c_2+a_2)c_1-(a_1-c_1u)}{b_1}\theta-\frac{c_2+a_2}{b_1}q+\frac{0.01S}{b_1} \tag{7.37}$$

将相关的水动力参数、系统静力矩等代入控制律（7.37），由于系数 a_1、a_2、b_1 含有纵向速度 u（此状态变量变化平稳），控制律 δ_{s3} 的控制参数根据纵向速度的变化而动态变化，湖泊试验证明此方案可以有效避免耦合状态项间的相互干扰。

2. AUV 系统二阶深度控制模型及其控制策略

为了解决深度偏差过高而造成纵倾角迅速变大或超出阈值问题，采用二阶纵倾角控制模型（7.2）设计控制策略控制纵倾角 θ，控制律采用动态反馈法，设期望极点为 λ_θ 与 λ_q。根据式（7.31）可知，其状态误差方程描述形式为

$$\begin{cases}\dot{e}_\theta=e_q\\ \dot{e}_q=a_1e_q+a_2e_\theta+b_1\delta_s\end{cases} \tag{7.38}$$

根据状态反馈控制法[43]，获取二阶模型（7.38）的控制律 δ_{s2} 为

$$\delta_{s2}=\frac{c_3-a_2}{b_1}e_q-\frac{c_4+a_1}{b_1}e_\theta \tag{7.39}$$

式中，$c_3=\lambda_\theta+\lambda_p$；$c_4=\lambda_\theta\lambda_p$。

由于参数 a_2 与 b_1 均为纵向速度 u 的函数，试验过程中，这些参数将随着纵向速度的变化而动态调整。为了避免纵向速度过小而造成控制参数过大，控制参数内所含纵向速度状态变量具有如下约束条件：$u=\begin{cases}1, & u<1\\ u, & u\geqslant 1\end{cases}$。

本章采用基于事件的切换策略，湖泊试验过程中发现，当 AUV 深度误差超出 5m 时，系统纵倾角最大会超过 25°，此为试验过程中不期望发生的现象，为了系统安全，试验过程中采用了以 $V=|e_z|$ 是否大于 4 作为能量函数的切换策略。

3. AUV 垂直面两子模型切换控制策略

由于 AUV 系统两控制子模型在各控制律作用下具有渐近稳定性，根据推论 7.1 与推论 7.4 知模型（7.31）与模型（7.38）在其相应控制律作用下满足共同 Lyapunov 函数稳定判据条件，故两子模型控制律可实现两模型间的任意切换。

根据所研究 AUV 系统垂直面运动控制的特点，状态变量增减的非完全同态多模型切换策略设置如下。

（1）设深度误差的能量函数 $V=|e_z|$。

（2）当能量函数 $V\leqslant 4$ 时，切换到三阶深度控制律 $\delta_s=\delta_{s3}$，根据推论 7.4 将

加权因子设置为$\beta(t)=\dfrac{t}{\tau}$与$\alpha(t)=1-\dfrac{t}{\tau}$，其中$t\in(0,\tau)$为时间变量，$\tau$为驻留时间（40个采样时间，为12s），切换过程控制律为$\delta=\alpha(t)\delta_{s3}+\beta(t)\delta_{s2}$ $(\alpha(t)+\beta(t)=1)$，实现AUV系统的深度控制。

（3）若$V>4$，则将切换系统切换到二阶深度控制律$\delta_s=\delta_{s2}$［如式（7.39）］，用以控制纵倾角，切换过程控制律为$\delta=\alpha(t)\delta_{s3}+\beta(t)\delta_{s2}(\alpha(t)+\beta(t)=1)$，其中$\beta(t)=1-\dfrac{t}{\tau}$与$\alpha(t)=\dfrac{t}{\tau}$，实现纵倾角控制。

7.2 非完全同态动态反馈控制在AUV航向控制中的研究

基于动态反馈的航向控制模型方框图如图7.2所示。

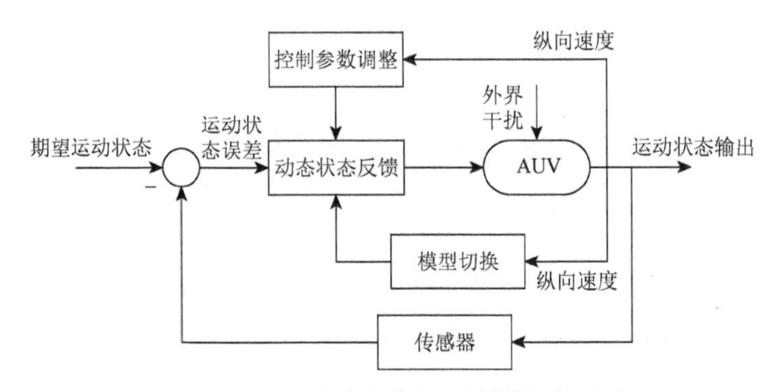

图7.2 基于动态反馈的航向控制模型方框图

航向控制模型采用第2章航向控制模型集中的模型（2.28a）与模型（2.28b）。将模型（2.28a）转换为状态空间表达式（7.41）进行控制算法的构建[44, 45]。设

$$\boldsymbol{M}_H=\begin{bmatrix} m-Y_{\dot{v}_r} & -Y_{\dot{r}} & 0 \\ -N_{\dot{v}_r} & I_{zz}-N_{\dot{r}} & 0 \\ 0 & 0 & 1 \end{bmatrix} \tag{7.40}$$

由于质量矩阵$\boldsymbol{M}_H$可逆，则模型（2.28a）可表述为

$$\begin{aligned}\begin{bmatrix}\dot{v}\\ \dot{r}\\ \dot{\psi}\end{bmatrix}&=\boldsymbol{M}_H^{-1}\begin{bmatrix} Y_{uv}u & (Y_r-m)u & 0 \\ N_{uv}u & N_r u & 0 \\ 0 & 1 & 0\end{bmatrix}\begin{bmatrix}v\\ r\\ \psi\end{bmatrix}+\boldsymbol{M}_H^{-1}\begin{bmatrix}Y_\delta u^2\\ N_\delta u^2\\ 0\end{bmatrix}\delta_r(t)\\ &\quad+\boldsymbol{M}_H^{-1}\begin{bmatrix} Y_{r|r|}r|r|+Y_{v|v|}v|v| \\ N_{r|r|}r|r|+N_{|v|r}|v|r+N_{|v|v}|v|v \\ 0\end{bmatrix}\end{aligned} \tag{7.41}$$

对模型进行控制策略设计：

$$\begin{bmatrix}\dot{v}\\ \dot{r}\\ \dot{\psi}\end{bmatrix}=\boldsymbol{M}_H^{-1}\begin{bmatrix}Y_{uv}u & (Y_r-m)u & 0\\ N_{uv}u & N_r u & 0\\ 0 & 1 & 0\end{bmatrix}\begin{bmatrix}v\\ r\\ \psi\end{bmatrix}+\boldsymbol{M}_H^{-1}\begin{bmatrix}Y_\delta u^2\\ N_\delta u^2\\ 0\end{bmatrix}\delta_{r_1}(t) \tag{7.42}$$

航向控制算法采用动态反馈法：由于系统纵向速度运行平稳，将纵向速度作为航向控制模型中的参数进行状态反馈控制的设计。动态反馈是指系统的控制参数随着纵向速度的变化自动调整，始终保证系统模型（7.42）中闭环系统的极点为预设的极点，故模型（7.42）中的状态变量以指数衰减，衰减速度与极点的大小相关。δ_{r_1} 的反馈参数通过预设的极点逆推而来，设逆推的控制参数为

$$\delta_{r_1}(t)=k_v(u)e_v+k_\psi(u)e_\psi+k_r(u)e_r \tag{7.43}$$

式中，e_ψ、e_r、e_v 为系统状态变量的偏差，偏差 = 系统实际运行状态–期望值，这里定义的误差与 AUV 系统底层控制定义的航向偏差相反。状态反馈控制法矩阵描述形式为

$$\delta_{r_1}(t)=[k_v(u) \quad k_\psi(u) \quad k_r(u)]\begin{bmatrix}e_v\\ e_\psi\\ e_r\end{bmatrix} \tag{7.44}$$

将式（7.44）代入模型（7.41），得模型（7.45）：

$$\begin{bmatrix}\dot{v}\\ \dot{r}\\ \dot{\psi}\end{bmatrix}=\tilde{\boldsymbol{A}}\begin{bmatrix}v\\ r\\ \psi\end{bmatrix}+\boldsymbol{M}_H^{-1}\begin{bmatrix}Y_\delta u^2\\ N_\delta u^2\\ 0\end{bmatrix}\delta_{r_2}(t)+\boldsymbol{M}_H^{-1}\begin{bmatrix}Y_{r|r|}r|r|+Y_{v|v|}v|v|\\ N_{r|r|}r|r|+N_{|v|r}|v|r+N_{|v|v}|v|v\\ 0\end{bmatrix} \tag{7.45}$$

系统模型（7.41）中的非线性部分通过补偿的形式进行控制，由于系统矩阵 $\tilde{\boldsymbol{A}}$ 已为稳定矩阵，系统补偿器为（7.46）。可通过构建 Lyapunov 函数证明系统的稳定性。

$$\delta_{r_2}(t)=k_{|r|r}|r|r+k_{|v|r}|v|r+k_{|v|v}|v|v \tag{7.46}$$

三阶系统对侧向速度进行控制，由于高速时系统的侧向速度较大，造成系统航向控制出现抖动，为了避免抖动的发生将系统航行控制模型切换为二阶的航向控制模型（2.28b）。将模型（2.28b）转化为模型（7.47）进行动态反馈控制设置：

$$\begin{bmatrix}\dot{r}\\ \dot{\psi}\end{bmatrix}=\begin{bmatrix}\dfrac{N_r u}{I_{zz}-N_{\dot{r}}} & 0\\ 1 & 0\end{bmatrix}\begin{bmatrix}r\\ \psi\end{bmatrix}+\begin{bmatrix}\dfrac{N_\delta u^2}{I_{zz}-N_{\dot{r}}}\\ 0\end{bmatrix}\delta_r(t)+\begin{bmatrix}\dfrac{N_{r|r|}|r|}{I_{zz}-N_{\dot{r}}}+\dfrac{N_{|v|r}|v|}{I_{zz}-N_{\dot{r}}}\\ 0\end{bmatrix}\begin{bmatrix}r\\ \psi\end{bmatrix} \tag{7.47}$$

令 $a_1=\dfrac{N_r u}{I_{zz}-N_{\dot{r}}}$，$b_1=\dfrac{N_\delta u^2}{I_{zz}-N_{\dot{r}}}$，则系统线性部分的控制律为

$$\vec{\delta}_{r_1}(t)=\frac{\lambda_1+\lambda_2+a_1u}{b_1}r-\frac{\lambda_1\lambda_2}{b_1}\psi-\frac{N_{r|r|}|r|r}{I_{zz}-N_{\dot{r}}} \tag{7.48}$$

切换策略设置说明：由于多模型中的子模型为渐近稳定系统，根据共同 Lyapunov 函数法的充要条件可知切换系统可以实现任意切换，且切换系统渐近稳定。本章采用基于事件的切换策略，即当系统纵向速度$u>4\text{m/s}$时，系统控制策略直接切换到二阶模型的控制策略，否则在三阶控制模型下进行航向控制。

航向控制算法的设计步骤如下。

（1）首先预设拟配置的闭环系统极点为$\lambda_\psi=-0.5$，$\lambda_r=-0.3$；

（2）在已知系统模型极点的基础上，逆推状态反馈控制律（7.43）中的控制参数或计算控制律（7.48）中的控制参数；

（3）当纵向速度$u>4\text{m/s}$时，切换到控制律（7.48），否则切换到控制律（7.46）。

7.3 切换策略设置及其不同型号 AUV 切换

切换策略设置说明：由于两控制模型在其控制策略控制下能够保证系统稳定，根据非完全同态多模型稳定切换策略中状态变量减少的推论 7.3 与状态变量增加的推论 7.4 可知，系统控制策略可直接切换。

深度控制过程中控制算法的切换步骤如下。

（1）当深度误差$e_z>4$时，系统深度控制策略采用$\delta_s=\delta_{s12}+\delta_{s2}$；

（2）当深度误差$e_z\leqslant 4$时，系统深度控制策略采用$\delta_s=\delta_{s11}+\delta_{s2}$；

（3）当纵向速度$u>4\text{m/s}$时，系统航向控制策略切换到$\vec{\delta}_{r1}$；

（4）当纵向速度$u\leqslant 4\text{m/s}$时，系统航向控制策略切换到$\vec{\delta}_{r2}$。

为了验证控制模块的通用性，对不同型号的 AUV 系统进行控制特性分析。模块中的控制参数根据型号的变化而自动调整。由于本书所研究的两套 AUV 系统水动力参数已知，故将航向控制模块、深度控制模块、切换策略模块直接嵌入两系统底层运动控制平台，并进行湖泊试验验证。试验表明两控制模块能够保证两套系统具有良好的控制性能。由于系统不能根据任务需要在线调整自身型号，故未设计保证模型平滑切换的切换策略。

7.4 AUV 湖泊试验数据分析

为了检验所设控制算法能否达到预期的控制性能要求，即提高系统航向控制、深度控制的动态性能，减少系统的调节时间与超调量，避免速度变化与航向变化对系统深度控制的影响或深度与速度变化对系统航向控制的影响，进行了 AUV 湖泊试验验证。为了检验多模型控制模块的通用性，在不同 AUV 系统上进行了控制算法验证。曲线描述时纵向速度的单位为 m/s，在安排试验与试验说明时多以 kn 的形式描述，1kn = 0.514m/s。

7.4.1 基于多模型动态反馈的航向控制试验验证（AUV-Ⅰ）

本小节试验的被控对象为 AUV-Ⅰ型系统。

1. 基于多模型航向控制算法验证

为了验证控制算法的鲁棒性，首先进行了水面航行试验。图 7.3 所示为 AUV 系统纵向速度为 2kn、航向定向为 240°的水面航行试验输出曲线。最大航向偏差为 0.8°。

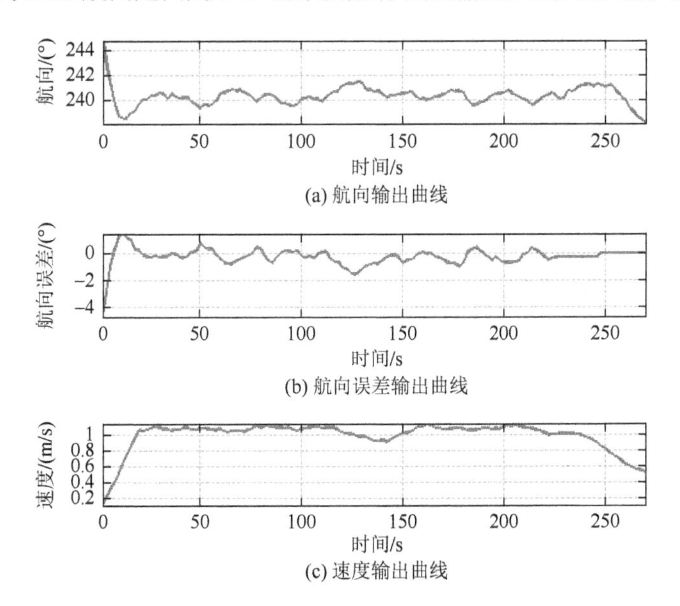

图 7.3 AUV 系统纵向速度为 2kn、航向定向为 240°的水面航行试验输出曲线

图 7.4 为 AUV 系统纵向速度 2kn 的水面转向试验，系统航向首先定向到 240°然后定向到 248°。两次航向控制稳定后的最大航向误差为 3.5°，调节时间短（32s/8°）。

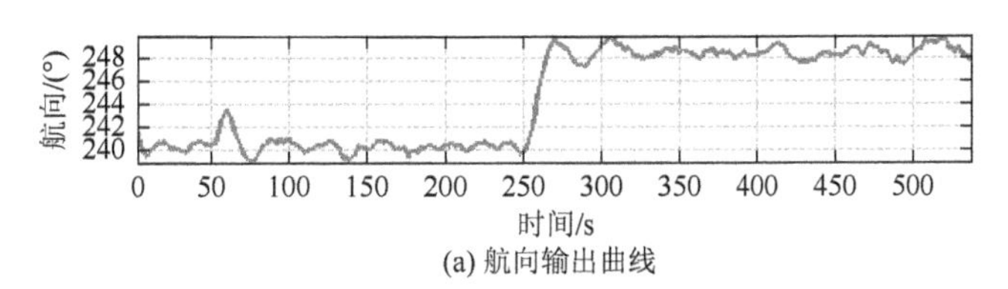

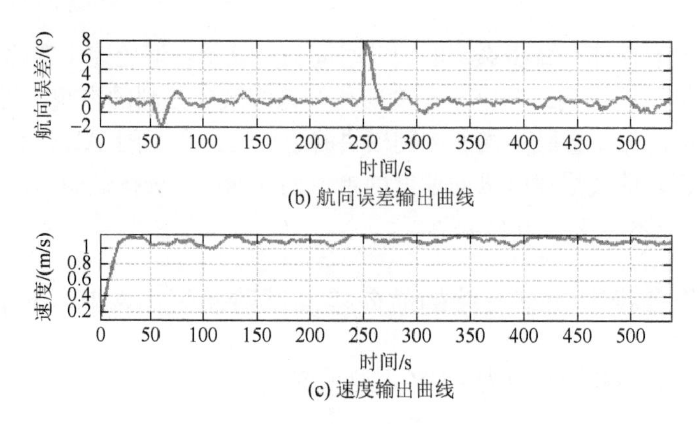

图 7.4　AUV 系统纵向速度为 2kn 的水面转向试验输出曲线

图 7.5 为 AUV 系统纵向速度为 5kn、航向定向为 240°、深度定深 8m 的航行试验输出曲线。试验数据表明航向控制无超调，系统的航向稳定后的最大偏差为 0.2°，系统航向转向控制具有良好的动态性能，且无稳态误差。

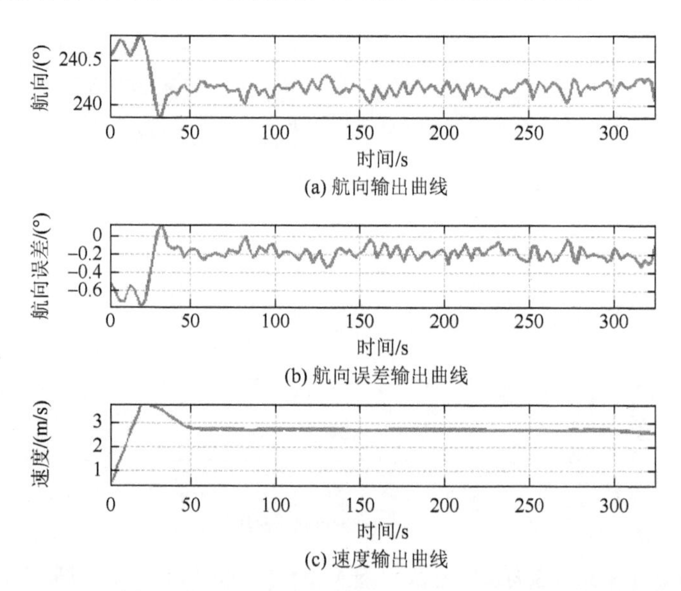

图 7.5　AUV 系统纵向速度为 5kn、航向定向为 240°、深度定深 8m 的航行试验输出曲线

图 7.6 为水下航向改变控制试验输出曲线。试验数据表明航向控制无超调，调节时间为 42s/53°，系统的最大航向控制偏差为 0.2°，系统航向转向控制具有良好的动态性能，且无稳态误差。

2. 航向控制多模型切换试验验证

定向航行过程中，系统纵向速度由 4.1m/s（8kn）转速到 2.05m/s（4kn），在

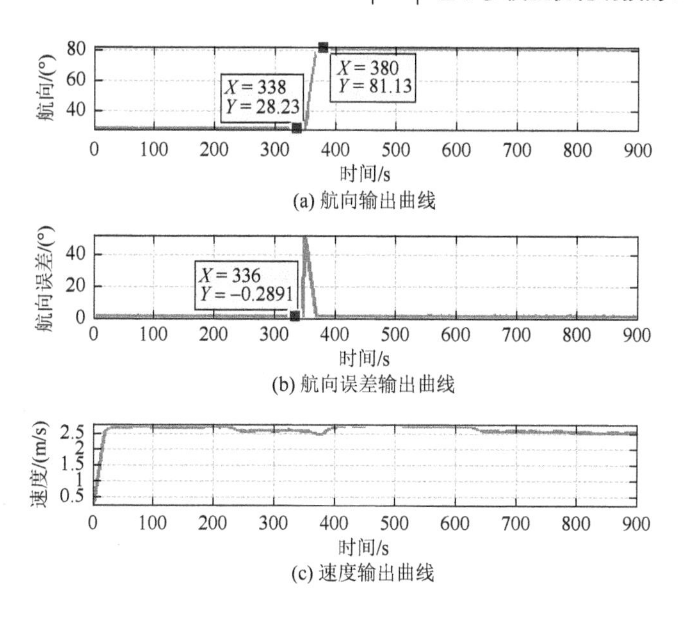

(a) 航向输出曲线

(b) 航向误差输出曲线

(c) 速度输出曲线

图 7.6 水下航向改变控制试验输出曲线

转速瞬间进行切换策略验证。试验数据表明系统控制执行机构的输出无抖动，控输出曲线运行平滑，达到了稳定切换的目的，如图 7.7 所示。

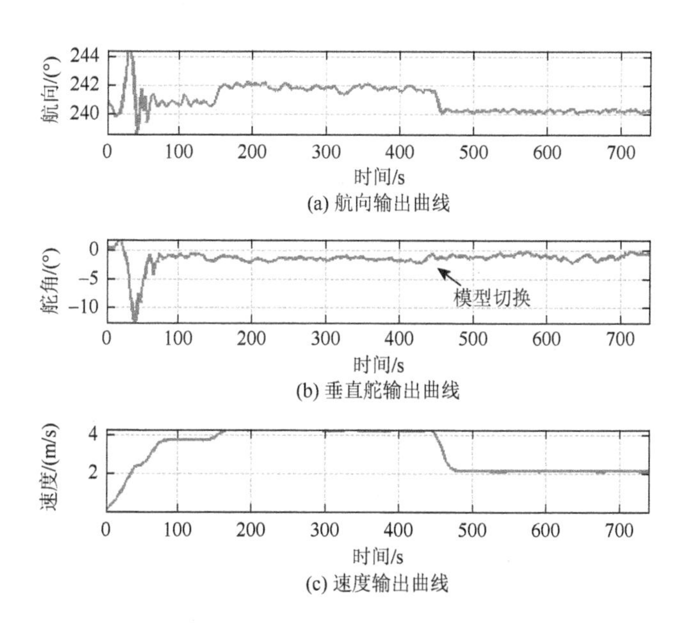

(a) 航向输出曲线

(b) 垂直舵输出曲线

(c) 速度输出曲线

图 7.7 基于多模型动态反馈的水下航向切换策略验证输出曲线

水面试验表明基于多模型动态反馈的航向控制具有较强的抗干扰能力与鲁棒

性，水下试验证明系统航向控制具有良好的动态性能。系统切换控制试验验证了基于事件的切换策略能够实现系统的稳定切换。

7.4.2 基于多模型动态滑模控制的深度控制试验验证（AUV-Ⅰ）

为了验证深度控制算法的控制性能，本节进行了定深 8m 的深度控制试验，试验输出曲线（图 7.8）表明基于多模型动态滑模控制的深度控制具有良好的控制性能，如调节时间短，为 35s，无超调量，无稳态误差。

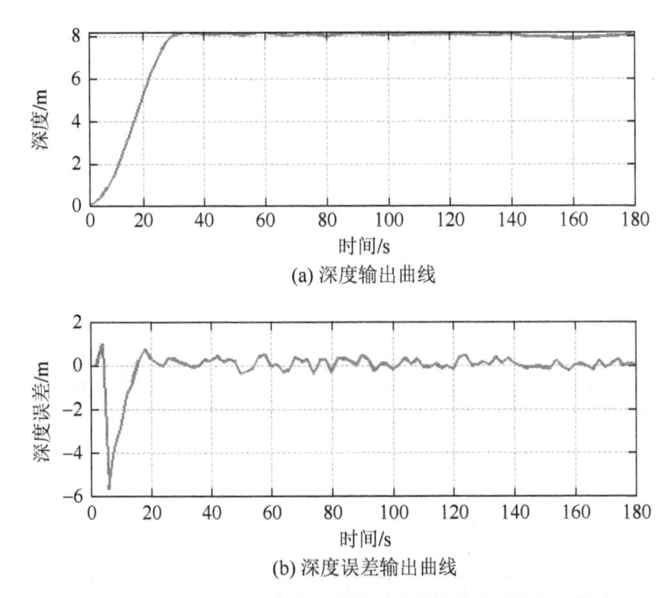

(a) 深度输出曲线

(b) 深度误差输出曲线

图 7.8 基于多模型动态滑模控制的深度控制输出曲线

由于在 PID 控制算法中系统深度控制受航向变化与速度变化影响比较大，故为了检验基于多模型动态滑模控制是否对耦合项的影响具有一定的鲁棒性，本节安排试验内容为：首先系统目标航向为–120°、下潜定深 10m、纵向速度 4.1m/s（8kn），在 480s 目标深度变为 5m 同时目标速度变为 2.1m/s（4kn），780s 左右目标航向变为 28°、目标速度变为 2.7m/s（5kn）。图 7.9 为本次试验状态输出曲线。从输出曲线结果可看出系统深度状态输出曲线在 780s 变速变向过程中无抖动，表明滑模控制算法能够根据外界耦合状态影响调节系统的控制机构，保持系统深度控制的控制性能，从而验证了深度控制对航向与速度变化的影响具有较强的鲁棒性。

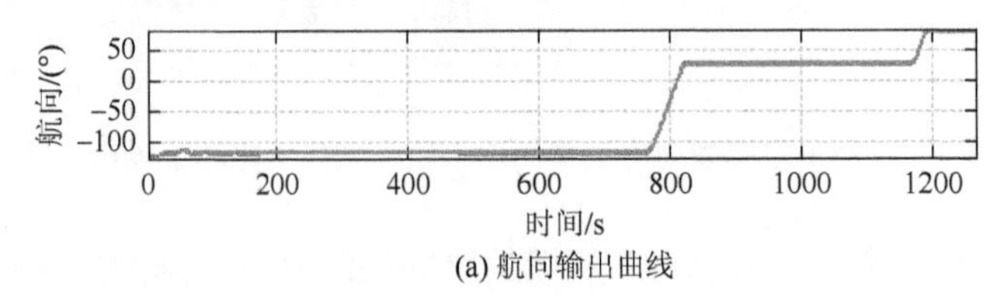

(a) 航向输出曲线

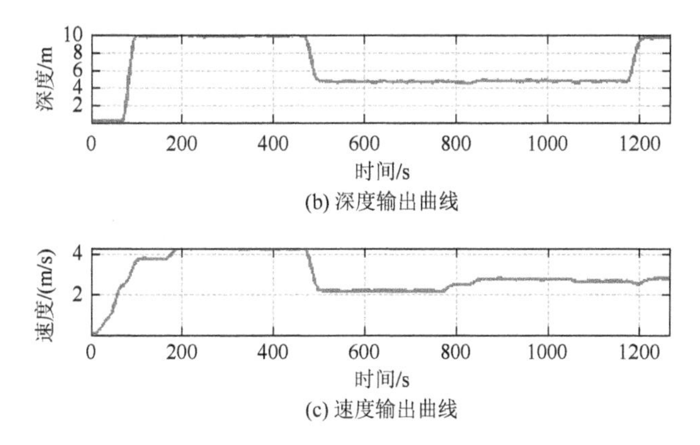

(b) 深度输出曲线

(c) 速度输出曲线

图 7.9　深度控制变速变向试验输出曲线

多模型深度控制切换控制策略验证如下。首先试验安排为系统定深 5m，然后变深到 11m。当深度控制误差绝对值小于 4m 时，系统模型切换到三阶深度闭环控制下，大于 4m 则切换到纵倾角闭环模型控制，试验结果如图 7.10 所示。试验表明在模型切换过程中切换系统稳定，控制执行机构水平舵角无过大抖动，从而验证了切换策略能够实现切换系统稳定，具有较强的鲁棒性。

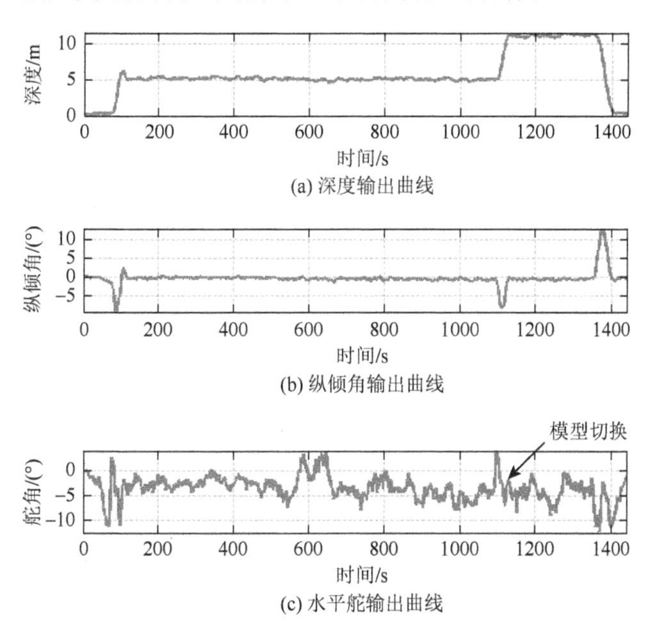

(a) 深度输出曲线

(b) 纵倾角输出曲线

(c) 水平舵输出曲线

图 7.10　纵倾角闭环与深度闭环控制间的切换试验输出曲线

图 7.11 为在实际应用中的相关航向、深度、速度的控制输出曲线。系统深度控制运行平稳，无超调，纵倾角在预设的控制范围内。

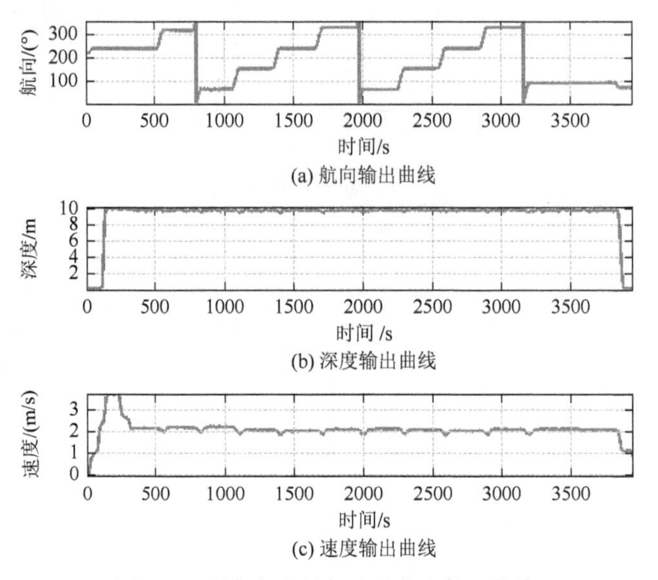

(a) 航向输出曲线

(b) 深度输出曲线

(c) 速度输出曲线

图 7.11 导航标定验证试验状态输出曲线

实际应用表明，采用的控制策略改善了 PID 控制算法在深度控制中出现的不足，如超调大、调节时间长、深度易受航向与速度变化的影响等。

7.4.3 控制模块通用性验证

将控制模块在另一型号 AUV（AUV-Ⅱ）系统上进行控制算法验证，由于两套 AUV 系统的水动力参数已知，故模型转换时的切换策略为系统模型水动力参数间的切换，而控制策略不变。即航向控制模块与深度控制模块不变，所有控制参数根据模型参数的变化而自动调整。为了检验控制参数切换策略在航向控制与深度控制中的控制效果，本节安排了两批次试验。试验数据分析曲线如图 7.12 和图 7.13 所示。

（1）用 AUV-Ⅱ型水面定向试验（速度为 2kn）检验 AUV-Ⅱ型系统水面航向控制的性能。图 7.12 的试验数据输出曲线表明此控制模块在 AUV-Ⅱ型载体上水面控制具有良好的动态性能与鲁棒性。

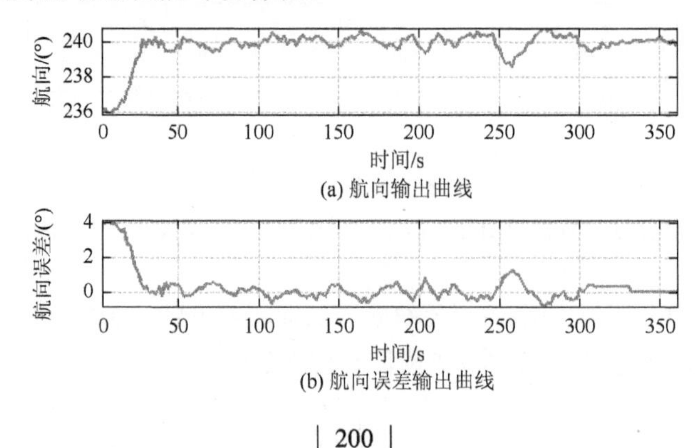

(a) 航向输出曲线

(b) 航向误差输出曲线

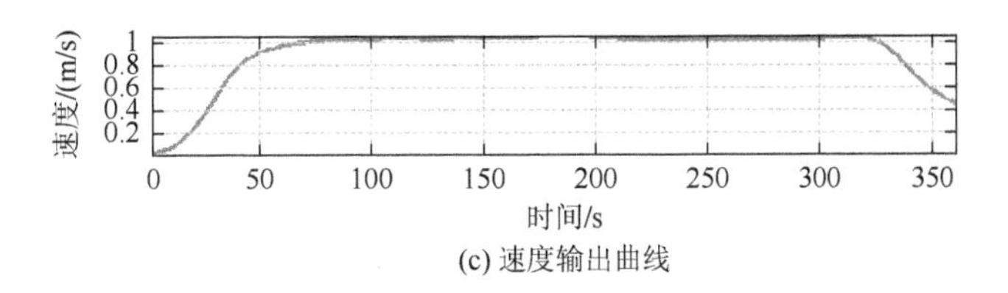

(c) 速度输出曲线

图 7.12　AUV-Ⅱ型水面 2kn 定向 240°试验输出曲线

UV-Ⅱ型水下变向定深试验（目标航向由 240°变为 248°，定深 8m，速度为 4kn）检验 AUV-Ⅱ型系统定深控制与航向控制的动态性能。试验曲线（图 7.13）表明所设计的控制模块具有较强的控制性与鲁棒性。

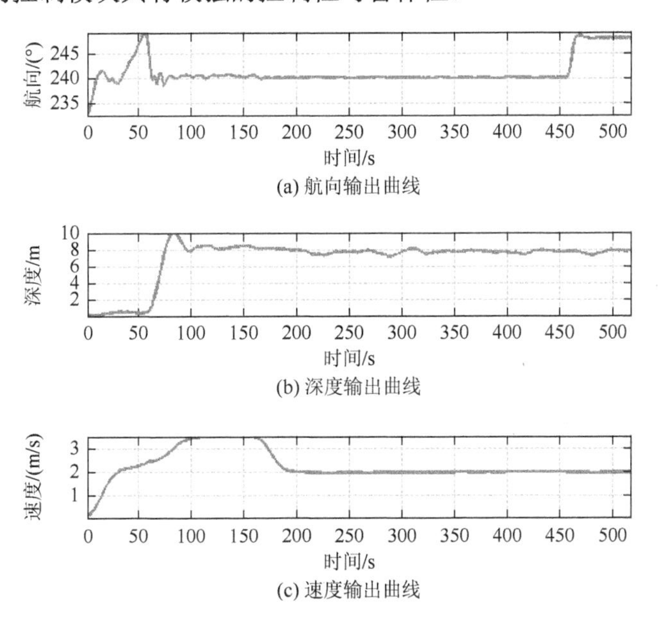

(a) 航向输出曲线

(b) 深度输出曲线

(c) 速度输出曲线

图 7.13　AUV-Ⅱ型水下定深变向试验输出曲线

通过模型水动力参数切换后，系统的航向控制与深度控制性能与 AUV-Ⅰ型系统表现出的控制性能基本一致，且 AUV-Ⅱ型系统的水面航向控制优于 AUV-Ⅰ型系统的水面航向控制，而深度控制与 AUV-Ⅰ型深度控制基本一致，深度控制出现的超调是纵倾角过大所致。

7.5　基于 PID 的 AUV 运动湖泊试验数据分析

图 7.14 为 PID 控制下 AUV 相关状态曲线。其中，深度定深 5m，纵向速度为

4kn。图中系统动态性能表现较差，如深度控制超调量大且调节时间长等，速度的轻微变化对深度有一定的影响。

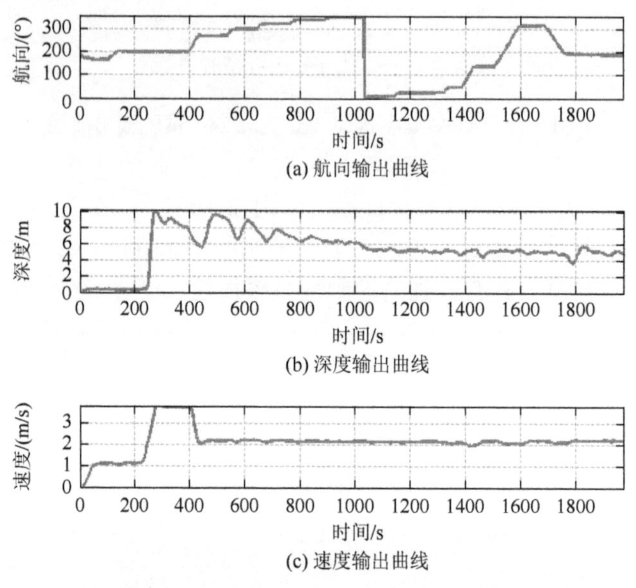

(a) 航向输出曲线

(b) 深度输出曲线

(c) 速度输出曲线

图 7.14　PID 控制下 AUV 相关状态曲线

图 7.15 为 PID 控制下 AUV 航向、纵向速度对深度曲线影响图。该图中的各状态输出曲线表明：PID 深度控制易受系统航向变化的影响，当航向变化时，系统深度变化幅度为 1～3m；且 PID 深度控制易受纵向速度变化的影响，从图可知

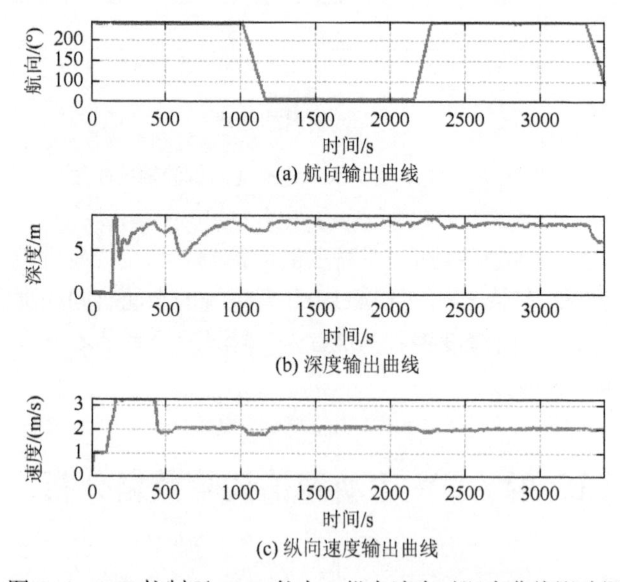

(a) 航向输出曲线

(b) 深度输出曲线

(c) 纵向速度输出曲线

图 7.15　PID 控制下 AUV 航向、纵向速度对深度曲线影响图

当系统速度发生变化时，系统的深度控制将会有一定的抖动。深度的变化导致系统执行机构水平舵不断调整以达到系统预期的控制性能要求，图 7.16 所示为垂直舵与水平舵输出曲线。

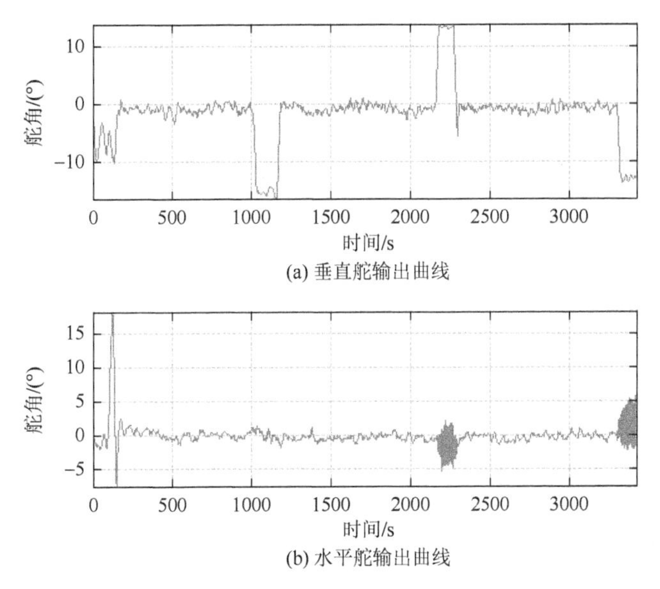

(a) 垂直舵输出曲线

(b) 水平舵输出曲线

图 7.16　垂直舵与水平舵输出曲线

AUV 系统在运动控制中出现抖动是 AUV 执行任务过程中所不期望的现象。运动控制对耦合项过于敏感，也体现了 PID 控制算法的抗干扰能力不强。系统深度控制时的过大超调与所配置的 PID 控制参数有关。由于所设的 PID 参数是根据控制专家多年经验所配置，控制参数多根据速度变化或外界干扰因素的变化而离散调整，所以该方法等价于多控制算法，但对这些控制算法在切换过程中出现的控制器的平滑转换问题却考虑甚少，故当系统速度或航向变化时，深度控制会出现抖动。

7.6　本章小结

通过对 AUV 系统模型的研究，针对航向控制采用了动态状态反馈法进行控制，针对系统深度控制模型采用基于滑模面指数衰减的滑模控制策略。根据试验过程中出现的运动控制问题，即高速（$u>4$m/s）时系统航向出现抖动、低速（$u<1.5$m/s）时深度控制存在静态误差与深度误差过大、纵倾角偏大问题，提出了模型切换的设计思路。

针对航向振荡，两次试验分析表明，系统的侧向速度对航向控制的影响较大，故采用模型降阶极点配置法，通过采用基于事件的切换策略实现了三阶模型与二阶模型间的平滑切换。

针对低速时深度控制存在稳态误差问题，提出采用动态补偿的设计思路，试验表明恰当的动态补偿能够减小静态误差甚至可以消除静态误差。

针对纵倾角过大问题，采用了多模型控制切换策略，当系统深度 $e_z > 4\text{m}$ 时采用二阶模型的滑模控制策略，将纵倾角控制在 20°内，否则采用三阶深度控制实现系统的定深控制。切换过程表明系统控制器输出平稳无过大抖动，保证了非同态多模型间的平滑切换。

通过多次试验与实际应用证明，本章所采用的基于多模型的状态反馈控制策略与基于多模型的滑模控制策略分别保证了系统航向控制与深度控制具有良好的动态性能与抗干扰能力，解决了 PID 深度控制中出现的超调过大、调节时间长以及易受航向变化、速度变化等耦合因素的影响等问题。

系统型号变化试验表明，所设计的控制模块能够根据控制参数的变化而自动调整系统的控制参数，故本章所设计的控制模块具有较强的鲁棒性。

1. 鲁棒控制算法仿真分析

试验过程中，在 AUV 系统的 MATLAB 数字平台上针对深度控制设计了鲁棒控制算法试验，试验结果表明系统控制效果并不理想且出现不稳定现象。分析原因如下。

（1）系统的控制律 $\delta_s = -(\boldsymbol{B}^{\mathrm{T}}\boldsymbol{B})^{-1}\boldsymbol{B}^{\mathrm{T}}\boldsymbol{PX}$ 中的控制参数受 Riccati 方程 $\boldsymbol{A}^{\mathrm{T}}\boldsymbol{P} + \boldsymbol{PA} + \frac{1}{\gamma}\boldsymbol{PBB}^{\mathrm{T}}\boldsymbol{P} + \boldsymbol{Q} = 0$ 中的正定解 $\boldsymbol{P}$ 的影响较大，若 $\boldsymbol{Q}$ 选取不当，则系统状态将无法稳定。

（2）同时为了实现控制参数的平滑切换，将系统的纵向速度作为模型参数放入系统中，这加大了获取正定解的难度，且纵向速度 u 连续变化时所获取的正定解 $\boldsymbol{P}$ 并非平滑变化而是有一定的跳动。

总结以上原因，此控制算法未在半物理平台上进行验证。

2. 基于辨识的航向控制算法分析

本章针对系统的航向控制模型进行了模型辨识，并采用了离线辨识与在线辨识两种试验。离线辨识已在 USV 航向控制中得到应用，将海洋试验中所得模型参数代入基于状态反馈的航向控制中，系统航向控制性能得到提高。

基于在线模型辨识的航向控制未通过半物理仿真平台验证，故未在实际中得到应用。分析原因：系统辨识前航向控制为开环控制，所得数据组成的矩阵 $\boldsymbol{\Phi}_N^{\mathrm{T}}\boldsymbol{\Phi}_N$

为奇异矩阵，所获取的模型参数无穷大；另外，辨识算法设计存在问题，参数估计不收敛。

3. 重视半物理仿真数据分析

半物理仿真平台虽然不能真实地反映载体在实际运行中可能出现的所有问题，但能够在一定程度上反映系统运行状况。例如，在仿真过程中航向出现的轻微抖动，在载体实际运行中一定会出现振荡；在半物理仿真平台上出现了超出预期的静态误差，那么在实际运行中一定会出现更大的静态误差。同时，如果在半物理仿真平台上系统运动控制性能良好，那么载体实际运行的控制性能几乎与之相接近。

4. 控制参数设计总结

针对有模型参数的控制系统充分利用模型参数构建控制算法。针对无模型参数的控制算法，应先分析系统的控制模型结构，然后通过辨识或结合 PID 控制参数在控制中所起的作用进行控制参数的配置。所设计的控制参数应连续变化，以避免分段控制引起的一些控制参数的突变而造成控制器输出发生突变。

试验主要是针对系统航向与深度的控制方法的研究，而对于系统高速时出现的横滚角的控制以及纵向速度控制受系统航向变化的影响等问题未进行探讨。

参 考 文 献

[1] 封锡盛，李一平，徐红丽. 下一代海洋机器人——写在人类创造下潜深度世界纪录 10912 米 50 周年之际[J]. 机器人，2011，33（1）：113-118.

[2] 徐玉如，李彭超. 水下机器人发展趋势[J]. 自然杂志，2011，33（3）：125-133.

[3] Zhou H Y，Li Y P，Hu Z Q，et al. Identification state feedback control for the depth control of the studied underwater semi-submersible vehicle[C]. The 5th Annual IEEE International Conference on Cyber Technology in Automation，Control and Intelligent Systems，Shenyang，2015：875-880.

[4] Cristi R，Papoulias F A，Healey A J. Adaptive sliding mode control of autonomous underwater vehicles in the dive plane[J]. IEEE Journal of Oceanic Engineering，1990，15（3）：152-160.

[5] Chatchanayuenyong T，Parnichkun M. Time optimal hybrid sliding mode-PI control for an autonomous underwater robot[J]. International Journal of Advanced Robotic Systems，2008，5（1）：91-98.

[6] Bessa W M，Dutra M S，Kreuzer E. An adaptive fuzzy sliding mode controller for remotely operated underwater vehicles[J]. Robotics and Autonomous Systems，2010，58（1）：16-26.

[7] Elmokadem T，Zribi M，Youcef-Toumi K. Terminal sliding mode control for the trajectory tracking of underactuated autonomous underwater vehicles[J]. Ocean Engineering，2017，129：613-625.

[8] Radzak M Y，Arshad M R. AUV controller design and analysis using full-state feedback[J]. WSEAS Transactions on Systems，2005，4（7）：1083-1086.

[9] Santhakumar M，Asokan T. Non-linear adaptive control system for an underactuated autonomous underwater

vehicle using dynamic state feedback[J]. International Journal of Recent Trends in Engineering，2009，2（5）：380-384.

[10] Cheng X Q，Yan Z P，Bian X Q，et al. Application of linearization via state feedback to heading control for autonomous underwater vehicle[C]. 2008 IEEE International Conference on Mechatronics and Automation（ICMA2008），Takamatsu，2008：477-482.

[11] 郭冰洁，徐玉如，李岳明. 水下机器人 S 面控制器的改进粒子群优化[J]. 哈尔滨工程大学学报，2008，29（12）：1277-1282.

[12] 孙玉山，李岳明，张英浩，等. 改进的模拟退火算法在水下机器人 S 面运动控制参数优化中的应用[J]. 兵工学报，2013，34（11）：1418-1423.

[13] 任洪亮. 多模型控制理论在 AUV 运动控制中的应用研究[D]. 哈尔滨：哈尔滨工程大学，2004.

[14] Wang F Y，Bahri P，Lee P L，et al. A multiple model，state feedback strategy for robust control of non-linear processes[J]. Computers and Chemical Engineering，2007，31（5-6）：410-418.

[15] 周焕银，李一平，刘开周，等. 基于 AUV 垂直面运动控制的状态增减多模型切换[J]. 哈尔滨工程大学学报，2017，38（8）：1309-1315.

[16] 周焕银，封锡盛，胡志强，等. 基于多辨识模型优化切换的 USV 系统航向动态反馈控制[J]. 机器人，2013，35（5）：552-558.

[17] Fossen T I. Guidance and Control of Ocean Vehicles[M]. London：John Willey &Sons Ltd，1994.

[18] Zhou H Y，Liu K Z，Li Y P，et al. Dynamic sliding mode control based on multiple for the depth control of autonomous underwater vehicles[J]. International Journal of Advanced Robotic Systems，2015，12（7）：1-10.

[19] Shi H Y，Wang Q Y，Gao W，et al. Fault detection and isolation algorithm for autonomous underwater vehicles using interacting multiple-model multiple estimator[J]. Journal of Computational and Theoretical Nanoscience，2015，12（12）：5693-5704.

[20] Liu X Y，Yuan Q Q，Zhao M，et al. Multiple objective multidisciplinary design optimization of heavier-than-water underwater vehicle using CFD and approximation model [J]. Journal of Marine Science and Technology，2017，22（1）：135-148.

[21] Chang H Y，Jae W C. Interacting multiple model filter-based distributed target tracking algorithm in underwater wireless sensor networks[J]. International Journal of Control，Automation，and Systems，2014，12（3）：618-627.

[22] Shafiei M H，Binazadeh T. Movement control of a variable mass underwater vehicle based on multiple-modeling approach[J]. Systems Science and Control Engineering，2014，2（1）：335-341.

[23] 林金星，费树岷. 基于模型集动态优化的具有有界扰动系统多模型自适应控制[J]. 东南大学学报（自然科学版），2010，40（S1）：98-102.

[24] Aguiar A P，Pascoal A M. Regulation of a nonholonomic autonomous underwater vehicle with parametric modeling uncertainty using Lyapunov functions[C]. Proceedings of the 40th IEEE Conference on Decision and Control，Orlando，2001：4178-4183.

[25] Aguiar A P，Pascoal A M. Global stabilization of an underactuated autonomous underwater vehicle via logic-based switching[C]. Proceedings of the 41st IEEE Conference on Decision and Control，Las Vegas，2002：3267-3272.

[26] Cavalletti M，Ippoliti G，Longhi S. Lyapunov-based switching control using neural networks for a remotely operated vehicle[J]. International Journal of Control，2007，80（7）：1077-1091.

[27] 林孝工，谢业海，赵大威，等. 基于海况分级的船舶动力定位切换控制[J].中国造船，2012，53（3）：165-174.

[28] Zhou H Y，Liu K Z，Feng X S. Selected optimal control from controller database according to diverse AUV motions[C]. 2011 World Congress on Intelligent Control and Automation（WCICA 2011），Taipei，2011：425-430.

[29] Saari H，Djemai M. Ship motion control using multi-controller structure[J]. Ocean Engineering，2012，55（4）：184-190.

[30] Nguyen T D，Sørensen A J，Quek S T. Design of hybrid controller for dynamic positioning from calm to extreme sea conditions[J]. Automatica，2007，43（5）：768-785.

[31] Xia C Y. Optimal control of switched systems with dimension-varying state spaces[D]. Los Angeles：University of California，2007.

[32] Baldi S，Battistelli G，Mari D，et al. Multi-model unfalsified switching control of uncertain multivariable systems[J]. International Journal of Adaptive Control and Signal Processing，2012，26（8）：705-722.

[33] Xia C Y，Wang P K C，Hadaegh F Y. Optimal formation reconfiguration of multiple spacecraft with docking and undocking capability[J]. Journal of Guidance Control and Dynamics，2007，30（3）：694-702.

[34] Wang P K C，Hadaegh F Y. Stability analysis of switched dynamical systems with state-space dilation and contraction[J]. Journal of Guidance，Control，and Dynamics，2008，31（2）：395-401.

[35] 蒋新松，封锡盛，王棣棠. 水下机器人[M]. 沈阳：辽宁科学技术出版社，2000.

[36] Fossen T I，Pettersen K Y，Nijmeijer H. Sensing and Control for Autonomous Vehicle [M]. Basel：Springer International Publishing，2017.

[37] Fossen T I. Handbook of Marine Craft Hydrodynamics and Motion Control[M]. New York：John Wiley & Sons Ltd，2011.

[38] Liberzon D. Switching in Systems and Control[M]. Boston：Birkhauser，2003.

[39] Petrich J，Stilwell D J. Robust control for an autonomous underwater vehicle that suppresses pitch and yaw coupling[J]. Ocean Engineering，2011，38（1）：197-204.

[40] Li J H，Lee P M. A neural network adaptive controller design for free-pitch-angle diving behavior of an autonomous underwater vehicle[J]. Robotics and Autonomous Systems，2005，52：132-147.

[41] 付主木，费树岷，高爱云. 切换系统的 H_∞ 控制[M]. 北京：科学出版社，2009.

[42] Zhou H Y，Liu K Z，Feng X S. State feedback sliding mode control without chattering by constructing Hurwitz matrix for AUV movement[J]. International Journal of Automation and Computing，2011，8（2）：262-268.

[43] 刘豹. 现代控制理论[M]. 3 版. 北京：机械工业出版社，2006.

[44] Healey A J，Lienard D. Multivariable sliding mode control for autonomous diving and steering of unmanned underwater vehicles[J]. IEEE Journal of Oceanic Engineering，1993，18（3）：327-339.

[45] Kim J，Kim K，Choi H S，et al. Depth and heading control for autonomous underwater vehicle using estimated hydrodynamic coefficients[C]. MTS/IEEE Oceans 2001，An Ocean Odyssey，Washington，2001：429-435.

8 总　　结

本书通过对 UMV 系统运动学模型与动力学模型的研究，根据 UMV 系统的不同运动控制要求，在模型集中切换相应控制策略。为了保证多模型切换过程的稳定性，本书进行了多模型控制切换策略的研究。针对 UMV 系统航向控制与深度控制进行了多种类型控制算法的优化与改进，并通过了系统 MATLAB 仿真平台与半物理仿真平台的验证。为了检验多模型控制算法的控制性能，分别在 USV 系统与 AUV 系统进行了现场试验验证，试验表明本书所设计的控制算法具有较强的鲁棒性与良好的动态性能。

1. 本书研究内容总结

基于 UMV 系统的非线性、强耦合性以及外界干扰的难预测性，本书提出了构建多模型集进行控制算法的设计思路。将 UMV 系统的 6 个动力学模型与 6 个运动学模型分解为 3 个控制模型集，然后通过对 UMV 系统不同类型运动控制的研究，在 3 个模型集下分解若干子模型，为以后多种类型控制算法的设计与研究奠定了基础。针对无模型的 UMV 系统提出采用系统辨识法构建系统多个辨识模型集，为基于模型辨识的控制算法设计奠定了基础。

针对多模型切换问题进行了理论推导与仿真验证。通过对 UMV 系统运动控制模型特点的研究，提出通过将 UMV 系统分解为多个模型的方式描述系统，并根据这些模型特点采用了基于权值范围设置的多模型切换控制法。通过理论分析与验证推导出了 5 种线性加权多模型稳定切换的控制策略，并通过仿真实验进行了验证。针对非线性多模型稳定切换采用多 Lyapunov 函数法构建了基于能量衰减的切换控制策略。针对 UMV 系统模型切换过程中的模型非完全同态的问题提出了状态变量增加与状态变量减少的非完全同态控制切换策略。

通过对 UMV 系统模型的研究构建了多种类型的控制算法并进行了理论分析与仿真验证。针对 AUV 系统深度控制模型的线性部分的完全可控性与非线性部分的难描述性，本书提出采用动态反馈控制法进行系统线性部分的控制，采用神经网络辨识法作为补偿器对系统非线性部分进行控制的设计思路，并通过 MATLAB 仿真平台与半物理仿真平台验证。由于 UMV 系统受外界环境的影响较大且模型参数易受外界环境的影响，根据滑模控制算法对外界干扰与系统参数变化不敏感的控制性能，采用滑模控制对系统纵向速度、航向与深度进行控制分析，为了克服滑模控制中的抖振现象提出构建滑模簇，通过状态反馈的方式使得系统的滑模面指数衰减到零，并通过 MATLAB 仿真平台验证。针对所构建的各子模型构建了多种类型的控制器，通过切换控制策略进行控制算法切换，数字仿真实验验证了多控制器算法能够保证系统在多运动状态下同时变化时，具有较强的鲁棒性。

针对 USV 系统在海洋试验与湖泊试验中出现的运动控制问题，提出了自整定 PID 控制算法、基于多辨识模型切换的控制策略等。海洋试验中，由于 USV 系统受外界环境干扰的影响比较大且系统的模型参数未知，针对航向控制设计了自调整 PID 控制算法，针对深度控制采用了基于模糊规则的动态状态反馈法，试验证明深度控制具有良好的抗干扰能力与动态性能。湖泊试验中，根据所辨识的模型集参数构建了基于模型辨识的航向控制法与基于模型辨识的滑模控制法，试验表明系统航向能够快速准确地跟随预设航向轨迹，深度控制也具有较好的控制性能。

针对 AUV 系统航向与深度控制分别构建了基于多模型切换的动态状态控制法与动态滑模控制法，并通过大量的湖泊试验验证了控制算法的鲁棒性与控制性能。针对湖泊试验中航向与深度控制中出现的问题，提出了基于事件驱动的多模型切换策略，实现了三阶模型控制策略与二阶模型控制策略间的稳定切换。为了避免滑模面出现抖振现象，提出了通过系统运动状态相互制约进行指数衰减的设计思路，从而避免了控制过程中出现的抖振现象。多次实际应用试验证明所提控制算法具有良好的动态性能与抗干扰能力。深度控制不易受耦合项（如航向与速度变化）的影响，具有较强的鲁棒性。

总之本书紧紧围绕 UMV 系统航向与深度控制进行控制算法的设计与优化。通过对多模型控制算法中模型集的构建、模型切换以及控制策略设计的深入研究展开对 UMV 系统的运动控制模型和控制策略的设计与分析。通过两类控制系统（USV 系统与 AUV 系统）进行了大量的现场试验，验证了所提控制算法具有重要的实际应用价值与广阔的运动控制算法优化空间。

2. 本书解决的问题

通过对多模型切换策略的研究，本书提出了基于权值范围设置的线性切换策略；通过对非线性多模型切换策略的研究，本书提出了基于能量衰减的切换策略；根据 UMV 系统各子模型的控制特点提出了非完全同态多模型切换的概念并进行了切换策略的设计。

本书提出将纵向速度作为深度控制模型与航向控制模型的模型参数进行控制算法的设计。由于 AUV 系统纵向速度与系统航向控制及深度控制耦合性强且难以解耦，故将其作为模型参数用以构建系统动态控制算法。

针对 UMV 系统深度控制模型的特点将系统分为线性部分与非线性部分。根据 UMV 系统线性部分具有完全能控性的特点，提出了动态状态反馈控制策略；对系统非线性部分控制特点，提出了神经网络补偿器的概念。

通过构建系统滑模簇对滑模控制算法进行了优化研究，削弱了滑模控制中的抖振现象。针对 UMV 系统各子模型的控制特点采用多控制算法构建控制库，保证了系统在多种模式下具有良好的控制性能。

在 UMV 系统湖泊试验中，通过对动态状态反馈控制的研究，采用多模型切换策略对此控制算法进行优化，保证系统在不同航速下的稳定性。根据深度控制模型构建基于滑模面指数衰减的多模型滑模控制法，并通过湖泊试验验证了控制算法具有较强的鲁棒性与良好的动态性能。

附录
六自由度动力学方程

轴向力方程：

$$
\begin{aligned}
m(\dot{u}-vr+wq)=&\frac{1}{2}\rho L^4(X'_{qq}q^2+X'_{rr}r^2+X'_{rp}rp)\\
&+\frac{1}{2}\rho L^3(X'_{\dot{u}}\dot{u}+X'_{vr}vr+X'_{wp}wq)\\
&-(W-B)\sin\theta+T
\end{aligned}
$$

侧向力方程：

$$
\begin{aligned}
m[\dot{v}-wp+ur]=&m[y_G(r^2+p^2)-z_G(qr-\dot{p})-x_G(pq+\dot{r})]\\
&+\frac{1}{2}\rho L^4(Y'_{\dot{r}}\dot{r}+Y'_{\dot{p}}\dot{p}+Y'_{p|p|}p|p|+Y'_{qr}qr)\\
&+\frac{1}{2}\rho L^3(Y'_{\dot{v}}\dot{v}+Y'_{vq}vq+Y'_{wp}wp+Y'_{wr}wr)\\
&+\frac{1}{2}\rho L^2Y'_{\delta_r}u^2\delta_r+(W-B)\cos\theta\sin\varphi
\end{aligned}
$$

垂向力方程：

$$
\begin{aligned}
&m[\dot{w}-uq+vp-z_G(p^2+q^2)+x_G(rp-\dot{q})+y_G(rq+\dot{p})]\\
=&\frac{\rho}{2}L^4Z'_{\dot{q}}\dot{q}+\frac{\rho}{2}L^3(z'_{\dot{w}}\dot{w}+z'_quq+z'_{vp}vp)+\frac{\rho}{2}L^2(z'_{uu}u^2+z'_wuw)\\
&+\frac{\rho}{2}L^2\left(z'_{|w|}u|w|+z'_{w|w|}w\left|(v^2+w^2)^{\frac{1}{2}}\right|\right)+\frac{\rho}{2}L^2z'_{|w|}u|w|\\
&+\frac{\rho}{2}L^2(z'_{vv}v^2+z'_{\delta_b}u^2\delta_b+z'_{\delta_s}u^2\delta_s)+(W-B)\cos\theta\cos\varphi
\end{aligned}
$$

横摇力矩方程：

$$
\begin{aligned}
I_{xx}\dot{p}+(I_{zz}-I_{yy})qr=&\frac{1}{2}\rho L^5(K'_p\dot{p}+K'_r\dot{r}+K'_{qr}qr+K'_{pq}pq+K'_{p|p|}p|p|)\\
&+\frac{1}{2}\rho L^4(K'_p up+K'_r ur+K'_{\dot{v}}\dot{v})+\frac{1}{2}\rho L^4(K'_{vq}vq+K'_{wp}wp+K'_{wr}wr)\\
&+\frac{1}{2}\rho L^3(K'_{uu}u^2+K'_v uv+K'_{v|v|}v|v^2+w^2|)+\frac{1}{2}\rho L^3(K'_{vw}vw+K'_{\delta_r}u^2\delta_r)\\
&-ph\cos\theta\sin\varphi
\end{aligned}
$$

纵倾力矩方程：

$$
\begin{aligned}
I_{yy}\dot{q}+(I_{xx}-I_{zz})rp=&\frac{1}{2}\rho L^5\left(M'_q\dot{q}+M'_{pp}p^2+M'_{rr}r^2+M'_{rp}rp+M'_{q|q|}q|q|\right)\\
&+\frac{1}{2}\rho L^4(M'_w\dot{w}+M'_{vr}vr+M'_{vp}vp)\\
&+\frac{1}{2}\rho L^4\left[M'_q uq+M'_{|q|\delta_s}u|q|\delta_s+M'_{|w|q}(v^2+w^2)^{\frac{1}{2}}q\right]\\
&+\frac{1}{2}\rho L^3(M'_{vv}v^2+M'_{\delta_b}u^2\delta_b+M'_{\delta_s}u^2\delta_s)-ph\sin\theta
\end{aligned}
$$

偏航力矩方程：

$$
\begin{aligned}
I_{zz}\dot{r}+(I_{yy}-I_{xx})pq=&\frac{1}{2}\rho L^5(N'_{\dot{r}}\dot{r}+N'_{\dot{p}}\dot{p}+N'_{pq}pq+N'_{qr}qr+N'_{r|r|}r|r|)\\
&+\frac{1}{2}\rho L^4(N'_{\dot{v}}\dot{v}+N'_{wr}wr+N'_{wp}wp+N'_{vq}vq)\\
&+\frac{1}{2}\rho L^4\left[N'_p up+N'_r ur+N'_{|r|\delta_r}u|r|\delta_r+N'_{|v|r}\left|(v^2+w^2)^{\frac{1}{2}}\right|r\right]\\
&+\frac{1}{2}\rho L^3(N'_{uu}u^2+N'_v uv+N'_{vw}vw+N'_{\delta_r}u^2\delta_r)
\end{aligned}
$$

公式中的各参数的具体意义及推导过程请参见 Fossen 的 *Handbook of Marine Craft Hydrodynamics and Motion Control* 第 109～186 页。

索 引

彩　　图

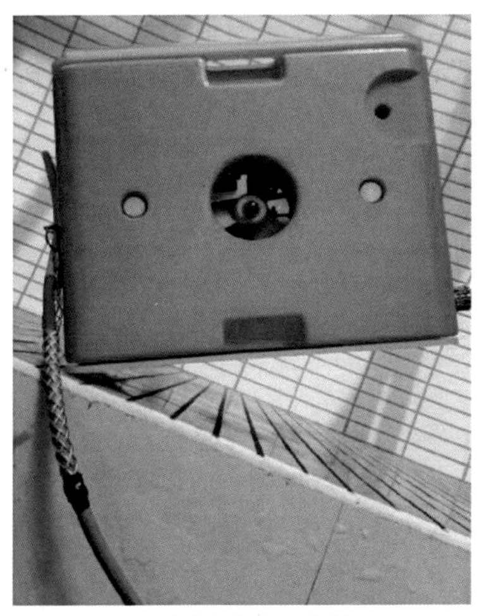

(a) ROVMS水面航行

(b) ROVMS水下抓取样品

图 1.1　ROVMS

图 1.2　AUV 系统

图 1.3　USV 系统

图 1.4　新型 AUV 与 ROV 一体系统

图 1.5　CR-02

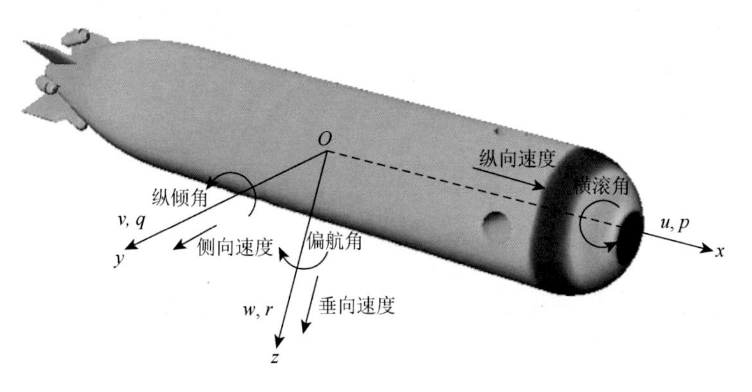

图 2.2　两坐标系所涉及的状态变量描述

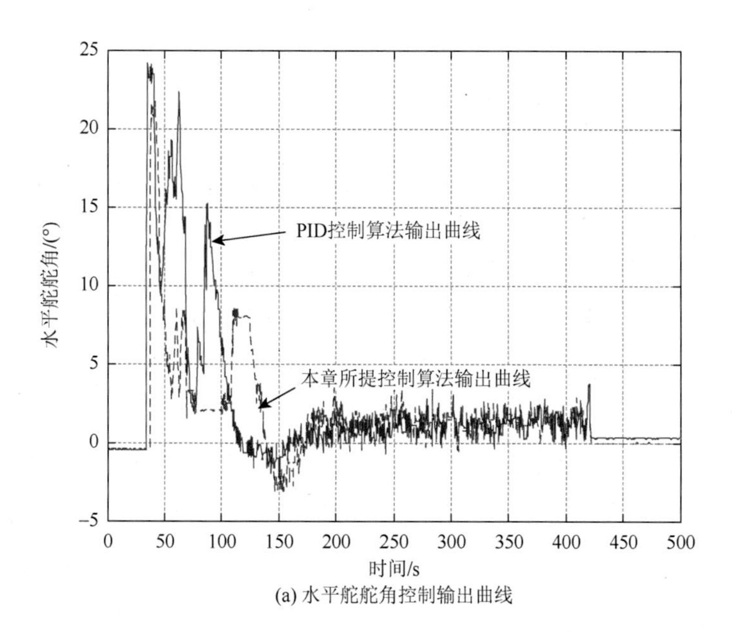

(a) 水平舵舵角控制输出曲线

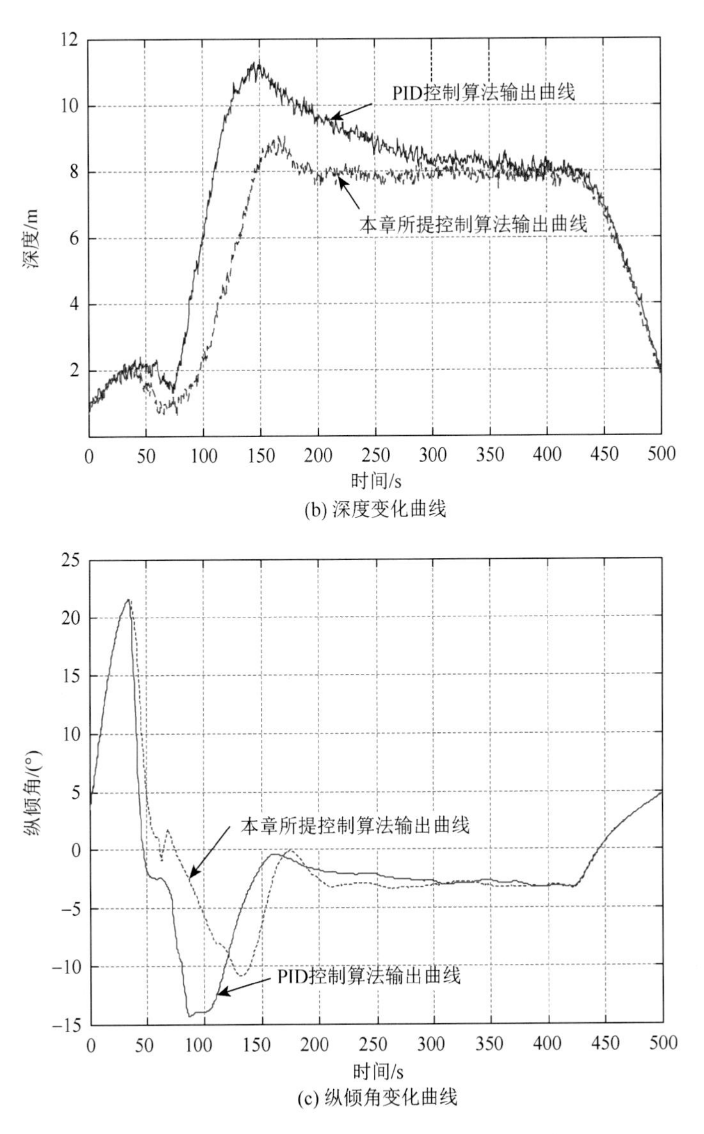

(b) 深度变化曲线

(c) 纵倾角变化曲线

图 5.3　半物理仿真平台深度控制输出曲线

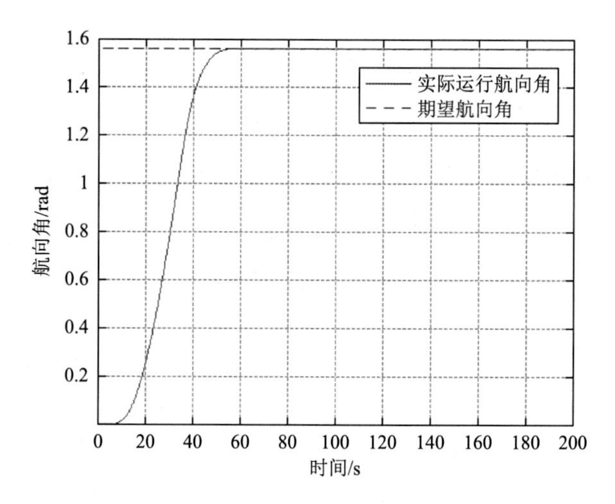

图 5.6　SFSMC 航向角控制曲线

图 6.2　USV 系统（BQ-01）水面航行图

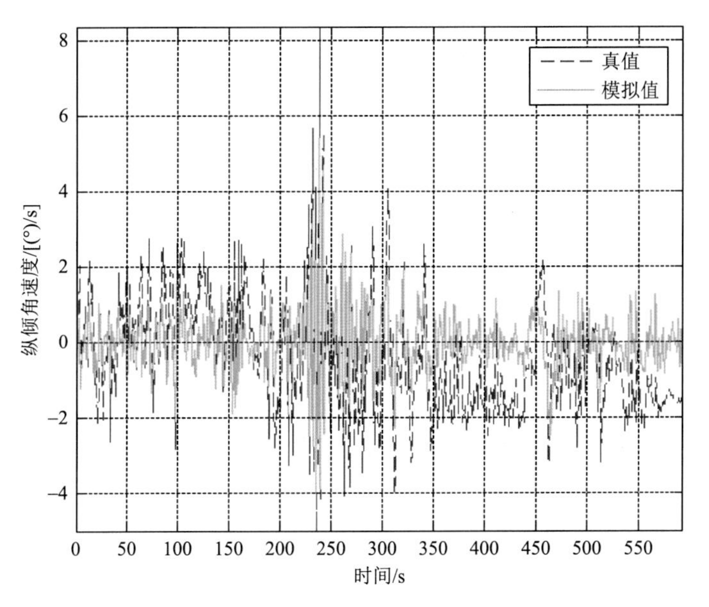

图 6.8　拟合偏差小于 4 的 q 曲线

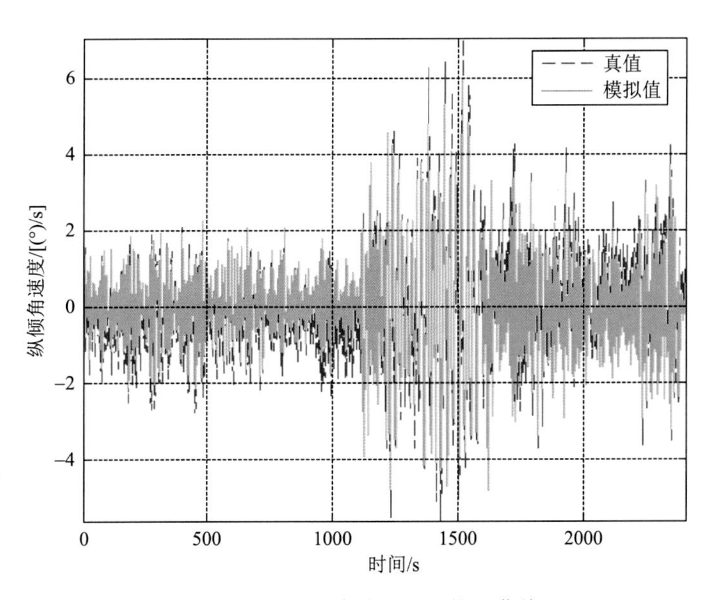

图 6.9　拟合偏差小于 3 的 q 曲线

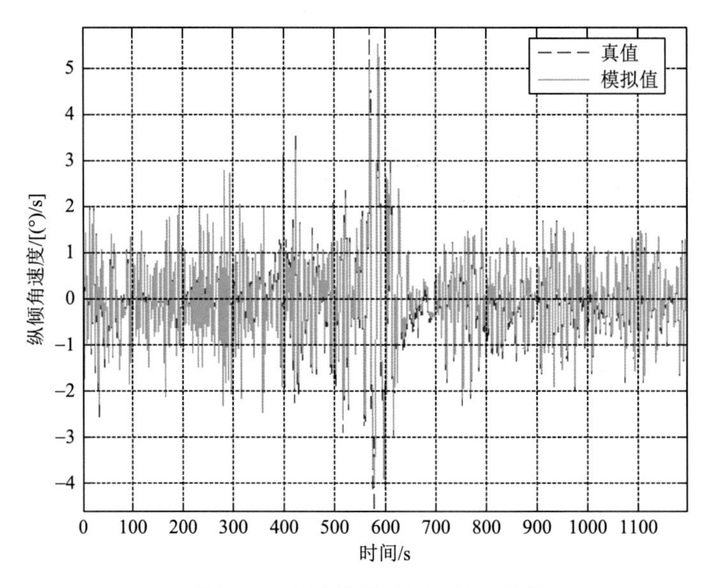

图 6.10　拟合偏差小于 1 的 q 曲线

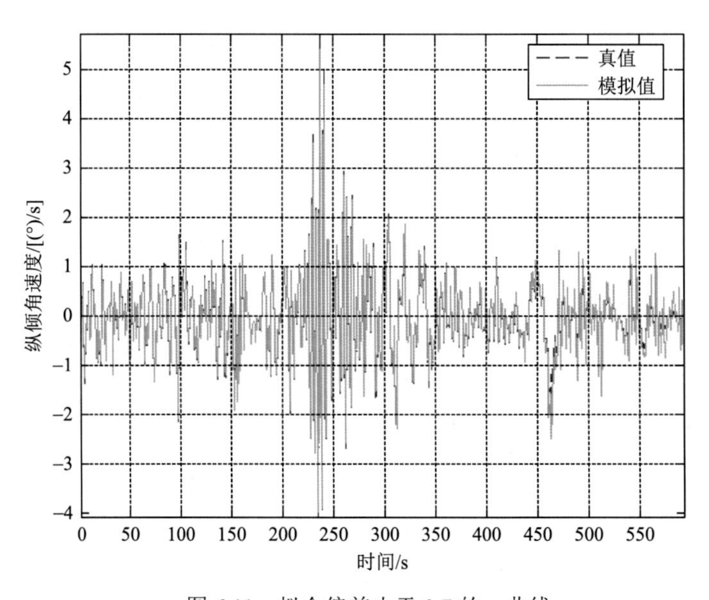

图 6.11　拟合偏差小于 0.7 的 q 曲线